教育部高职高专规划教材

食品分析与检验技术

SHIPIN FENXI YU JIANYAN JISHU

周光理　主编
穆华荣　主审

· 北京 ·

本书是在第三版的基础上，作者根据食品分析与检测领域发展的最新知识和最新技术进行的修改与完善。本次修订使知识更加系统，结构更加合理，重点突出、内容简约，符合当前高职教育新模式下的全新教学体系。本书主要内容包括绪论、食品样品的采集与处理、食品质量的感官检验、物理检验、食品一般成分的测定、食品矿物质的测定、食品添加剂的测定、食品中有害有毒物质的测定、食品包装材料及容器的检测等内容。

本书不仅可作为高职高专相关专业的教材，还可作为食品生产质量控制、食品质量检验、食品安全检验检疫、安全卫生监督人员以及工商、检验检疫、大专院校、食品行业协会等工作者的参考用书。

图书在版编目（CIP）数据

食品分析与检验技术/周光理主编．—4版．—北京：化学工业出版社，2020.1（2025.2重印）

ISBN 978-7-122-35326-9

Ⅰ.①食… Ⅱ.①周… Ⅲ.①食品分析-高等职业教育-教材②食品检验-高等职业教育-教材 Ⅳ.①TS207.3

中国版本图书馆CIP数据核字（2019）第217622号

责任编辑：蔡洪伟　于　卉　　　文字编辑：李　瑾

责任校对：刘　颖　　　装帧设计：张　辉

出版发行：化学工业出版社（北京市东城区青年湖南街13号　邮政编码100011）

印　　装：三河市航远印刷有限公司

787mm×1092mm　1/16　印张15　字数358千字　2025年2月北京第4版第9次印刷

购书咨询：010-64518888　　　售后服务：010-64518899

网　　址：http://www.cip.com.cn

凡购买本书，如有缺损质量问题，本社销售中心负责调换。

定　　价：39.00元

高职高专食品类专业规划教材
编审委员会

前　言

随着科学技术的不断发展，食品分析检验技术日新月异。本教材自2006年首次出版以来，虽然经过了2010年、2015年两次修订，但是抵不过科技发展的速度。本次编写组花费大量时间，将检测标准一一核实，更新为最新标准，并根据目前检测领域的发展情况，增设了前沿检测技术和检测方法，给教材注入了新的活力！

本教材在理论编写上，根据高职高专教育专业人才的培养目标和规格，以及高职高专学生应具有的知识与能力结构和素质要求，优化了理论体系，形成了知识结构的系统化、合理化，以及重点更突出、内容更简约的全新教学体系。

本教材由周光理主编，包志华副主编。教材内容包括绪论、食品样品的采集与处理、食品质量的感官检验、物理检验、食品一般成分的测定、食品矿物质的测定、食品添加剂的测定、食品中有害有毒物质的测定、食品包装材料及容器的检测九章内容。其中第一、三、八、九章理论和实训部分由杭州职业技术学院周光理编写；第二、六、七章理论和实训部分由扬州工业职业技术学院于晓萍编写；第五章理论和实训部分由内蒙古商贸职业学院包志华编写；第四章理论和实训部分由广西工业职业技术学院韦丽编写。全书由周光理统稿。

本教材配有电子教案等教学资源，订购本书的老师可以登录 www.cipedu.com.cn 免费申请下载。

本教材在编写过程中得到各方面的大力支持，在此表示谢意。由于水平有限，书中有不妥之处望同行及读者批评指正。

编　者

2019年8月

第一版前言

本教材的编写宗旨是以适应经济社会发展，培养应用技术型人才为目的，突出了以应用为主、理论必需、够用为度的高职高专教育特色，为后续课程的学习打下了良好的基础。

本书在编写过程中根据各专业的特点，将不同专业必需的食品分析与检验知识进行优化、重组、整合，形成了知识系统、结构合理、重点突出、内容简约的新教学体系。

在实验内容编写上依据国家职业技能鉴定标准，强化技能训练的教学环节，使学生通过实验课程的训练即可完成中级工甚至高级工的考证。

本书不仅可作为高职高专的教材，还可作为食品生产质量控制、食品质量检验、食品安全检验检疫、安全卫生监督人员以及工商、检验检疫、大专院校、食品行业协会等工作者参考用书。

全书包括绪论、食品样品的采集与处理、食品质量的感官检验、物理检验、食品一般成分的测定、食品矿物质的测定、食品添加剂的测定、食品中有害有毒物质的测定、食品包装材料及容器的检测九章内容。其中第一章、第三章、第八章、第九章由周光理编写；第二章、第六章、第七章由于晓萍编写；第四章由韦丽编写；第五章由包志华编写；第三章、第八章中的实验由周小锋编写。全书由周光理统稿，穆华荣担任主审。

本教材在编写过程中得到各方面的大力支持，在此表示感谢。由于编者水平有限，书中不妥之处望同行及读者批评指正。

编　者

2006 年 3 月

第二版前言

本书于2006年首次出版以来，得到了使用学校的一致好评，多次重印，曾获得第九届中国石油和化学工业优秀教材奖一等奖。随着近年来，人们对食品安全和检测的重视程度日益提高，关于食品安全和检测的新要求、新方法不断产生。因此，对本书进行修订就显得十分地必要和紧迫。这次修订仍保持了第一版的基本内容和风格，以“够用为度”作为基本原则，体现了“实用、规范、新颖”的特点。本次修订是在已有内容的基础上，增加了一些计算方法和几种常见产品的测定方法。

全书包括绪论、食品样品的采集与处理、食品质量的感官检验、物理检验、食品一般成分的测定、食品矿物质的测定、食品添加剂的测定、食品中有害有毒物质的测定、食品包装材料及容器的检测等九章内容。本书由周光理主编，包志华副主编。其中第一章、第三章、第八章、第九章由周光理编写；第二章、第六章、第七章由于晓萍编写；第四章由韦丽编写；第五章由包志华编写；第三章、第八章中的实验由王志霞编写。全书由周光理统稿，穆华荣担任主审。

本书配有电子教案等电子资源，订购本书的老师可登录www.cipedu.com.cn免费申请下载。本书的配套资源由包志华老师制作完成，仅供教学参考使用。

本书在编写过程中得到各方面的大力支持，在此表示感谢。由于编者水平有限，书中不妥之处望同行及读者批评指正。

编　者

2010年6月

第三版前言

本教材于2006年首次出版，到2010年第二次修订，曾多次重印，得到了使用学校的认可与好评，并且连续荣获第九届、第十届中国石油和化学工业优秀教材奖。在这里全体编写组成员谢谢各位读者长期的支持与鼓励！你们的肯定，是我们的动力！

随着科技迅速发展，新技术、新方法层出不穷，教材内容的更新是必需的。我们这次花了大量的时间，更新和增加了最新的检测技术和检测方法。

在理论编写上根据各专业的特点，将不同专业必需的食品分析与检验知识进行优化、重组、整合，形成了知识系统化、结构合理、重点突出、内容简约的，符合当前高职教育新模式下的全新教学体系。

本书主要包括绪论、食品样品的采集与处理、食品质量的感官检验、物理检验、食品一般成分的测定、食品矿物质的测定、食品添加剂的测定、食品中有害有毒物质的测定、食品包装材料及容器的检测等内容。本书由周光理主编，包志华副主编。其中第一、三、八、九章理论和实训部分由杭州职业技术学院周光理编写；第二、六、七章理论和实训部分由扬州工业职业技术学院于晓萍编写；第四章理论和实训部分由广西工业职业技术学院韦丽编写；第五章理论和实训部分由内蒙古商贸职业学院包志华编写。全书由周光理统稿，穆华荣主审。

本教材配有电子教案等教学资源，订购本书的老师可以登录 www.cipedu.com.cn 免费下载。本书的配套资源由包志华老师制作完成。

本教材在编写过程中得到各方面的大力支持，在此表示感谢。由于编者水平有限，书中有不妥之处望同行及读者批评指正。

编　者

2015年4月

目　录

第一章　绪论……1
一、食品分析检验的目的和任务……1
二、食品分析检验的内容和范围……1
三、食品分析检验的方法……2
四、国内外食品分析检验技术发展动态与进展……3
【阅读材料】转基因食品的检验分析技术有哪些？……4
思考题……4
第二章　食品样品的采集与处理……5
第一节　食品样品的采集、制备及保存……5
一、样品的采集……5
二、样品的制备……6
三、样品的保存……6
第二节　样品的预处理……6
一、有机物破坏法……7
二、食品中成分的提取分离……8
第三节　食品分析的误差与数据处理……12
一、分析检验结果的表示方法……12
二、有效数字及其处理规则……13
三、分析检验结果的准确度和精密度……14
四、提高分析精确度的方法……16
【阅读材料】什么是地沟油？……18
思考题……18
第三章　食品质量的感官检验……20
第一节　概述……20
一、感官检验的意义……20
二、感官检验的类型……20
三、感觉的概念……21
第二节　食品感官检验的种类……22
一、视觉检验……22
二、听觉检验……22
三、嗅觉检验……22
四、味觉检验……23
五、触觉检验……23
六、感官检验的基本要求……24

第三节　食品感官检验常用的方法 …… 26
一、差别检验法 …… 26
二、类别检验法 …… 26
三、描述性检验法 …… 27
第四节　感官检验数据的统计分析 …… 27
一、差别检验法的数据处理 …… 27
二、排序检验法的数据处理 …… 28
第五节　感官检验的应用 …… 29
一、调味品的感官检验要点 …… 29
二、乳类及乳制品的感官检验要点 …… 30
【阅读材料】 如何判别伪劣食品？ …… 31
思考题 …… 31
第四章　物理检验 …… 32
第一节　相对密度法 …… 32
一、密度与相对密度 …… 32
二、食品溶液浓度与相对密度的关系 …… 32
三、相对密度测定的方法 …… 33
四、相对密度法的应用实例 …… 36
第二节　折光法 …… 37
一、折射率测定的意义 …… 37
二、原理 …… 37
三、常用的折光计 …… 38
四、应用实例 …… 40
第三节　旋光法 …… 41
一、原理 …… 41
二、比旋光度和旋光度 …… 42
三、旋光度测定的意义 …… 42
四、旋光仪 …… 43
五、应用实例 …… 44
第四节　黏度检验法 …… 45
一、测定黏度的意义 …… 45
二、绝对黏度检验法 …… 45
三、运动黏度检验法 …… 47
四、相对黏度 …… 47
五、条件黏度 …… 48
六、应用实例——淀粉黏度的测定（GB/T 22427.7—2008） …… 48
第五节　气体压力测定法 …… 49
一、气体压力测定的意义 …… 49
二、罐头真空度的测定 …… 49
三、瓶装与罐装碳酸饮料中 CO_2 压力的测定 …… 50

四、测定实例——碳酸饮料中二氧化碳含量的测定 …… 50
【阅读材料】 食品标签您了解吗? …… 51
思考题 …… 51
第五章 食品一般成分的测定 …… 52
第一节 水分的测定 …… 52
一、概述 …… 52
二、重量法(GB 5009.3—2016) …… 53
三、仪器法 …… 56
第二节 灰分的测定 …… 60
一、概述 …… 60
二、总灰分的测定 …… 61
三、乙酸镁法测定总灰分(GB 5009.4—2016) …… 63
四、水溶性灰分和水不溶性灰分的测定 …… 65
五、酸不溶性灰分的测定 …… 65
第三节 食品中酸类物质的测定 …… 65
一、概述 …… 65
二、总酸度的测定(滴定法) …… 66
三、挥发酸的测定 …… 67
四、有效酸度(pH)的测定 …… 69
五、乳及乳制品酸度的测定 …… 70
第四节 脂类的测定 …… 71
一、概述 …… 71
二、重量法 …… 72
三、巴布科克法和盖勃氏法 …… 76
四、仪器法 …… 77
第五节 碳水化合物的测定 …… 78
一、概述 …… 78
二、还原糖的测定 …… 79
三、蔗糖的测定 …… 89
四、总糖的测定——直接滴定法 …… 91
五、淀粉测定——酸水解法 …… 92
六、纤维素的测定 …… 93
第六节 蛋白质和氨基酸的测定 …… 97
一、概述 …… 97
二、蛋白质的测定 …… 97
三、蛋白质的快速测定法——分光光度比色法(GB 5009.5—2016) …… 102
四、氨基酸态氮的测定 …… 104
第七节 维生素的测定 …… 107
一、概述 …… 107
二、维生素A的测定——三氯化锑比色法 …… 107

三、维生素D的测定——高效液相色谱法（GB 5009.82—2016） …………………… 109
四、维生素E的测定——比色法 …………………………………………………………… 113
五、维生素C的测定——2,4-二硝基苯肼比色法 ……………………………………… 114
【阅读材料】 常见食物的酸碱性你知道吗？ ……………………………………………… 116
思考题…………………………………………………………………………………………… 117
第六章　食品矿物质的测定…………………………………………………………………… 118
第一节　概述…………………………………………………………………………………… 118
一、食品中元素的分类及作用……………………………………………………………… 118
二、食品中元素测定的方法………………………………………………………………… 118
第二节　食品中营养元素的测定……………………………………………………………… 119
一、钙的测定………………………………………………………………………………… 119
二、铁的测定——邻二氮菲法……………………………………………………………… 121
三、锌的测定——二硫腙比色法…………………………………………………………… 122
第三节　食品中有害元素的测定……………………………………………………………… 123
一、铅的测定………………………………………………………………………………… 123
二、砷的测定——硼氢化物还原比色法…………………………………………………… 126
三、镉的测定——分光光度法……………………………………………………………… 128
【阅读材料】 让你美丽动人的微量元素 …………………………………………………… 129
思考题…………………………………………………………………………………………… 129
第七章　食品添加剂的测定…………………………………………………………………… 130
第一节　防腐剂的测定………………………………………………………………………… 130
一、概述……………………………………………………………………………………… 130
二、山梨酸（钾）的测定…………………………………………………………………… 131
三、苯甲酸的测定…………………………………………………………………………… 132
第二节　护色剂的测定………………………………………………………………………… 134
一、亚硝酸盐与硝酸盐的性质……………………………………………………………… 134
二、亚硝酸盐的测定——盐酸萘乙二胺法（格里斯试剂比色法） ……………………… 135
三、硝酸盐的测定——镉柱法……………………………………………………………… 136
第三节　抗氧化剂的测定……………………………………………………………………… 138
一、概述……………………………………………………………………………………… 138
二、丁基羟基茴香醚（BHA）和二丁基羟基甲苯（BHT）的测定——分光光度法………………………………………………………………………………………… 139
三、没食子酸丙酯（PG）的测定 ………………………………………………………… 140
第四节　漂白剂和着色剂的测定……………………………………………………………… 141
一、漂白剂概述……………………………………………………………………………… 141
二、硫酸盐（二氧化硫）的测定…………………………………………………………… 141
三、着色剂概述……………………………………………………………………………… 143
四、食用合成色素的测定——高效液相色谱法…………………………………………… 144
【阅读材料】 从苏丹红看食品添加剂 ……………………………………………………… 146
思考题…………………………………………………………………………………………… 147

第八章　食品中有害有毒物质的测定 …… 148
第一节　农药 …… 148
一、概述 …… 148
二、有机磷农药残留的测定 …… 149
三、氨基甲酸酯类农药残留的测定 …… 152
四、拟除虫菊酯类农药残留的测定 …… 153
第二节　兽药 …… 154
一、概述 …… 154
二、抗生素残留量的测定 …… 155
三、己烯雌酚残留量的测定（GB/T 5009.108—2003） …… 156
第三节　毒素 …… 157
一、麻痹性贝类毒素（PSP）的检测——小鼠生物法（GB 5009.213—2016） …… 157
二、黄曲霉毒素的测定——薄层色谱法（GB 5009.22—2016） …… 160
【阅读材料】 水产饲料中常用的抗生素有哪些？ …… 163
思考题 …… 164
第九章　食品包装材料及容器的检测 …… 165
第一节　概述 …… 165
一、按包装材料来源分类 …… 165
二、按包装功能分类 …… 166
第二节　食品包装用塑料成型品的检测 …… 167
一、食品包装用塑料成型品卫生标准的检测 …… 167
二、塑料制品中有害物质的检测 …… 167
第三节　食品用橡胶制品及容器内壁涂料的检测 …… 169
一、橡胶制品的卫生标准的检测 …… 169
二、橡胶制品中有害物质的检测 …… 170
第四节　食品包装用纸的检测 …… 171
一、包装纸的卫生标准 …… 171
二、包装纸中有害物质的检测 …… 171
【阅读材料】 食品包装材料需要做哪些测试？ …… 173
思考题 …… 174
实验部分 …… 175
实验一　基本味觉训练实验 …… 175
实验二　物理检验实验 …… 176
实验三　全脂乳粉中水分含量的测定 …… 181
实验四　面粉中灰分含量的测定 …… 182
实验五　乳及乳制品酸度的测定 …… 183
实验六　午餐肉中脂肪含量的测定 …… 184
实验七　水果硬糖中还原糖的测定 …… 185
实验八　熟肉制品中淀粉的测定 …… 186
实验九　果蔬中膳食纤维的测定 …… 187

实验十　豆乳饮料中蛋白质含量的测定…… 189
实验十一　酱油中氨基酸态氮含量的测定…… 191
实验十二　新鲜果蔬中维生素含量的测定…… 192
实验十三　加锌奶粉中锌含量的测定…… 194
实验十四　蜜饯中山梨酸含量的测定…… 196
实验十五　咸肉中亚硝酸盐含量的测定…… 197
实验十六　啤酒中二氧化硫残留量的测定…… 199
实验十七　果汁饮料中人工合成色素的测定…… 200
实验十八　食品中氨基甲酸酯类农药残留量的测定…… 202
实验十九　鲜乳中抗生素残留量的测定…… 204
附表…… 206
附表 1　随机数表…… 206
附表 2　对比、配对差别试验统计概率表…… 207
附表 3　三角形差别试验统计概率表…… 209
附表 4　排序实验统计表…… 211
附表 5　观测锤度温度改正表（标准温度 20℃）…… 213
附表 6　乳稠计读数变为 15℃时的度数换算表…… 215
附表 7　糖液折光锤度温度改正表（20℃）…… 215
附表 8　碳酸气吸收系数表…… 216
附表 9　相当于氧化亚铜质量的葡萄糖、果糖、乳糖、转化糖…… 218
附表 10　20℃时折射率与可溶性固形物含量换算表…… 223
附表 11　20℃时可溶性固形物含量对温度的校正表…… 223
参考文献…… 224

第一章　绪　　论

【学习目标】

1. 了解食品分析检验的目的和任务。

2. 了解国内食品分析检验技术发展动态。

3. 熟悉食品分析的内容和范围。

4. 掌握食品分析检验的方法。

一、食品分析检验的目的和任务

1. 食品分析检验的目的

以现代人的生活观点来看，饮食除了提供生存的功能外，亦是生活的乐趣之一，因此追求美食也成为人们一种享受，蔚为潮流。而食品品质的好坏直接关系着人们的身体健康。对食品品质好坏的评价，就要看它的营养性、安全性和可接受性。因此对食品进行分析检验是必需的。而食品分析检验就是研究各类食品组成成分的检测方法、检验技术及有关理论的一门技术性和应用性的学科。

2. 食品分析检验的任务

食品分析检测技术的任务是依据物理、化学、生物化学等学科的基本理论和国家食品卫生标准，运用现代科学技术和分析手段，对各类食品（包括原料、辅助材料、半成品及成品）的主要成分和含量进行检测，以保证生产出的产品质量合格。

二、食品分析检验的内容和范围

食品分析检验主要包括：感官检验、营养成分检验、食品添加剂的检验及食品中有毒有害物质的检验。

1. 感官检验

食品质量的优劣最直接地表现在它的感官性状上，各种食品都具有各自的感官特征，除了色、香、味是所有食品共有的感官特征外，液态食品还有澄清、透明等感官指标，固体、半固体食品还有软、硬、弹性、韧性、黏、滑、干燥等一切能为人体感官判定和接受的指标。好的食品不但要符合营养和卫生的要求，而且要有良好的可接受性。因此，各类食品的质量标准中都有感官指标。感官鉴定是食品质量检验的主要内容之一，在食品分析检验中占有重要的地位。

2. 营养成分的检验

食品中的营养成分主要包括有水分、灰分、矿物元素、脂肪、碳水化合物、蛋白质与氨基酸、有机酸、维生素八大类，这是构成食品的主要成分。不同的食品所含营养成分的种类和含量是各不相同的，在天然食品中，能够同时提供各种营养成分的品种较少，因此人们必须根据人体对营养的要求，进行合理搭配，以获得较全面的营养。为此必须对各种食品的营养成分进行分析，以评价其营养价值，为选择食品提供帮助。此外，在食品工业生产中，对工艺配方的确定、工艺合理性的鉴定、生产过程的控制及成品质量的监测等，都离不开营养成分的分析。所以，营养成分的分析是食品分析检验中的主要内容。

3. 食品添加剂的检验

食品添加剂是指食品在生产、加工或保存过程中，添加到食品中期望达到某种目的的物质。由于目前所使用的食品添加剂多为化学合成物质，有些对人体具有一定的毒性，故国家对其使用范围及用量均作了严格的规定。为监督在食品生产中合理地使用食品添加剂，保证食品的安全性，必须对食品添加剂进行检验，因此，对食品添加剂的鉴定和检验也具有十分重要的意义。

4. 食品中有毒有害物质的检测

正常的食品应当无毒无害，符合应有的营养素要求，具有相应的色、香、味等感官性状。但食品在生产、加工、包装、运输、储存、销售等各个环节中，由于污染混入的对人体有急性或慢性危害的物质，按其性质，主要分为以下几类。

(1) 有害元素　由于工业三废、生产设备、包装材料等对食品的污染所造成的，主要有砷、镉、汞、铅、铜、铬、锡、锌、硒等。

(2) 农药及兽药　由于不合理地施用农药造成对农作物的污染，再经动植物体的富集作用及食物链的传递，最终造成食品中农药的残留。另外，兽药（包括兽药添加剂）在畜牧业中的广泛使用，对降低牲畜发病率与死亡率、提高饲料利用率、促进牲畜生长和改善产品品质方面起到十分显著的作用，已成为现代畜牧业不可缺少的物质基础。但是，由于科学知识的缺乏和经济利益的驱使，畜牧业中滥用兽药和超标使用兽药的现象普遍存在。因此导致动物性食品中兽药残留超标。

(3) 细菌、霉菌及其毒素　这是由于食品的生产或储藏环节不当而引起的微生物污染，例如危害较大的黄曲霉毒素。另外，还有动植物体中的一些天然毒素，例如贝类毒素、苦杏仁中存在的氰化物等。

(4) 包装材料带来的有害物质　由于使用了质量不符合卫生要求的包装材料，例如聚氯乙烯、多氯联苯、荧光增白剂等有害物质，造成包装材料对食品污染。

三、食品分析检验的方法

在食品分析检验过程中，由于目的不同，或被测组分和干扰成分的性质以及它们在食品中存在的数量的差异，所选择的分析检验方法也各不相同。食品分析检验常用的方法有感官检验法、化学分析法、仪器分析法、微生物分析法和酶分析法。

1. 感官检验法

感官检验法是通过人体的各种感觉器官（眼、耳、鼻、舌、皮肤）所具有的感觉、听觉、嗅觉、味觉和触觉，结合平时积累的实践经验，并借助一定的仪器对食品的色、香、味、形等质量特性和卫生状况作出判定和客观评价的方法。感官检验作为食品分析检验的重要方法之一，具有简便易行、快速灵敏、不需要特殊器材等特点，特别适用于目前还不能用仪器定量评价的某些食品特性的检验，如水果滋味的检验、食品风味的检验以及烟、酒、茶的气味检验等。

2. 化学分析法

化学分析法以物质的化学反应为基础，使被测成分在溶液中与试剂作用，由生成物的量或消耗试剂的量来确定被测组分含量的方法，化学分析法包括定性分析和定量分析。定量分析又包括称量法和容量法，如食品中水分、灰分、脂肪、果胶、纤维等成分的测定，常规法都是称量法。容量法包括酸碱滴定法、氧化还原滴定法、配位滴定法和沉淀滴定法。如酸度、蛋白质的测定常用到酸碱滴定法；还原糖、维生素 C 的测定常用到氧化还原滴定法。化学分析法是食品分析检验技术中最基础、最基本、最重要的分析方法。

3. 仪器分析法

仪器分析法是以物质的物理或物理化学性质为基础，利用光电仪器来测定物质含量的方法，包括物理分析法和物理化学分析法。

物理分析法，通过测定密度、黏度、折射率、旋光度等物质特有的物理性质来求出被测组分含量的方法。如密度法可测定糖液的浓度、酒中酒精含量、检验牛乳是否掺水、脱脂等；折射率法可测定果汁、番茄制品、蜂蜜、糖浆等食品的固形物含量，牛乳中乳糖含量等；旋光法可测定饮料中蔗糖含量、谷类食品中淀粉含量等。

物理化学分析法是通过测量物质的光学性质、电化学性质等物理化学性质来求出被测组分含量的方法。它包括光学分析法、电化学分析法、色谱分析法、质谱分析法等，食品分析检验中常用的是前三种方法。光学分析法又分为紫外-可见分光光度法、原子吸收分光光度法、荧光分析法等，可用于测定食品中无机元素、碳水化合物、蛋白质、氨基酸、食品添加剂、维生素等成分。电化学分析法又分为电导分析法、电位分析法、极谱分析法等。电导法可测定糖品灰分和水的纯度等；电位分析法广泛应用于测定 pH、无机元素、酸根、食品添加剂等成分；极谱法已应用于测定重金属、维生素、食品添加剂等成分。色谱法包含许多分支，食品分析检验中常用的是薄层色谱法、气相色谱法和高效液相色谱法，可用于测定有机酸、氨基酸、维生素、农药残留量、黄曲霉毒素等成分。

4. 微生物分析法

微生物分析法基于某些微生物生长需要特定的物质，方法条件温和，克服了化学分析法和仪器分析法中某些被测成分易分解的弱点，方法的选择性也高，常用于维生素、抗生素残留量、激素等成分的分析中。

5. 酶分析法

酶分析法是利用酶的反应进行物质定性、定量的方法。酶是具有专一性催化功能的蛋白质，用酶分析法进行分析的主要优点在于高效和专一，克服了用化学分析法测定时，某些共存成分产生干扰以及类似结构的物质也可发生反应，从而使测定结果发生偏离的缺点。酶分析法测定条件温和，结果准确，已应用于食品中有机酸、糖类和维生素的测定。

四、国内外食品分析检验技术发展动态与进展

随着科学技术的迅猛发展，各种食品分析检验的方法不断得到完善、更新，在保证分析检验结果准确度的前提下，食品分析检验正向着微量、快速、自动化的方向发展。许多高灵敏度、高分辨率的分析仪器越来越多地应用于食品分析检验中，为食品的开发与研究、食品的安全与卫生检验提供了强有力的手段。例如色谱分析、核磁共振和免疫分析等一些分析新技术也在食品分析中得以应用。另外食品快速检测技术正在迅猛发展。例如，农药残留试纸法、硝酸盐试粉法和硝酸盐试纸法及兽药残留检测用的酶联免疫吸收试剂盒法等。

目前，对转基因产品的检测是一个热门话题。国内外转基因检测方法有三种：第一种是以核酸为基础的 PCR 检测方法，包括定性 PCR、实时荧光定量 PCR、PCR-ELISA 半定量和基因芯片等方法；第二种是检测外源基因的表达产物——蛋白质检测方法，分为试纸条、ELISA 和蛋白芯片三种方法；第三种是利用红外检测转基因产品化学及空间结构。

【阅读材料】

转基因食品的检验分析技术有哪些?

对于转基因产品，可以用转基因产品定性检测方法对样品中转基因成分进行检测，下面介绍目前常用的两种方法。

1. 实时荧光 PCR 法

此法是目前最有发展前途的定量检测方法，也是目前最适合出入境检验检疫的检测技术之一。所谓实时荧光定量 PCR 技术，是指在 PCR 反应体系中加入荧光基团，利用荧光信号积累，实时监测整个 PCR 进程，最后通过标准曲线对未知模板进行定量分析的方法。该方法可以有效地提高检测的准确性和灵敏度。它既能做定性检测，加入标准品也能做定量检测。

2. 酶联检测方法

应称作酶联免疫吸附测定，是把抗原及抗体的免疫反应和酶的高效催化反应有机地结合而发展起来的，用酶作为标记物或指示剂进行抗原或抗体定性和定量测定的综合技术。试纸条检测方法也是转基因产品抗血清检测方法。

思考题

1. 食品分析检验包括的内容是什么?
2. 食品分析检验有哪些方法? 每种方法的特点是什么?

第二章　食品样品的采集与处理

【学习目标】

1. 了解食品分析的一般程序，学会食品样品的采集、制备和保存方法。

2. 掌握有机物破坏法、溶剂提取法及蒸馏法等各种食品样品的预处理方法，以适应不同食品类型的分析需要。

第一节　食品样品的采集、制备及保存

食品分析的一般程序是：样品的采集、制备和保存；样品的预处理；成分分析；分析数据处理；撰写分析报告。

一、样品的采集

样品的采集是从大量的分析对象中抽取有代表性的一部分样品作为分析材料，即分析样品。

1. 样品采集的目的和意义

为保证分析结果准确无误，首先就要正确地采样。因被检测的食品种类差异大、加工储藏条件不同、同一材料的不同部分彼此有差别，所以采用正确的采样技术采集样品尤为重要，否则分析结果就不具有代表性，甚至会得出错误的结论。同样，为使后续的分析工作能顺利实施，对采集到的样品作进一步的加工处理是任何检测项目中不可缺少的环节。

2. 样品采集的要求、步骤、数量和方法

（1）采样要求　采样过程中应遵循两个原则：一是采集的样品要均匀、具有代表性，能反映全部被测食品的组成、质量及卫生状况；二是采样中避免成分逸散或引入杂质，应保持原有的理化指标。

（2）采样步骤　采样一般可分为三步：首先是获取检样，即从大批物料的各个部分采集少量的物料称检样；将所有获取的检样综合在一起得到原始样品，这是第二步；最后是将原始样品经技术处理后，抽取其中的一部分作为分析检验的样品称为平均样品。

（3）采样的数量和方法　采样数量应能反映该食品的卫生质量和满足检验项目对取样量的需求，样品应一式三份，分别供检验、复验、备查或仲裁，一般散装样品每份不少于0.5kg。具体采样方法因分析对象的性质而异。

① 液体、半流体饮食品。如植物油、鲜乳、酒类或其他饮料，若用大桶或大罐包装应先充分混合后采样。样品分别放入三个干净的容器中。

② 粮食及固体食品。自每批食品的上、中、下三层中的不同部位分别采取部分样品混合后按四分法对角取样，再进行几次混合，最后取有代表性的样品。

③ 肉类、水产等食品。按分析项目的要求可分别采取动物身上不同部位的样品混合后

代表整只动物；或从很多只动物的同一部位取样混合后代表某一部位的样品。

④ 罐头、瓶装食品。可根据批号随机取样。同一批号取样件数，250g 以上的包装不得少于 6 个，250g 以下的包装不得少于 10 个。掺伪食品和食物中毒的样品采集要具有典型性。

采样时使用的工具、容器、包装纸等都应清洁，不应带入任何杂质或被测组分。采样后应迅速检测，以免发生变化。最后在盛装样品的容器上要贴上标签，注明样品名称、采样地点、采样日期、样品批号、采样方法、采样数量、分析项目及采样人。

二、样品的制备

按采样规程采取的样品一般数量过多、颗粒大、组成不均匀。样品制备是对上述采集的样品进行进一步粉碎、混匀、缩分，目的是保证样品完全均匀，使任何部分都具有代表性。具体制备方法因产品类型不同有如下几种。

1. 液体、浆体或悬浮液体

样品可摇匀，也可以用玻璃棒或电动搅拌器搅拌，使其均匀，然后采取所需要的量。

2. 互不相溶的液体

如油与水的混合物，应先使不相溶的各成分彼此分离，再分别进行采样。

3. 固体样品

先将样品制成均匀状态，具体操作可切细（大块样品）、粉碎（硬度大的样品如谷类）、捣碎（质地软含水量高的样品如果蔬）、研磨（韧性强的样品如肉类）。常用工具有粉碎机、组织捣碎机、研钵等。然后用四分法采取制备好的均匀样品。

4. 罐头

水果或肉禽罐头在捣碎之前应清除果核、骨头及葱、姜、辣椒等调料。可用高速组织捣碎机。

上述样品制备过程中，还应注意防止易挥发成分的逸散及有可能造成的样品理化性质的改变，尤其是做微生物检验的样品，必须根据微生物学的要求，严格按照无菌操作规程制备。

三、样品的保存

制备好的样品应尽快分析，如不能马上分析，则需妥善保存。保存的目的是防止样品发生受潮、挥发、风干、变质等现象，确保其成分不发生任何变化。保存的方法是将制备好的样品装入具磨口塞的玻璃瓶中，置于暗处；易腐败变质的样品应保存在 0～5℃的冰箱中；易失水的样品应先测定水分。

一般检验后的样品还需保留一个月，以备复查。保留期限从签发报告单算起，易变质食品不予保留。对感官不合格样品可直接定为不合格产品，不必进行理化检验。最后，存放的样品应按日期、批号、编号摆放，以便查找。

第二节　样品的预处理

食品的成分复杂，既含有如糖、蛋白质、脂肪、维生素、农药等有机大分子化合物，也含有许多如钾、钠、钙、铁、镁等无机元素。它们以复杂的形式结合在一起，当以选定的方法对其中某种成分进行分析时，其他组分的存在，常会产生干扰而影响被测组分的正确检出。为此在分析检测之前，必须采取相应的措施排除干扰。另外，有些样品特别是有毒、有害污染物，其在食品中的含量极低，但危害很大，完成这样组分的测定，有时会因为所选方法的灵敏度不够而难于检出，这种情形下往往需对样品中的相应组分进行浓缩，以满足分析方法的要求。样品预处理就是解决上述问题，根据食品的种类、性质不同，以及不同分析方法的要求，预处理的手段有如下几种。

一、有机物破坏法

当测定食物中无机物含量时，常采用有机物破坏法来消除有机物的干扰。因为食物中的无机元素会与有机物结合，形成难溶、难解离的化合物，使无机元素失去原有的特性，而不能依法检出。有机物破坏法是将有机物在强氧化剂的作用下经长时间的高温处理，破坏其分子结构，有机物分解呈气态逸散，而使被测无机元素得以释放。该法除常用于测定食品中微量金属元素之外，还可用于检测硫、氮、氯、磷等非金属元素。根据具体操作不同，常用的有干法和湿法两大类，但随着微波技术的发展，微波消解法也得到了应用。

1. 干法（又称灰化）

干法是通过高温灼烧将有机物破坏。除汞外的大多数金属元素和部分非金属元素的测定均可采用此法。具体操作是将一定量的样品置于坩埚中加热，使有机物脱水、炭化、分解、氧化，再于高温电炉（500～550℃）中灼烧灰化，残灰应为白色或浅灰色。否则应继续灼烧，得到的残渣即为无机成分，可供测定用。

干法特点是破坏彻底、操作简便、使用试剂少、空白值低。但破坏时间长、温度高，尤其对汞、砷、锑、铅易造成挥散损失。对有些元素的测定必要时可加助灰化剂。

2. 湿法（又称消化）

湿法是在酸性溶液中，向样品中加入硫酸、硝酸、高氯酸、过氧化氢、高锰酸钾等氧化剂，并加热消煮，使有机物完全分解、氧化、呈气态逸出，待测组分转化成无机状态存在于消化液中，供测试用。

湿法是一种常用的样品无机化法。其特点是分解速度快、时间短；因加热温度低可减少金属的挥发逸散损失。缺点是消化时易产生大量有害气体，需在通风橱中操作，另外消化初期会产生大量泡沫外溢，需随时照管；因试剂用量较大，空白值偏高。

湿法破坏根据所用氧化剂不同分为如下几类。

（1）硫酸-硝酸法　将粉碎好的样品放入250～500mL凯氏烧瓶中（样品量可称10～20g），如图2-1所示。加入浓硝酸20mL，小心混匀后，先用小火使样品溶化，再加浓硫酸10mL，渐渐加强火力，保持微沸状态并不断滴加浓硝酸，至溶液透明不再转黑为止。每当溶液变深时，应立即添加硝酸，否则会消化不完全。待溶液不再转黑后，继续加热数分钟至冒出浓白烟，此时消化液应澄清透明。消化液放冷后，小心用水稀释，转入容量瓶，同时用水洗涤凯氏烧瓶，洗液并入容量瓶，调至刻度后混匀供待测用。

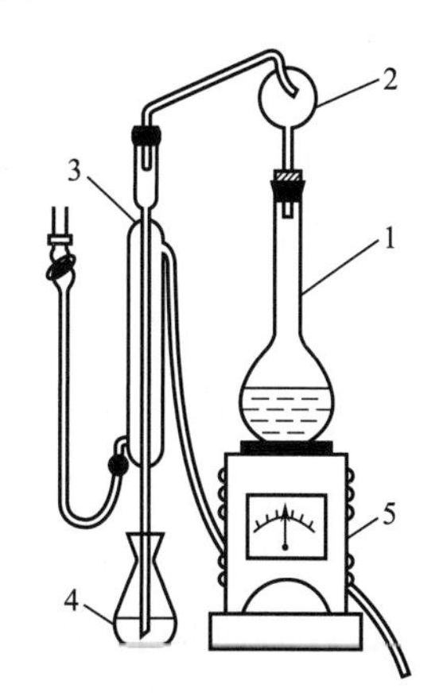

图2-1　凯氏烧瓶示意

1—凯氏烧瓶；2—定氮球；3—直形冷凝管及导管；4—收集瓶；5—电炉

（2）高氯酸-硝酸-硫酸法　称取粉碎好的样品5～10g，放入250～500mL凯氏烧瓶中，加少许水湿润，加数粒玻璃珠，加3∶1的硝酸-高氯酸混合液10～15mL，放置片刻，小火缓缓加热，反应稳定后放冷，沿瓶壁加入5～10mL浓硫酸，继续加热至瓶中液体开始变成棕色时，不断滴加硝酸-高氯酸混合液（3∶1）至有机物分解完全。加大火力至产生白烟，溶液应澄清、无色或微黄色。操作中注意防爆。放冷后容量瓶中定容。

(3) 高氯酸（过氧化氢)-硫酸法　取适量样品于凯氏烧瓶中，加适量浓硫酸，加热消化至呈淡棕色，放冷，加数毫升高氯酸（或过氧化氢），再加热消化，重复操作至破坏完全，放冷后以适量水稀释，小心转入容量瓶中定容。

(4) 硝酸-高氯酸法　取适量样品于凯氏烧瓶中，加数毫升浓硝酸，小心加热至剧烈反应停止后，再加热煮沸至近干，加入 20mL 硝酸-高氯酸（1∶1）混合液。缓缓加热，反复添加硝酸-高氯酸混合液至破坏完全，小心蒸发至近干，加入适量稀盐酸溶解残渣，若有不溶物应过滤。滤液于容量瓶中定容。

消化过程中注意维持一定量的硝酸或其他氧化剂，破坏样品时应作空白，以校正消化试剂引入的误差。

3. 微波消解法

微波样品处理设备兴起于 20 世纪最后几十年，对解决长期困扰 AAS、AES、ICP-AES、ICP-MS、GC、HPLC 等仪器分析的样品制备方法起了革命性的作用。微波对食品样品的消解主要包括有传统的敞口式、半封闭式、高压密封罐式，以及近几年发展起来的聚焦式。微波是一种电磁波，它能使样品中极性分子在高频交变电磁场中发生振动，相互碰撞、摩擦、极化而产生高热。

压力自控密闭微波消解法是将试样和溶剂放在双层密封罐里进行微波加热消解，自动控制密闭容器的压力，它结合了高压消解和微波加热迅速，以及能使极性分子在高频交变电磁场中剧烈振动碰撞、摩擦、极化等方面的性能，在压力或温度控制下，在微波炉里自动加热，难消解的样品几十分钟即可，时间大大缩短，酸雾量也减少，同时也减少了对人和环境的危害。与传统的干、湿消解方法相比，它具有节能、快速、易挥发元素损失少、污染小、操作简便、消解完全、溶剂消耗少、空白值低等特点，特别适应于测定易挥发元素的样品分解。例如：微波消解-AAS 法测定芦荟中微量金属元素锌、锰、镉、铅就是应用具有压力控制附件的 MSP-100D 型微波样品制备系统。在混合酸体系 HNO_3-HCl 中，当混酸 HNO_3-HCl 配比为 8∶3、固液比为 1∶12、最高功率时微波消解时间为 6min 的条件下，消解结果最佳。在微波消解最佳条件下，进行了精密度实验和回收率实验，所得结果的相对标准偏差均在 0.3%～6.2%之间，回收率为 95.0%～110.0%。结果表明，微波消解法处理新鲜芦荟叶片，具有快速、简便、节省试剂、消解完全等特点，测定结果的精密度和准确度令人满意。

二、食品中成分的提取分离

同一溶剂中，不同的物质具有不同的溶解度；同一物质在不同的溶剂中溶解度也不同。利用样品中各组分在特定溶剂中溶解度的差异，使其完全或部分分离即为溶剂提取法。常用的无机溶剂有水、稀酸、稀碱；有机溶剂有乙醇、乙醚、氯仿、丙酮、石油醚等。可用于从样品中提取被测物质或除去干扰物质。在食品分析检验中常用于维生素、重金属、农药及黄曲霉毒素的测定。

溶剂提取法可用于提取固体、液体及半流体，根据提取对象不同，可分为化学分离法、离心分离法、浸泡萃取分离法、挥发分离法、色谱分离法和浓缩法，先分别介绍如下。

1. 化学分离法

（1）磺化法和皂化法　磺化法和皂化法是去除油脂的常用方法，可用于食品中农药残留的分析。

① 磺化法。磺化法是以硫酸处理样品提取液，硫酸使其中的脂肪磺化，并与脂肪和色素中的不饱和键起加成作用，使生成溶于硫酸和水的强极性化合物，从而从有机溶剂中分离出来。该法只适用在强酸介质中稳定的农药的分析，如有机氯农药中的六六六、DDT的分析，回收率在80％以上。

② 皂化法。皂化法是以热碱KOH-乙醇溶液与脂肪及其杂质发生皂化反应，从而将其除去。本法只适用于对碱稳定的农药提取液的净化。

（2）沉淀分离法　本法是向样液中加入沉淀剂，利用沉淀反应使被测组分或干扰组分沉淀下来，再经过滤或离心实现与母液分离。该法是常用的样品净化方法，如饮料中糖精钠的测定，可加碱性硫酸铜将蛋白质等杂质沉淀下来，过滤除去。

（3）掩蔽法　向样液中加入掩蔽剂，使干扰组分改变其存在状态（被掩蔽状态），以消除其对被测组分的干扰。掩蔽的方法有一个最大的好处就是可以免去分离操作，使分析步骤大大简化，因此在食品分析检验中广泛用于样品的净化。特别是测定食品中的金属元素时，常加入配位掩蔽剂来消除共存的干扰离子的影响。

2. 离心分离法

当被分离的沉淀量很少时，应采用离心分离法，该法操作简单而迅速。实验室常用的有手摇离心机和电动离心机。由于离心作用，沉淀紧密地聚集于离心管的尖端，上方的溶液是澄清的。可用滴管小心地吸取上方清液，也可将其倾出。如果沉淀需要洗涤，可以加入少量的洗涤液，用玻璃棒充分搅动，再进行离心分离，如此重复操作两三遍即可。

3. 浸泡萃取分离法

（1）浸取法　用适当的溶剂将固体样品中的某种被测组分浸取出来称浸取，也即液-固萃取法。该法应用广泛，如测定固体食品中脂肪含量时，用乙醚反复浸取样品中的脂肪，而杂质不溶于乙醚，再使乙醚挥发掉，称出脂肪的质量即可。

① 提取剂的选择。提取剂应根据被提取物的性质来选择，提取剂对被测组分的溶解度应最大，对杂质的溶解度最小，提取效果遵从相似相溶原则，通常对极性较弱的成分（如有机氯农药），可用极性小的溶剂（如正己烷、石油醚）提取；对极性强的成分（如黄曲霉毒素B_1）可用极性大的溶剂（如甲醇与水的混合液）提取。所选择溶剂的沸点应适当，太低易挥发，过高又不易浓缩。

② 提取方法

a. 振荡浸渍法。将切碎的样品放入选择好的溶剂系统中，浸渍、振荡一定时间使被测组分被溶剂提取。该法操作简单，但回收率低。

b. 捣碎法。将切碎的样品放入捣碎机中，加入溶剂，捣碎一定时间，使被测成分被溶剂提取。该法回收率高，但选择性差，干扰杂质溶出较多。

c. 索氏提取法。将一定量样品放入索氏提取器中。加入溶剂，加热回流一定时间，被测组分被溶剂提取。该法溶剂用量少，提取完全，回收率高，但操作麻烦，需专用索氏提取器。

（2）溶剂萃取法　利用适当的溶剂（常为有机溶剂）将液体样品中的被测组分（或杂质）提取出来称为萃取。其原理是被提取的组分在两互不相溶的溶剂中分配系数不同，从一相转移到另一相中而与其他组分分离。本法操作简单、快速，分离效果好，使用广泛。缺点是萃取剂易燃、有毒性。

① 萃取剂的选择。萃取剂应对被测组分有最大的溶解度，对杂质有最小的溶解度，且与原溶剂不互溶；两种溶剂易于分层，无泡沫。

② 萃取方法。萃取常在分液漏斗中进行，一般需萃取 4～5 次方可分离完全。若萃取剂比水轻，且从水溶液中提取分配系数小或振荡时易乳化的组分时，可采用连续液体萃取器，如图 2-2 所示。

锥形瓶内的溶剂经加热产生蒸汽后沿导管上升，经冷凝器冷凝后，在中央管的下端聚为小滴，并进入欲萃取相的底部，上升过程中发生萃取作用，随着欲萃取相液面不断上升，上层的萃取液流回锥形瓶中，再次受热汽化后的纯溶剂进入冷凝器又被冷凝返回欲萃取相底部，重复萃取……如此反复，使被测组分全部萃取至锥形瓶内的溶剂中。

在食品分析检验中常用提取法分离、浓缩样品，浸取法和萃取法既可以单独使用也可联合使用。如测定食品中的黄曲霉毒素 B_1，先将固体样品用甲醇-水溶液浸取，黄曲霉毒素 B_1 和色素等杂质一起被提取，再用氯仿萃取甲醇-水溶液，色素等杂质不被氯仿萃取仍留在甲醇-水溶液层，而黄曲霉毒素 B_1 被氯仿萃取，以此将黄曲霉毒素 B_1 分离。

4. 挥发分离法（蒸馏法）

挥发分离法是利用液体混合物中各组分挥发度不同进行分离的方法。既可将干扰组分蒸馏除去，也可将待测组分蒸馏逸出，收集馏出液进行分析。根据样品组分性质不同，蒸馏方式有常压蒸馏、减压蒸馏及水蒸气蒸馏。

（1）常压蒸馏　当样品组分受热不分解或沸点不太高时，可进行常压蒸馏，如图 2-3 所示。加热方式可根据被蒸馏样品的沸点和性质确定，如果沸点不高于 90℃，可用水浴；如果超过 90℃，则可改用油浴；如果被蒸馏物不易爆炸或燃烧，可用电炉或酒精灯直接加热，但最好垫以石棉网。如果是有机溶剂则要用水浴并注意防火。

（2）减压蒸馏　如果样品中待蒸馏组分易分解或沸点太高时，可采取减压蒸馏。该法装置复杂，如图 2-4 所示。

（3）水蒸气蒸馏　水蒸气蒸馏是用水蒸气加热混合液体的装置，如图 2-5 所示。操作初

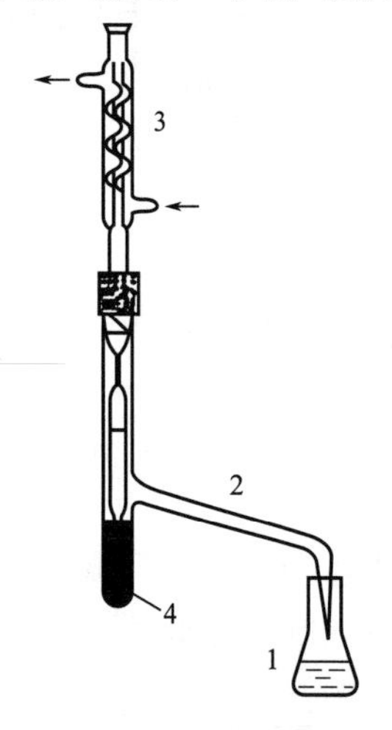

图 2-2　萃取操作示意

1—锥形瓶；2—导管；3—冷凝器；4—欲萃取相

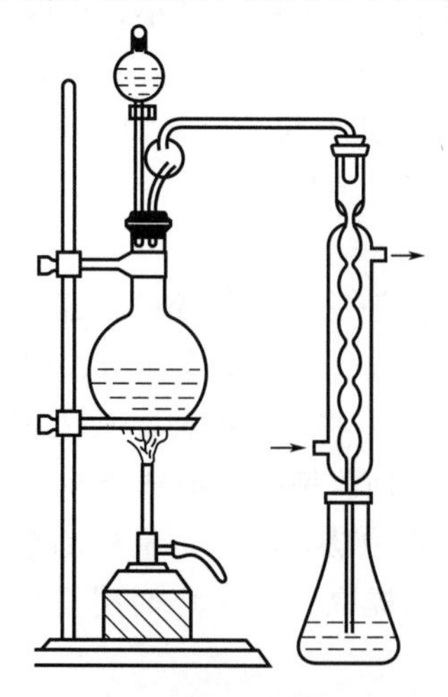

图 2-3　常压蒸馏装置

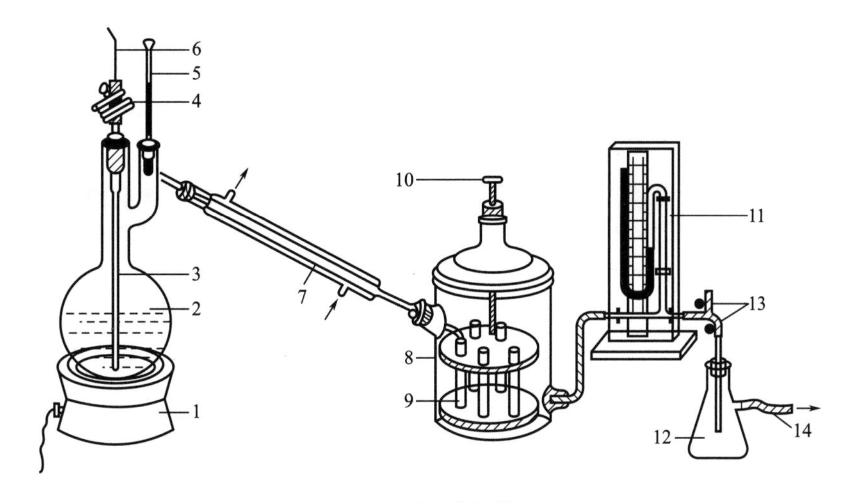

图 2-4　减压蒸馏装置

1—电炉；2—克莱森瓶；3—毛细管；4—螺旋止水夹；5—温度计；6—细铜丝；
7—冷凝器；8—接收瓶；9—接收管；10—转动把；11—压力计；
12—安全瓶；13—三通管阀门；14—接抽气机

期，蒸汽发生瓶和蒸馏瓶先不连接，分别加热至沸腾，再用三通管将蒸汽发生瓶连接好，开始蒸汽蒸馏。这样不致因蒸汽发生瓶产生蒸汽遇到蒸馏瓶中的冷溶液凝结出大量的水，增加体积而延长蒸馏时间。蒸馏结束后应先将蒸汽发生瓶与蒸馏瓶连接处拆开，再撤掉热源。否则会发生回吸现象，而将接收瓶中蒸馏出的液体全部抽回去，甚至回吸到蒸汽发生瓶中。

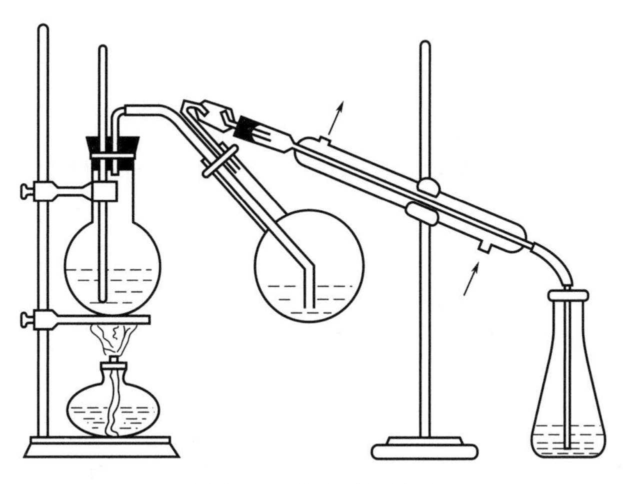

图 2-5　水蒸气蒸馏装置

（4）蒸馏操作注意事项

① 蒸馏瓶中装入的液体体积最大不超过蒸馏瓶的 2/3。同时加瓷片、毛细管等防止暴沸，蒸汽发生瓶也要装入瓷片或毛细管。

② 温度计插入高度应适当，以与通入冷凝器的支管在一个水平上或略低一点为宜。温度计的需查温度应在瓶外。

③ 有机溶剂的液体应使用水浴，并注意安全。

④ 冷凝器的冷凝水应由低向高逆流。

5. 色谱分离法

色谱分离法是将样品中的组分在载体上进行分离的一系列方法，又称色层分离法。根据分离原理不同，分为吸附色谱分离、分配色谱分离和离子交换色谱分离等。该类分离方法效果好，在食品分析检验中广为应用。

（1）吸附色谱分离　该法使用的载体为聚酰胺、硅胶、硅藻土、氧化铝等吸附剂，经活化处理后具一定的吸附能力。样品中的各组分依其吸附能力不同被载体选择性吸附，使其分离。如食品中色素的测定，将样品溶液中的色素经吸附剂吸附（其他杂质不被吸附），经过滤、洗涤，再用适当的溶剂解吸，得到比较纯净的色素溶液。吸附剂可以直接加入样品中吸附色素，也可将吸附剂装入玻璃管中制成吸附柱或涂布成薄层板使用。

（2）分配色谱分离　此法是根据样品中的组分在固定相和流动相中的分配系数的不同而进行分离。当溶剂渗透在固定相中并向上渗展时，分配组分就在两相中进行反复分配，进而分离。如多糖类样品的纸上层析，样品经酸水解处理，中和后制成试液，滤纸上点样，用苯酚-1%氨水饱和溶液展开，苯胺邻苯二酸显色，于105℃加热数分钟，可见不同色斑：戊醛糖（红棕色）、己醛糖（棕褐色）、己酮糖（淡棕色）、双糖类（黄棕色）。

（3）离子交换色谱分离　这是一种利用离子交换剂与溶液中的离子发生交换反应实现分离的方法。根据被交换离子的电荷，分为阳离子交换和阴离子交换。该法可用于从样品溶液中分离待测离子，也可从样品溶液中分离干扰组分。分离操作可将样液与离子交换剂一起混合振荡或将样液缓缓通过事先制备好的离子交换柱，则被测离子与交换剂上的 H^+ 或 OH^- 发生交换，或是被测离子上柱；或是干扰组分上柱，从而将其分离。

6. 浓缩法

样品在提取、净化后，往往样液体积过大、被测组分的浓度太小，影响其分析检测，此时则需对样液进行浓缩，以提高被测成分的浓度。常用的浓缩方法有常压浓缩和减压浓缩。

（1）常压浓缩　只能用于待测组分为非挥发性的样品试液的浓缩，否则会造成待测组分的损失。操作可采用蒸发皿直接挥发，若溶剂需回收，则可用一般蒸馏装置或旋转蒸发器。操作简便、快速。

（2）减压浓缩　若待测组分为热不稳定或易挥发的物质，其样品净化液的浓缩需采用K-D浓缩器。采取水浴加热并抽气减压，以便浓缩在较低的温度下进行，且速度快，可减少被测组分的损失。食品中有机磷农药的测定（如甲胺膦、乙酰甲胺膦含量的测定）多采用此法浓缩样品净化液。

第三节　食品分析的误差与数据处理

一、分析检验结果的表示方法

食品分析的结果有多种表示方法。按照我国现行国家标准的规定，应采用质量分数、体积分数或质量浓度加以表示。

1. 质量分数（w_B）

食品中某组分B的质量（m_B）与物质总质量（m）之比，称为B的质量分数。

$$w_B = \frac{m_B}{m}$$

其比值可用小数或百分数表示。例如，某食品中含有淀粉的质量分数为 0.9520 或 95.20%。

2. **体积分数（φ_B）**

气体或液体的食品混合物中某组分 B 的体积（V_B）与混合物总体积（V）之比，称为 B 的体积分数。

$$\varphi_B=\frac{V_B}{V}$$

其比值可用小数或百分数表示。例如，某天然气中甲烷的体积分数为 0.93 或 93%，工业乙醇中乙醇的体积分数为 95.0%。

3. **质量浓度（ρ_B）**

气体或液体的食品混合物中某组分 B 的质量（m_B）与混合物总体积（V）之比，称为 B 的质量浓度。

$$\rho_B=\frac{m_B}{V}$$

其常用单位为克每升（g/L）或毫克每升（mg/L）。例如，乙酸溶液中乙酸的质量浓度为 360g/L，生活用水中铁含量一般小于 0.3mg/L。在食品分析中，一些杂质标准溶液的含量和辅助溶液的含量也常用质量浓度表示。

二、有效数字及其处理规则

食品定量分析需要经过若干测量环节，读取若干次实验数据，再经过一定的运算才能获得最终分析结果。为使记录、运算的数据与测量仪器的精度相适应，必须注意有效数字的处理问题。

1. **有效数字的意义**

有效数字是指分析仪器实际能测量到的数字。在有效数字中，只有最末一位数字是可疑的，可能有±1 的偏差。例如，在分度值为 0.1mg 的分析天平上称一试样质量为 0.6050g，这样记录是正确的，与该天平所能达到的准确度相适应。这个结果有四位有效数字，它表明试样质量在 0.6049～0.6051g 之间。如果把结果记为 0.605g 是错误的，因为后者表明试样质量在 0.604～0.606g 之间，显然损失了仪器的精度。可见，数据的位数不仅表示数量的大小，而且反映了测量的准确程度。现将食品定量分析中经常遇到的各类数据举例如下：

试样的质量	0.6050g	四位有效数字	（用分析天平称量）
溶液的体积	35.36mL	四位有效数字	（用滴定管计量）
	25.00mL	四位有效数字	（用移液管量取）
	25mL	二位有效数字	（用量筒量取）
溶液的浓度	0.1000mol/L	四位有效数字	
	0.2mol/L	一位有效数字	
质量分数	34.34%	四位有效数字	
pH	4.30	二位有效数字	
离解常数 K	1.8×10^{-5}	二位有效数字	

注意，“0”在数字中有几种意义。数字前面的 0 只起定位作用，本身不算有效数字，数字之间的 0 和小数末尾的 0 都是有效数字；以 0 结尾的整数，最好用 10 的幂指数表示，这时前面的系数代表有效数字。由于 pH 为氢离子浓度的负对数值，所以 pH 的小数部分才为有效数字。

2. 有效数字的处理规则

① 直接测量值应保留一位可疑值，记录原始数据时也只有最后一位是可疑的。例如，用分析天平称量要称到 0.000xg，普通滴定管读数要读到 0.0xmL，其最末一位有±1 的偏差。

② 几个数字相加、减时，应以各数字中小数点后位数最少（绝对误差最大）的数字为依据，决定结果的有效位数。

③ 几个数字相乘、除时，应以各数字中有效数字位数最少（相对误差最大）的数字为依据，决定结果的有效位数。若某个数字的第一位有效数字≥8，则有效数字的位数应多算一位（相对误差接近）。

【例 2-1】 计算

$$0.015+34.37+4.3225=38.7085\xrightarrow{\text{修约}}38.71$$

$$\frac{15.3\times 0.1232}{9.3}=0.2026838\xrightarrow{\text{修约}}0.203$$

④ 计算中遇到常数、倍数、系数等，可视为无限多位有效数字。弃去多余的或不正确的数字，应按“四舍六入五取双”原则，即当尾数≥6 时，进入；尾数≤4 时，舍去；当尾数恰为 5 而后面数为 0 或者没有数时，若 5 的前一位是奇数则入，是偶数（包括 0）则舍；若 5 后面还有不是 0 的任何数皆入。注意，数字修约时只能对原始数据进行一次修约到需要的位数，不能逐级修约。

【例 2-2】 将下列数据修约到二位有效数字：

3.148→3.1

0.736→0.74

75.50→76

8.050→8.0

46.51→47

7.5489→7.5

⑤ 分析结果的数据应与技术要求量值的有效位数一致。对于高含量组分（>10%）一般要求以四位有效数字报出结果；对中等含量的组分（1%～10%）一般要求以三位有效数字报出；对于微量组分（<1%）一般要求只以二位有效数字报出结果。测定杂质含量时，若实际测得值低于技术指标一个或者几个数量级，可用“小于”该技术指标来报结果。

三、分析检验结果的准确度和精密度

1. 准确度与误差

分析结果的准确度是指测得值与真实值或标准值之间相符合的程度，通常用误差的大小来表示。

绝对误差＝测得值－真实值

显然，绝对误差越小，测定结果越准确。但绝对误差不能反映误差在真实值中所占的比例。例如，用分析天平称量两个样品的质量各为 2.1750g 和 0.2175g，假定这两个样品的真实质量各为 2.1751g 和 0.2176g，则二者称量的绝对误差都是－0.0001g；而这个绝对误差在第一个样品质量中所占的比例仅为第二个样品质量中所占比例的 1/10。也就是说，当被称量的量较大时，称量的准确程度就比较高。因此用绝对误差在真实值中所占的百分数可以更确

切地比较测定结果的准确度。这种表示误差的方法称为相对误差，即

$$相对误差=\frac{绝对误差}{真实值}\times 100\%$$

因为测得值可能大于或小于真实值，所以绝对误差和相对误差都有正、负之分。为了避免与被测组分百分含量相混淆，有时用千分数（‰）表示相对误差。

2. 精密度与偏差

在食品定量分析中，待测组分的真实值一般是不知道的。这样，衡量测定结果是否准确就有困难。因此常用测得值的重现性又叫精密度来表示分析结果的可靠程度。精密度是指在相同条件下，对同一试样进行几次测定（平行测定）所得值互相符合的程度，通常用偏差的大小表示精密度。

设测定次数为 n，其各次测得值（x'，x_2，…，x_n）的算术平均值为 $\overline{x}$，则个别绝对误差（d_i）是各次测得值（x_i）与它们的平均值之差。

$$d_i=x_i-\overline{x}$$

平均偏差（$\overline{d}$）是各次测定的个别绝对偏差的绝对值的平均值，即

$$\overline{d}=\frac{\sum|x_i-\overline{x}|}{n}$$

$$相对平均偏差=\frac{\overline{d}}{\overline{x}}\times 1000‰$$

食品分析检验常量组分时，分析结果的相对平均偏差一般小于0.2%。

在确定标准溶液准确浓度时，常用“极差”表示精密度。“极差”是指一组平行测定值中最大值与最小值之差。

在食品产品标准中，常常见到关于“允许差”（或称公差）的规定。一般要求某一项指标的平行测定结果之间的绝对偏差不得大于某一数值，这个数值就是“允许差”，它实际上是对测定精密度的要求。在规定试验次数的测定中，每次测定结果均应符合允许差要求。若超出允许差范围应在短时间内增加测定次数，至测定结果与前面几次（或其中几次）测定结果的差值符合允许差规定时，再取其平均值。否则应查找原因，重新按规定进行分析。

3. 分析结果的报告

不同的分析任务，对分析结果的准确度要求不同，平行测定次数与分析结果的报告也不同。

（1）例行分析　在例行分析和生产中间控制分析中，一个试样一般做2个平行测定。如果两次分析结果之差不超过允许差的2倍，则取平均值报告分析结果；如果超过允许差的2倍，则须再做一份分析，最后取两个差值小于允许差2倍的数据，以平均值报告结果。

【例2-3】 某食品产品中微量水的测定，若允许差为0.05%，而样品平行测定结果分别为0.50%、0.66%，应如何报告分析结果？

解　因为　$0.66\%-0.50\%=0.16\%>2\times 0.05\%$

故应再做一份分析，若这次分析结果为0.60%，则

$$0.66\%-0.60\%=0.06\%<2\times 0.05\%$$

则应取0.66%与0.60%的平均值0.63%报告分析结果。

（2）多次测定结果　在严格的食品检验或开发性试验中，往往需要对同一试样进行多次测定。这种情况下应以多次测定的算术平均值或中位值报告结果，并报告平均偏差及相对平

均偏差。

中位值（x_m）是指一组测定值按大小顺序排列时中间项的数值，当 n 为奇数时，正中间的数只有一个；当 n 为偶数时，正中间的数值有两个，中位值是指这两个值的平均值。采用中位值的优点是，计算方法简单，它与两个极端值的变化无关。

【例 2-4】 分析某食品中含水量时，测得下列数据：34.45%、34.30%、34.20%、34.50%、34.25%。计算这组数据的算术平均值、中位值、平均偏差和相对平均偏差。

解 将这组数据按大小顺序列成下表

顺序	x/%	$d=x-\bar{x}$
1	34.50	+0.16
2	34.45	+0.11
3	34.30	−0.04
4	34.25	−0.09
5	34.20	−0.14
$n=5$	$\Sigma x=171.70\%$	$\Sigma\|d\|=0.54$

由此得出

中位值 $x_m=34.30\%$

算术平均值 $\bar{x}=\dfrac{\Sigma x}{n}=\dfrac{171.70\%}{5}=34.34\%$

平均偏差 $\bar{d}=\dfrac{\Sigma|d|}{n}=\dfrac{0.54}{5}=0.11\ (\%)$

相对平均偏差 $\dfrac{\bar{d}}{\bar{x}}\times1000‰=\dfrac{0.11}{34.34}\times1000‰=3.2‰$

四、提高分析精确度的方法

食品定量分析中的误差，按其来源和性质可分为系统误差和随机误差两类。

由于某些固定的原因产生的分析误差叫做系统误差，其显著特点是朝一个方向偏离。造成系统误差的原因可能是试剂不纯、测量仪器不准、分析方法不妥、操作技术较差等，只要找到产生系统误差的原因，就能设法纠正和克服。

由于某些难以控制的偶然因素造成的误差叫随机误差或偶然误差。实验环境温度、湿度和气压的波动、仪器性能微小变化等都会产生随机误差。

从误差产生的原因来看，只有消除或减小系统误差和随机误差，才能提高分析结果的准确度。通常采用下列方法。

1. 选择合适的分析方法

样品中待测成分的分析方法往往很多，怎样选择最恰当的分析方法是需要周密考虑的。一般来说，应该综合考虑下列各因素。

（1）分析要求的准确度和精密度　不同的分析方法的灵敏度、选择性、准确度、精密度各不相同，要根据生产和科研工作对分析结果要求的准确度和精密度来选择适当的分析方法。

（2）分析方法的繁简和速度　不同分析方法操作步骤的繁简程度和所需时间及劳力各不相同，每样次分析的费用也不同，要根据待测样品的数目和要求取得分析结果的时间等来选择适当的分析方法。同一样品需要测定几种成分时，应尽可能选用能用同一份样品处理液同时测定该几种成分的方法，以达到简便、快速的目的。

（3）样品的特性　各类样品中待测成分的形态和含量不同；可能存在的干扰物质及其含量不同；样品的溶解和待测成分提取的难易程度也不相同。要根据样品的这些特征来选择制备待测液、定量某成分和消除干扰的适宜方法。

（4）现有条件　分析工作一般在实验室中进行，各级实验室的设备条件和技术条件也不相同，应根据具体条件来选择适当的分析方法。

在具体情况下究竟选用哪一种方法，必须综合考虑上述各项因素，但首先必须了解各类方法的特点，如方法的精密度、准确度、灵敏度等，以便加以比较。

2. 实验用水的要求

食品检验分析过程中离不开蒸馏水或特殊制备的纯水，但是一般的测定项目中，可用普通蒸馏水，无论试剂的制备或检测过程中所加入的水都是蒸馏水。所谓蒸馏水就是由常用的水经过蒸馏制得。

由于普通蒸馏水含有 CO_2、挥发性酸、氨和微量元素金属离子等，所以进行灵敏度高的微量元素的测定时往往将蒸馏水作特殊处理，一般采用硬质全玻璃重蒸一次，或用离子交换纯水器处理，就可得到高纯度的特殊用水。特殊用水的制备方法介绍如下。

（1）用于酸碱滴定的无 CO_2 水的制备　将普通蒸馏水加热煮沸 10min 左右，以除去原蒸馏水中的 CO_2，盖塞备用。

（2）用于微量元素测定用水　可用全玻璃蒸馏器蒸馏一次以便使用。

（3）用于一些有机物测定的水　在普通的蒸馏水中加入高锰酸钾碱性溶液，重新蒸馏一次。

（4）用于测定氨基氮的无氨水　在每升蒸馏水中加 2mL 浓硫酸和少量高锰酸钾保持紫红色，再蒸馏一次。

（5）去离子水　这是一般化验常用的水。蒸馏水通过阴、阳离子交换器处理，基本上把水中的 K^+、Na^+、Mg^{2+}、Ca^{2+}、Cu^{2+} 等阳离子或酸性的 CO_3^{2-}、SO_4^{2-}、Cl^- 和 NO_3^- 等阴离子通过阴、阳离子交换树脂交换除去。

对蒸馏水的纯度可以用电导仪或专门的水纯度测定仪来测定，对于水中含有的有机物可通过化学方法进行检查。

3. 对各种试剂、仪器进行校正

① 各种计量测试仪（如天平、分光光度计）应定期送到计量管理部门鉴定，以保证仪器的灵敏度和准确度。

② 各种标准试剂应按规定定期标定，以保证试剂的浓度和质量。

4. 正确选取样品的量

正确选取样品的量对于分析结果的准确度是很有关系的。例如常量分析，滴定量或质量过多过少都是不适当的。

5. 增加测定次数

取同一试样几份，在相同的操作条件下对它们进行分析，叫做平行测定。增加平行测定次数，可以减小随机误差。对同一试样，一般要求平行测定 2～4 份，以获得较准确的结果。

6. 做空白、对照实验

不加试样，但用与有试样时同样的操作进行的试验，叫做空白试验。所得结果称为空白值。从试样的测定值中扣除空白值，就能得到更准确的结果。例如，用以确定标准溶液准确浓度的试验，国家标准规定必须做空白试验。

对照试验是检验系统误差的有效方法。将已知准确含量的标准样，按照待测试样同样的方法进行分析，所得测定值与标准值比较，得一分析误差。用此误差校正待测试样的测定值，就可使测定结果更接近真值。

7. 作回收实验

样品中加入标准物质，测定其回收率，可以检验方法的准确程度和样品所引起的干扰误差，并可以同时求出精确度。

8. 标准曲线的回归

标准曲线常用于确定未知浓度，其基本原理是测量值与标准浓度成比例。在用比色、荧光、分光光度计时，常需要制备一套标准物质系列，例如在721型分光光度计上测出吸光度A，根据标准系列的浓度和吸光度绘出标准曲线，但是，在绘制标准曲线时点往往不在一条直线上，对这种情况可用回归法求出该线的方程就能最合适地代表此标准曲线。

【阅读材料】

什么是地沟油?

通俗地讲，地沟油可分为以下几类：一是狭义的地沟油，即将下水道中的油腻漂浮物或者将宾馆、酒楼的剩饭、剩菜（通称泔水）经过简单加工、提炼出的油；二是劣质猪肉、猪内脏、猪皮加工以及提炼后产出的油；三是用于油炸食品的油使用次数超过规定要求后，再被重复使用或往其中添加一些新油后重新使用的油。

长期食用地沟油可能会引发癌症，对人体的危害极大。国务院办公厅于2010年7月发布文件，决定组织开展地沟油等城市餐厨废弃物资源化利用和无害化处理试点工作。2011年9月13日，中国警方全环节破获特大利用“地沟油”制售案。2011年12月卫生部向社会公开征集“地沟油”检测方法，并于2012年5月初步确定了4个仪器法和3个可现场使用的快速检测法。4个仪器法包括3个质谱法和1个核磁共振法，3个快速检测法包括1个试剂盒法和2个紫外光谱法。

思　考　题

1. 食品分析中采样的原则是什么？采样的步骤有哪些？
2. 一般的样品应如何制备？
3. 样品保存的目的是什么？如何保存好样品？
4. 什么是有机物破坏法？它又分为哪些具体的方法？各有什么特点？
5. 食品中成分的提取分离的目的是什么？
6. 食品中成分的提取分离的常用方法有哪些？各有什么特点？
7. 什么是浸取？浸取的操作有哪些？
8. 什么是萃取？萃取的操作有哪些？
9. 蒸馏的原理是什么？什么情形下采取常压蒸馏、减压蒸馏和水蒸气蒸馏？
10. 什么是分析结果的准确度和精密度？二者关系如何？
11. 什么叫空白试验？什么情况下需要做空白试验？
12. 按有效数字的运算规则，计算下列各式的结果：

(1) $\dfrac{0.0893}{1.060\times\dfrac{25}{250}}$

(2) $\dfrac{(60.00\times1.121-25.00\times0.1012)\times\dfrac{1}{5}\times100.09}{2.500\times100}$

(3) $\dfrac{(1.222\times3.28)+4.80\times10^{-4}-(0.0123\times0.008142)}{2.00\times100}$

(4) $0.0025+2.5\times10^{-3}+0.1025$

第三章　食品质量的感官检验

【学习目标】

1. 认识感官检验的重要性；了解食品感官的评价方法。
2. 掌握感官检验的方法、基本原理；掌握感官检验数据的统计分析。

第一节　概　　述

一、感官检验的意义

食品质量感官鉴别就是凭借人体自身的感觉器官，具体地讲就是凭借眼、耳、鼻、口（包括唇和舌头）和手，对食品的质量状况作出客观的评价。也就是通过用眼睛看、鼻子嗅、耳朵听、用口品尝和用手触摸等方式，对食品的色、香、味和外观形态进行综合性的鉴别和评价。

食品质量的优劣最直接地表现在它的感官性状上，通过感官指标来鉴别食品的优劣和真伪，不仅简便易行，而且灵敏度高，直观而实用，与使用各种理化、微生物的仪器进行分析相比，有很多优点，因而它也是食品的生产、销售、管理人员所必须掌握的一门技能。广大消费者从维护自身权益角度讲，掌握这种方法也是十分必要的。因此，应用感官手段来鉴别食品的质量有着非常重要的意义。

食品质量感官鉴别能否真实、准确地反映客观事物的本质，除了与人体感觉器官的健全程度和灵敏程度有关外，还与人们对客观事物的认识能力有直接的关系。只有当人体的感觉器官正常，又熟悉有关食品质量的基本常识时，才能比较准确地鉴别出食品质量的优劣。因此，通晓各类食品质量感官鉴别方法，为人们在日常生活中选购食品或食品原料、依法保护自己的正常权益不受侵犯提供了必要的客观依据。

总之，感官检验对食品工业原辅材料、半成品和成品质量检测和控制、食品储藏保鲜、新产品开发、市场调查以及家庭饮食等方面都具有重要的指导意义。

二、感官检验的类型

1. 分析型感官检验

分析型感官检验有适当的测量仪器，可用物理、化学手段测定质量特性值，也可用人的感官来快速、经济，甚至高精度地对样品进行检验。这类检验最主要的问题是如何测定检验人员的识别能力。检验是以判断产品有无差异为主，主要用于产品的入厂检验、工序控制与出厂检验。

2. 偏爱型感官检验

偏爱型感官检验与分析型感官检验正好相反，是以样品为工具，了解人的感官反应及倾向。这种检验必须用人的感官来进行，完全以人为测定器，调查、研究质量特性对人的感觉、嗜好状态的影响程序（无法用仪器测定）。这种检验的主要问题是如何能客观地评价不同检验人员的感觉状态及嗜好的分布倾向。

分析型感官检验由于是通过感觉器官的感觉来进行检测的，因此，为了降低个人感觉之间差异的影响，提高检测的重现性，以获得高精度的测定结果，分析型感官检验必须有一定的规范条件。

（1）评价基准的标准化　在感官测定食品的质量特性时，对每一测定项目，都必须有明确、具体的评价标准及评价基准物，以防止评价员采用各自的评价标准和基准，使结果难以统一和比较。对同一类食品进行感官检验时，其基准及评价标准，必须具有连贯性及稳定性。因此制作标准样品是评价基准标准化的最有效的方法。

（2）实验条件的规范化　在感官检验中，分析结果很容易受环境及实验条件的影响，故实验条件应规范化，感官检验实验室应远离其他实验室，要求安静、隔音和整洁，不受外界干扰，无异味，具有令人心情舒畅的自然环境，有利于注意力集中。另外根据感官检验的特殊要求，实验室应有三个独立的区域，即样品准备室、检验室和集中工作室。

（3）评价员素质的选定　从事感官检验的评价员，必须有良好的生理及心理条件，并经过适当的训练，感官感觉敏锐。

综上所述，分析型感官检验和偏爱型感官检验的最大差异是前者不受人的主观意志的影响，而后者主要靠人的主观判断。

三、感觉的概念

1. 感觉的定义

感觉就是客观事物的各种特征和属性通过刺激人的不同的感觉器官引起兴奋，经神经传导反映到大脑皮层的神经中枢，从而产生的反应。一种特征或属性即产生一种感觉。而感觉的综合就形成了人对这一事物的认识及评价。

比如蛋糕作用于人的感官时，通过视觉可以感觉到它的外观、颜色；通过味觉可以感受到它的风味、味道；通过触摸或咀嚼可以感受到它的质地软硬等。

2. 感觉的分类及敏感性

食品作为一种刺激物，它能刺激人的多种感觉器官而产生多种感官反应。人的感觉划分成五种基本感觉，即视觉、听觉、触觉、嗅觉和味觉。除上述五种基本感觉外，人类可辨认的感觉还有温度觉、痛觉、疲劳觉、口感等多种感官反应。

感觉的敏感性是指人的感觉器官对刺激的感受、识别和分辨能力。感觉的敏感性因人而异，某些感觉通过训练或强化可以获得特别的发展，即敏感性增强。

3. 感觉阈值

感觉是由适当的刺激所产生的，然而刺激强度不同，产生的感觉也不同。这个强度范围即称为感觉阈。它是指从刚好能引起感觉，到刚好不能引起感觉的刺激强度范围。如人的眼睛，只能对波长范围为 380～780nm 的光波刺激产生视觉。在此范围以外的光刺激，均不能引起视觉，这个波长范围的光被称为可见光，也就是人的视觉阈。因此，对各种感觉来说，都有一个感受体所能接受的外界刺激变化范围。

感觉阈值是指感官或感受体对所能接受的刺激变化范围的上、下限以及对这个范围内最微小变化感觉的灵敏程度。依照测量技术和目的的不同，可以将感觉阈的概念分为下列几种。

（1）绝对感觉阈　指以使人的感官产生一种感觉的某种刺激的最低刺激量为下限，到导致感觉消失的最高刺激量为上限的刺激强度范围值。

（2）察觉阈值　对刚刚能引起感觉的最小刺激量，称之为察觉阈值或感觉阈值下限。

（3）识别阈值　对能引起明确的感觉的最小刺激量，称之为识别阈值。

（4）极限阈值　对刚好导致感觉消失的最大刺激量，称之为感觉阈值上限，又称为极限阈值。

（5）差别阈　指感官所能感受到的刺激的最小变化量。如人对光波变化产生感觉的波长差是10nm。差别阈不是一个恒定值，它随某些因素如环境的、生理的或心理的变化而变化。

第二节　食品感官检验的种类

按检验时所利用的感觉器官，感官检验可分为视觉检验、听觉检验、嗅觉检验、味觉检验和触觉检验。

一、视觉检验

通过被检验物作用于视觉器官所引起的反映，对食品进行评价的方法称为视觉检验。

这是判断食品质量的一个重要的感官手段。食品的外观形态和色泽对于评价食品的新鲜程度，食品是否有不良改变以及蔬菜、水果的成熟度等有着重要意义。视觉检验应在白昼的散射光线下进行，以免灯光隐色发生错觉。检验时应注意整体外观、大小、形态、块形的完整程度、清洁程度，表面有无光泽、颜色的深浅色调等。在检验液态食品时，要将它注入无色的玻璃器皿中，透过光线来观察，也可将瓶子颠倒过来，观察其中有无夹杂物下沉或絮状物悬浮。检验有包装的食品时应从外往里检验，先检验整体外形，如罐装食品有无鼓罐或凹罐现象；软包装食品是否有胀袋现象等，再检验内容物，然后再给予评价。

二、听觉检验

通过被检验物作用于听觉器官所引起的反映，对食品进行评价的方法称为听觉检验。

人耳对一个声音的强度或频率的微小变化是很敏感的。利用听觉进行感官检验的应用范围十分广泛。食品的质感特别是咀嚼食品时发出的声音，在决定食品质量和食品接受性方面起重要作用，如焙烤制品的酥脆薄饼、爆玉米花和某些膨化制品，在咀嚼时应该发出特有的声音，否则可认为质量已发生变化。对于同一物品，在外来机械敲击下，应该发出相同的声音。但当其中的一些成分、结构发生变化后，会导致原有的声音发生一些变化。据此，可以检查许多产品的质量。如敲打罐头，用听觉检查其质量，生产中称为打检，从敲打发出的声音来判断是否出现异常，另外容器有无裂缝等，也可通过听觉来判断。

三、嗅觉检验

通过被检物作用于嗅觉器官而引起的反映，评价食品的方法称为嗅觉检验。

人的嗅觉器官相当敏感，甚至用仪器分析的方法也不一定能检查出极轻微的变化，用嗅觉检验却能够发现。当食品发生轻微的腐败变质时，就会有不同的异味产生。如核桃的核仁变质所产生的酸败而有哈喇味，西瓜变质会带有馊味等。食品的气味是一些具有挥发性的物质形成的，所以在进行嗅觉检验时常需稍稍加热，但最好是在15～25℃的常温下进行，因为食品中的气味挥发性物质常随温度的高低而增减。在检验食品时，液态食品可滴在清洁的手掌上摩擦，以增加气味的挥发，识别畜肉等大块食品时，可将一把尖刀稍微加热刺入深部，拔出后立即嗅闻气味。

食品气味检验的顺序应当是先识别气味淡的，后鉴别气味浓的，以免影响嗅觉的灵敏度。在鉴别前禁止吸烟。

四、味觉检验

通过被检物作用于味觉器官所引起的反映，评价食品的方法称为味觉检验。

味觉是由舌面和口腔内味觉细胞（味蕾）产生的，基本味觉有酸、甜、苦、咸四种，其余味觉都是由基本味觉组成的混合味觉。味觉还与嗅觉、触觉等其他感觉有联系。影响味觉灵敏度主要有以下因素。

1. 食品温度的影响

食品温度对味蕾灵敏度影响较大。一般来说，味觉检验的最佳温度为 20～40℃。温度过高会使味蕾麻木，温度过低亦会降低味蕾的灵敏度。

2. 舌头部位的影响

舌头的不同部位味觉的灵敏度是不同的，表 3-1 列出舌头各部位的味觉阈限。

表 3-1　舌头各部位的味觉阈限　　单位：%

味道	呈味物质	舌尖	舌边	舌根
咸	食盐	0.25	0.24～0.25	0.28
酸	盐酸	0.01	0.06～0.07	0.016
甜	蔗糖	0.49	0.72～0.76	0.79
苦	硫酸奎宁	0.00029	0.0002	0.00005

3. 味觉产生时间的影响

从刺激味觉感受器到出现味觉，一般需 0.15～0.4s。其中咸味的感觉最快，苦味的感觉最慢。所以，一般苦味总是在最后才有感觉。

4. 呈味物质的水溶性的影响

味觉的强度与呈味物质的水溶性有关。完全不溶于水的物质实际上是无味的，只有溶解于水中的物质才能刺激味觉神经，产生味觉。水溶性好的物质，味觉产生快，消失也快；水溶性较差的物质，味觉产生慢，但维持时间较长。蔗糖和糖精就属于这不同的两类。

味觉检验前不要吸烟或吃刺激性较强的食物，以免降低感觉器官的灵敏度。检验时取少量被检食品放入口中，细心品尝，然后吐出（不要咽下），用温水漱口。若连续检验几种样品，应先检验味淡的，后检验味浓的食品，且每品尝一种样品后，都要用温水漱口，以减少相互影响。对已有腐败迹象的食品，不要进行味觉检验。

五、触觉检验

通过被检物作用于触觉感受器官所引起的反映，评价食品的方法称为触觉检验。

触觉检验主要借助手、皮肤等器官的触觉神经来检验某些食品的弹性、韧性、紧密程度、稠度等，以鉴别其质量。由于感受器在皮肤内分布不均匀，所以不同部位有不同的敏感度。四肢皮肤比躯干部敏感，手指尖的敏感度最强。如对谷物可以抓起一把，凭手感评价其水分；对肉类，根据它的弹性可判断其品质和新鲜程度；对饴糖和蜂蜜，根据用掌心或指头揉搓时的润滑感可鉴定其稠度。此外，在品尝食品时，除了味觉外，还有脆性、黏性、弹性、硬度、冷热、油腻性和接触压力等触感。

进行感官检验时，通常先进行视觉检验，再进行嗅觉检验，然后进行味觉检验及触觉检验。

六、感官检验的基本要求

食品的感官检验是以人的感觉为基础，通过感官评价食品的各种属性后，再经概率统计分析而获得客观的检测结果的一种检验方法。因此，评价过程不但受客观条件的影响，也受主观条件的影响。客观条件包括外部环境条件和样品的制备，主观条件则涉及参与感官检验人员的基本条件和素质。因此，外部环境条件、参与检验的评价员和样品制备是感官评价得以顺利进行并获得理想结果的三个必备要素。

1. 感官检验实验室的要求

感官检验实验室的要求是隔音和整洁，不受外界干扰，无异味，具有令人心情舒畅的自然环境，有利于注意力集中。另外根据感官检验的特殊要求，实验室应有三个独立的区域，即样品准备室、检验室和集中工作室。

（1）样品准备室　用于准备和提供被检验的样品。样品准备室应与检验室完全隔开，目的是不让检验员见到样品的准备过程。准备室的大小与设施格局取决于检验的项目内容。另外室内应设有排风系统。

（2）检验室　用于进行感官检验用。室内墙壁宜用白色涂料，颜色太深会影响检验人员的情绪。检验室大小可按参加人员数量与例行分析规模而定。为了避免检验人员互相之间的干扰（如交谈、面部表情等），室内应用隔板分隔成若干个适宜个人品评的独立空间。其内应有良好的自然采光与补充光源，检验台上都有传递样品的小窗口和简易的通讯装置，检验台上要有漱洗杯和上下水装置，用来冲洗品尝后吐出的样品。

（3）集中工作室　用于集中检验和综合讨论。室内应设有利于集中讨论的工作台，以便于检验人员进行集中工作。

2. 检验人员的选择

参加感官检验的检验人员必须具有一定的分析检验的基础知识及生理条件。根据感官检验的内容不同，检验员选择的条件也有所差异。偏爱型检验人员的任务是对食品进行可接受性评价，这类检验员可由任意的未经训练的人员所组成，人数一般不少于100人，这些人必须在统计学上能代表消费者群体，以便保证试验结果的代表性和可靠性。分析型检验人员的任务是鉴定食品的质量，这类检验人员必须具备一定的条件并经过挑选测试。

（1）分析型检验人员基本条件

① 年龄在20～50岁之间，男女不限。

② 对烟酒无嗜好，无食品偏爱习惯。

③ 健康状况良好，感觉器官健全，具有良好的分辨能力。

④ 对感觉内容与程度有确切的表达能力。

（2）检验人员技能测试　检验人员的技能测试包括味觉测试和嗅觉测试两部分。

① 味觉鉴别能力的测试。分别用砂糖溶液、柠檬酸溶液、咖啡因溶液、食盐溶液（表3-2）测试检验人员对甜、酸、苦、咸四种基本味觉的鉴别能力。

② 嗅觉鉴别能力的测试。要求能准确辨认出丁酸、醋酸、香草香精、草莓香精、柠檬香精的气味。评分标准见表3-3。

表 3-2　鉴别不同味觉试验溶液浓度

口　　味	特 征 物 质	试验储备液/(g/100mL)	试验液/(g/L)
甜	蔗糖	20	4;8
咸	氯化钠	10	0.8;1.5
酸	一水柠檬酸	1	0.2;0.3
苦	咖啡因	0.5	0.2;0.3

表 3-3　气味辨别评分标准

答案 / 标准品 / 评分	丁　　酸	醋　　酸	香草香精	草莓香精	柠檬香精
5 分	丁酸，干酪臭	醋酸，醋	香草	草莓	柠檬
4 分	刺激臭，酸臭	酸			明显的柑橘类
3 分	臭的	酸的		刨冰	
2 分			水果糖	葡萄	
1 分	氨		甜的	甜的	

五种标准品辨认总得分在 18 分以上者为嗅觉测试合格。

③ 辨别能力的测试。以上两项测试均合格者，再按二点辨别法测试其在味觉和嗅觉上辨别不同浓度样品的微细差别的能力。测试用的标准品如下：

味觉测试：甜味（A）2%白砂糖溶液；（B）3%白砂糖溶液

酸味（A）0.04%柠檬酸溶液；（B）0.05%柠檬酸溶液

嗅觉测试：（A）牛奶；（B）牛奶＋酸奶酪香精（0.04mL/L）

④ 测试结果整理。由被测试的每个检验员填写辨认结果，利用附表 1 以危险率不超过 5%为录取标准。例如：甲、乙两位检验员都重复辨认 10 项，正确次数分别为 8 次和 9 次，查附表 2，当辨认次数 $n=10$，危险率为 5%时，正确次数 x 应够 9 次，故甲不合格，乙合格。

3. 样品的准备

（1）样品数量　每种样品的数量以确保三次以上的品尝为准，因为这样才能提高检验结果的可靠性。

（2）样品温度　样品的温度以最容易感受样品鉴评特性为基础，通常由该食品的饮食习惯而定。表 3-4 列出了几种样品呈送时的最佳温度。

表 3-4　几种食品作为感官鉴评样品时的最佳呈送温度

品　　种	最佳温度/℃	品　　种	最佳温度/℃
啤酒	11～15	乳制品	15
白葡萄酒	13～16	冷冻浓橙汁	10～13
红葡萄酒、餐末葡萄酒	18～20	食用油	55

（3）样品容器　盛样品的器皿应洁净无异味，容器颜色、大小应该一致。如果条件允许，尽可能使用一次性纸制或塑料制容器，否则应洗净用过的器皿，避免污染。

（4）样品的编号和提供顺序　感官检验是靠主观感觉判断的，从测定到形成概念之间的许多因素（如嗜好、偏爱、经验、广告、价格等）会影响检验结果，为了减少这些因素的影响，通常采用双盲法进行检验。即由工作人员对样品进行密码编号，而检验人员不知道编号与具体样品的对应关系，做到样品的编号和顺序随机化。例如有 A、B、C、D 4 个样品；对它们进行编号和决定检验顺序的方法如下。

从附表1中任意选择一个位置，例如选从第8行第10列开始以多位数（例如3位数）来编号是982，往下移得718，520，026。

4. 实验时间的选择

感官检验宜在饭后2～3h内进行，避免过饱或饥饿状态。要求检验员在检验前0.5h内不得吸烟，不得吃刺激性强的食物。

第三节　食品感官检验常用的方法

食品感官检验的方法很多。常用的感官检验方法可以分为三类：差别检验法、类别检验法和描述性检验法。在选择适宜的检验方法之前，首先要明确检验的目的、要求等。根据检验的目的、要求及统计方法来选择适宜的检验手段。

一、差别检验法

差别检验法由于操作简单、方便，所以是一种较为常用的方法。它的原理是对样品进行选择和比较，判断是否存在差别。差别检验法的结果是以做出不同结论的评价员的数量及检验次数为依据，进行概率统计分析。差别检验法的方法很多，例如两点检验法、三点检验法、对比检验法、“A”-“非A”检验法、五中取二检验法等。本教材仅介绍常用的三种方法。

1. 两点检验法

将样品A、B进行比较，判断两者之间是否存在差别。样品提出形式为AB、BA、AA或BB。每次试验中，每个样品猜测性（有差别或无差别）的概率为1/2。如果增加试验次数至n次，那么这种猜测性的概率将降低至$1/2^n$。因此，应该尽可能增加试验次数。

2. 三点检验法

将A、B两种样品组合成AAB、ABA、BAA、ABB、BAB或BBA等形式，让检验员判断每种形式中哪一个为奇数样品（如AAB中的B）。在每次试验中，每个样品猜测性的概率为1/3。为降低其猜测性，也应作数次重复试验。

两点检验法和三点检验法常用于生产过程中工艺条件的检查和控制、半成品的检验。

3. 对比检验法

将样品和标准品进行配对比较，判断出它们之间的差异程度。在这种试验中，每次试验猜测性概率为1/2。

二、类别检验法

类别检验法是评判员对两个以上样品进行评价，得出它们之间的差异、差异的大小及差异的方法。类别检验法有评分检验法、排序检验法、分类检验法等。本教材主要介绍前两种方法。

1. 评分检验法

评分检验法是根据样品的某种特性特点对其进行评分。方法可同时评价一种或多种产品的一个或多个指标的强度及其差别，所以应用较为广泛，尤其用于评价新产品和市场调查。此法在检验前首先应确定所使用的标度类型，使评价员对每一个评分点所代表的意义有共同的认识。样品的出示顺序（评价顺序）可利用拉丁法随机排列。

例如，用标尺法：

−4	−3	−2	−1	0	1	2	3	4
非常不喜欢	很不喜欢	不喜欢	不太喜欢	一般	稍喜欢	喜欢	很喜欢	非常喜欢

用数值法：如非常喜欢=9，非常不喜欢=1 的 9 分制评分法。

2. 排序检验法

排序检验法是对几种样品，根据检验结果按某种指标（咸度、甜度、风味、喜爱等）按强弱排出顺序，并记上 1，2，3，4 等数字。此法具有简单并且能够同时判断两个以上样品的特点。此法不仅可用于进行消费者接受性调查及确定消费者嗜好顺序，还可用于选择或筛选产品。

三、描述性检验法

描述性检验法是检验人员用合理的文字、术语及数据对食品的某些指标做准确的描述，以评价食品质量的方法。描述性检验有颜色、外观描述、风味（味觉、气味）描述、组织（硬度、黏度、脆度、弹性、颗粒性等）描述等。进行描述性检验时，先根据不同的感官检验项目（风味、色泽、组织等）和不同特性的质量描述制定出分数范围，再根据具体样品的质量情况给予合适的分数。

第四节　感官检验数据的统计分析

感官检验是靠检验者的主观感觉来判断的，容易受主观感觉上的个体差异的影响，因而对同一样品不同的检验人员常会得出不同的结果。即使同一检验员，对同一样品在重复检验中也可能会得出不同的结果。为了使评判结论尽量接近于样品的真实情况，除了要严格控制检验条件外，还需对所得的感官检验的数据进行统计分析。

一、差别检验法的数据处理

差别检验的数据处理可通过查表法得出概率值 p，再与显著性水平（一般取值 0.05）进行比较，从而得出结论。

【例 3-1】 由 5 位检验员用两点检验法和对比检验法对两个样品重复检验 4 次，结果见表 3-5。

两点检验法：总次数 $n=15+5=20$，不相同次数 $x=15$，查统计概率表（见附表 2）：$n=20$，$x=15$ 时，$p=0.021<0.05$，所以两个样品之间存在显著差别。

表 3-5　两点检验法和对比检验法的结果

试验人员	两点检验法		对比检验法	
	不相同	相同	样品 1 与标样不同	样品 2 与标样不同
1	2	2	4	4
2	3	1	3	2
3	3	1	3	2
4	3	1	3	1
5	4	0	3	2
总数	15	5	16	11

对比检验法：查统计概率表（见附表 2）：$n=20$，$x=11$ 时，$p=0.412>0.05$，$n=20$，

$x=16$ 时，$p=0.006<0.05$。所以样品 1 与标样之间存在显著差别，而样品 2 与标样之间无显著差别。

【例 3-2】 在 28 次三点检验法中，15 次选中某两个干鱼品试样是一致风味。

查统计概率表（见附表 3）：当 $n=28$，$x=15$ 时，$p=0.022<0.05$。所以这两个干鱼品之间无显著差别。

二、排序检验法的数据处理

排序检验法得到的数据可采用查表法和应用 x^2 分布表进行统计分析。本教材只介绍查表法。

【例 3-3】 用排序检验法，由 5 位评价员对 5 种葡萄酒的风味进行喜欢程度的评价。每个评价员通过对 5 种葡萄酒的品尝进行嗅觉及味觉的评价，根据个人的感受填写排序检验评价表，见表 3-6。并将各排序检验评价表的结果进行统计，填写排序检验统计表，见表 3-7。

表 3-6　排序检验评价表

评价内容	评价结果				
品尝并评价 5 个葡萄酒样品，将您对各个葡萄酒样品的风味的喜欢程度排出顺序，在相应的位置填入样品号	1 很喜欢	2 比较喜欢	3 喜欢	4 不太喜欢	5 不喜欢

表 3-7　5 种葡萄酒喜欢程度的排序检验统计表

评价员 \ 样品 \ 排序	503	145	267	384	465
1	2	1	4	2	5
2	1	2	4	3	5
3	2	4	5	1	3
4	1	2	4	3	5
5	1	3	5	2	4
总排序和 T	7	12	22	11	22

根据评价员数量 5 和样品数量 5，查附表 4 排序检验法检验表，得出的临界值见表 3-8。

表 3-8　$J=5$、$p=5$ 时的临界值表

显著性水平	5%	1%	显著性水平	5%	1%
上段	8～12	7～23	下段	10～20	8～22

将每个样品的排序和 T 与上段的最大值及最小值比较（见表 3-7），若所有的排序都在上段范围内，说明在该显著性水平样品间无显著差异。若排序 $T<$最小值或 $T>$最大值，则说明在该显著性水平，样品间有显著差异。

由表 3-8 可见，最小 $T<8$（5%），最大 $T=22$（5%），说明在 5%显著性水平，五个葡萄酒样品间有显著差别。

根据下段，可以确定样品间的差异程度。若排序和在下段范围内的，可列为一组，这组内的样品间无显著差别。排序和在下段范围的下限及上限之外的样品可分别为一组。这样，五个葡萄酒样品可分为 3 组：(503)，(145、384)，(267、465)。

由此可得出结论，在 5%的显著性水平上，样品 503 最受欢迎；145、384 次之，且 145 与 384 之间无显著差别，267 与 465 不受欢迎，且 267 与 465 之间无显著差别。

第五节　感官检验的应用

一、调味品的感官检验要点

调味品的感官检验指标主要包括色泽、气味、滋味和外观形态等。其中气味和滋味在检验时具有尤其重要的意义，只要某种调味品在品质上稍有变化，就可以通过其气味和滋味微妙地表现出来，故在实施感官检验时，应该特别注意这两项指标的应用。其次，对于液态调味料还应目测其色泽是否正常，更要注意酱、酱油、食醋等表面是否有白醭或已经生蛆，对于固态调味品还应目测其外形或晶粒是否完整，所有调味品均应在感官指标上掌握到不霉、不臭、不酸败、不板结、无异物、无杂质、无寄生虫的程度。

1. 食盐质量检验

食盐系指以氯化钠为主要成分，用海盐、矿盐、井盐或湖盐等粗盐加工而成的晶体状调味品。

(1) 颜色鉴别　感官鉴别食盐的颜色时，应将样品在白纸上撒一薄层，仔细观察其颜色。

良质食盐——颜色洁白。

次质食盐——呈灰白色或淡黄色。

劣质食盐——呈暗灰色或黄褐色。

(2) 外形鉴别　食盐外形的感官鉴别手法同于其颜色鉴别。观察其外形的同时，应注意有无肉眼可见的杂质。

良质食盐——结晶整齐一致，坚硬光滑，呈透明或半透明状。不结块，无反卤吸潮现象，无杂质。

次质食盐——晶粒大小不匀，光泽暗淡，有易碎的结块。

劣质食盐——有结块和反卤吸潮现象，有外来杂质。

(3) 气味鉴别　感官鉴别食盐的气味时，约取样 20g 于研钵中研碎后，立即嗅其气味。

良质食盐——无气味。

次质食盐——无气味或夹杂轻微的异味。

劣质食盐——有异臭或其他外来异味。

(4) 滋味鉴别　感官鉴别食盐的滋味时，可取少量样品溶于 15～20℃蒸馏水中制成 5% 的盐溶液，用玻璃棒蘸取少许尝试。

良质食盐——具有纯正的咸味。

次质食盐——有轻微的苦味。

劣质食盐——有苦味、涩味或其他异味。

2. 瓶装酱油质量检验

① 摇晃瓶子，看酱油沿瓶壁流下的速度快慢，优质酱油浓度很高，黏性较大，流动慢；劣质酱油浓度低，像水一样流动较快。

② 看瓶底有无沉淀物或杂物，如没有则为优质酱油。

③ 看瓶中酱油的颜色，优质酱油呈红褐色或棕褐色，有光泽而不发乌。

④ 打开瓶盖，未触及瓶口，优质酱油就可闻到一股浓厚的香味和酯香味，劣质酱油香

气少或有异味。

⑤ 滴几滴酱油于口中品尝，优质酱油味道鲜美，咸甜适口，味醇厚，柔和味长。

二、乳类及乳制品的感官检验要点

1. 鲜乳质量的鉴别

(1) 色泽鉴别

良质鲜乳——乳白色或稍带微黄色。

次质鲜乳——色泽较良质鲜乳为差，白色中稍带青色。

劣质鲜乳——呈浅粉色或显著的黄绿色，或是色泽灰暗。

(2) 组织状态鉴别

良质鲜乳——呈均匀的流体，无沉淀、凝块和机械杂质，无黏稠和浓厚现象。

次质鲜乳——呈均匀的流体，无凝块，但可见少量微小的颗粒，脂肪聚黏表层呈液化状态。

劣质鲜乳——呈稠而不匀的溶液状，有乳凝结成的致密凝块或絮状物。

(3) 气味鉴别

良质鲜乳——具有乳特有的乳香味，无其他任何异味。

次质鲜乳——乳中固有的香味稍差或有异味。

劣质鲜乳——有明显的异味、如酸臭味、牛粪味、金属味、鱼腥味、汽油味等。

(4) 滋味鉴别

良质鲜乳——具有鲜乳独具的纯香味，滋味可口而稍甜，无其他任何异常滋味。

次质鲜乳——有微酸味（表明乳已开始酸败），或有其他轻微的异味。

劣质鲜乳——有酸味、咸味、苦味等。

2. 酸牛奶质量的鉴别

(1) 色泽鉴别

良质酸牛奶——色泽均匀一致，呈乳白色或稍带微黄色。

次质酸牛奶——色泽不匀，呈微黄色或浅灰色。

劣质酸牛奶——色泽灰暗或出现其他异常颜色。

(2) 组织状态鉴别

良质酸牛奶——凝乳均匀细腻，无气泡，允许有少量黄色脂膜和少量乳清。

次质酸牛奶——凝乳不均匀也不结实，有乳清析出。

劣质酸牛奶——凝乳不良，有气泡，乳清析出严重或乳清分离。瓶口及酸奶表面均有霉斑。

(3) 气味鉴别

良质酸牛奶——有清香、纯正的酸奶味。

次质酸牛奶——酸牛奶香气平淡或有轻微异味。

劣质酸牛奶——有腐败味、霉变味、酒精发酵味及其他不良气味。

(4) 滋味鉴别

良质酸牛奶——有纯正的酸牛奶味，酸甜适口。

次质酸牛奶——酸味过度或有其他不良滋味。

劣质酸牛奶——有苦味、涩味或其他不良滋味。

【阅读材料】

如何判别伪劣食品?

伪劣食品犹如过街老鼠，人人喊打。但人们在日常购物时却难以识别。防范“七字法”：即防“艳，白，反，长，散，低，小”，以通俗易懂易记的方式引导消费者强化食品安全自我防范，以期使伪劣食品因缺乏市场而退出市场。

（1）防“艳”。对颜色过分艳丽的食品要提防，如草莓像蜡果一样又大又红又亮、咸菜梗亮黄诱人、瓶装的蕨菜鲜绿不褪色等，要留个心眼，是不是在添加色素上有问题?

（2）防“白”。凡是食品呈不正常不自然的白色，十有八九会有漂白剂、增白剂、面粉处理剂等化学品的危害。

（3）防“长”。尽量少吃保质期过长的食品，3℃贮藏的包装熟肉禽类产品采用巴氏杀菌的，保质期一般为7～30天。

（4）防“反”。就是防反自然生长的食物，如果食用过多可能会对身体产生影响。

（5）防“小”。要提防小作坊式加工企业的产品，这类企业的食品平均抽样合格率低，食品安全事件往往在这些企业出现。

（6）防“低”。“低”是指在价格上明显低于一般价格水平的食品，价格太低的食品大多有“猫腻”。

（7）防“散”。“散”就是散装食品，有些集贸市场销售的散装豆制品、散装熟食、散装酱菜等可能来自不法加工厂。

思考题

1. 食品感官检验的类型有哪些？它们的区别是什么？
2. 何谓感觉阈？感觉阈的分类，各有何特点？
3. 食品感官检验的种类有哪些？分别说明它们在食品质量检验中的应用。
4. 简述食品感官检验每种方法的特点。
5. 进行食品感官检验有哪些基本要求？
6. 感官检验数据的统计分析方法有哪些？通过例子说明如何进行差别检验。
7. 食品感官检验中问题设定的标准是什么？
8. 根据所学知识设计散装酱油的质量检验的标准。

第四章　物理检验

【学习目标】

1. 了解密度计、折光仪的原理与结构，掌握仪器的使用技能。
2. 了解旋光仪的工作原理，掌握仪器的使用技能。
3. 掌握黏度计、真空计、压力计的使用方法。

物理分析法是根据食品的一些物理性质及常数，如密度、相对密度、折射率、旋光度等与食品的组成成分及其含量之间的关系进行检测的方法。某些食品的一些物理量，如罐头的真空度、面包的比体积等也可采用物理检验法直接测定。物理检验法在食品、生物技术行业中是常用的检测方法。

第一节　相对密度法

一、密度与相对密度

密度是指物质在一定温度下单位体积的质量，以符号 ρ 表示，其单位为 g/cm^3。相对密度是指某一温度下物质的质量与同体积某一温度下水的质量变化之比，以 $d_{T_2}^{T_1}$ 表示，T_1 表示物质的温度，T_2 表示水的温度。液体在 20℃的质量与同体积的水在 4℃时的质量之比即相对密度，用 d_4^{20} 表示。

$$d_4^{20}=\frac{20℃物质的质量}{4℃同体积水的质量}$$

密度和相对密度的值随着温度的改变而发生改变，这是因为物质都具有热胀冷缩的性质，因此密度应标出测定时物质的温度，表示为 ρ_T。

用密度计或密度瓶测定溶液的相对密度时，以测定溶液对同体积同温度的水的质量比较为方便。通常液体在 20℃时对水在 20℃时的相对密度，用 d_{20}^{20} 表示。对同一溶液来说，$d_{20}^{20}>d_4^{20}$，因为水在 4℃时的密度比 20℃时大。若要把 $d_{T_2}^{20}$ 换算为 d_4^{20}，可按下式进行：

$$d_4^{20}=d_{T_2}^{20}\times\rho_{T_2}$$

式中，ρ_{T_2} 表示温度 T_2(℃）时水的密度，g/cm^3。

若要把 $d_{T_2}^{T_1}$ 换算为 $d_4^{T_1}$，可按下式进行：

$$d_4^{T_1}=d_{T_2}^{T_1}\times\rho_{T_2}$$

d_4^{20} 和 d_{20}^{20} 之间的换算：$d_4^{20}=d_{20}^{20}\times0.99823$。水的密度与温度的关系见表 4-1。

二、食品溶液浓度与相对密度的关系

各种液态食品都有一定的相对密度，当其组成成分或浓度发生改变时，其相对密度也随

着改变，故测定液态食品的相对密度可以检验食品的纯度或浓度。如蔗糖、酒精等溶液的相对密度随溶液浓度的增加而增高，根据蔗糖溶液的相对密度可直接查出蔗糖的质量分数；根据酒精溶液的相对密度可查出酒精的体积分数。

表 4-1　水的密度与温度的关系

T/℃	ρ/(g/cm³)	T/℃	ρ/(g/cm³)	T/℃	ρ/(g/cm³)	T/℃	ρ/(g/cm³)
0	0.999868	9	0.999808	18	0.998622	27	0.996539
1	0.999927	10	0.999727	19	0.998432	28	0.996259
2	0.999968	11	0.999623	20	0.998230	29	0.995971
3	0.999992	12	0.999525	21	0.998019	30	0.995673
4	1.000000	13	0.999404	22	0.997797	31	0.995367
5	0.999992	14	0.999271	23	0.997565	32	0.995052
6	0.999968	15	0.999126	24	0.997323		
7	0.999929	16	0.998970	25	0.997071		
8	0.999876	17	0.998801	26	0.996810		

当某溶液的水分被完全蒸发干燥至恒重时，所得到的剩余物称为干物质或真固形物。溶液的相对密度与其固形物含量具有一定的关系，故测定溶液相对密度即可求出其固形物含量。对于某些液态食品（如果汁、番茄酱等），测定其相对密度并通过换算或查经验表，也可确定可溶性固形物或总固形物的含量。

利用测定食品的相对密度，可以判断食品的质量。正常的液态食品，其相对密度都在一定的范围内。如植物油（压榨法）为 0.9090～0.9295，全脂牛奶为 1.028～1.032。如果食品由于变质、掺杂等原因而引起其组成成分发生变化时，均可出现相对密度的变化。例如油脂的相对密度与其脂肪酸的组成有关，不饱和脂肪酸含量越高，脂肪的相对密度越高，游离脂肪酸含量越高，相对密度越低，如酸败的油脂相对密度升高。牛奶的相对密度与其脂肪含量、总乳固体有关，脱脂乳相对密度高，掺水乳相对密度下降。

由此可见，相对密度是食品工业生产过程中常用的工艺和质量控制指标。

三、相对密度测定的方法

1. 密度瓶法（GB 5009.2—2016）

密度瓶法适用于测定各种液体食品的相对密度，特别适合于样品量较少的测定，对挥发性样品也适用，但操作繁琐。

（1）仪器　密度瓶是测定液体食品相对密度的专用仪器，是容积固定的称量瓶。一般有 20mL、25mL、50mL、100mL 等规格，常用的密度瓶是 25mL、50mL 两种，分为带毛细管的普通密度瓶和带温度计的精密密度瓶，见图 4-1。

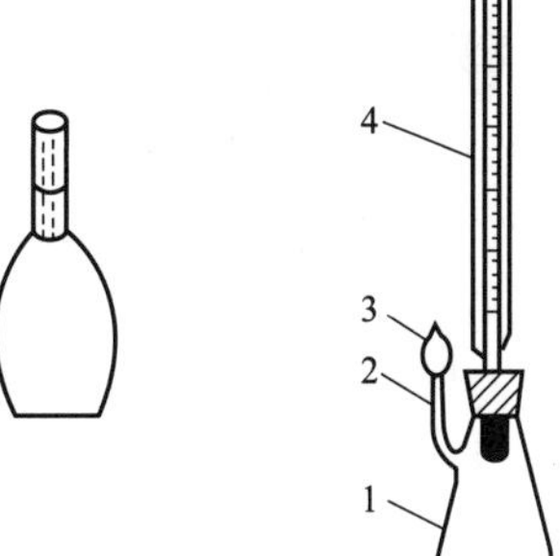

(a) 普通密度瓶　　(b) 精密密度瓶

1— 密度瓶；
2— 支管标线；
3— 支管上小帽；
4— 附温度计的瓶盖

图 4-1　密度瓶

（2）密度瓶测定原理　在 20℃时分别测定充满同一密度瓶的水及试样的质量，由水的质量可确定密度瓶的容积即试样的体积，根据试样的质量及体积可计算试样的密度，试样密度与水密度比值为试样相对密度。

（3）测定方法　取洁净、干燥、恒重、准确称量的密度瓶，装满试样后，置 20℃水浴中浸 0.5h，使内容物的温度达到20℃，盖上瓶盖，并用细滤纸条吸去支管标线上的试样，盖好小帽后取出，用滤纸将密度瓶外擦干，置天平室内0.5h，称量。再将试样倾出，洗净密度瓶，装满水，以下按上述自“置20℃水浴中浸0.5h，使内容物的温度达到20℃，盖上瓶盖，并用细滤纸条吸去支管标线上的试样，盖好小帽后取出，用滤纸将密度瓶外擦干，置天平室内0.5h，称量”操作。密度瓶内不应有气泡，天平室内温度保持20℃恒温条件，否则不应使用此方法。

(4) 计算　试样在20℃时的相对密度（d_{20}^{20}）：

$$d_{20}^{20}=\frac{m_2-m_0}{m_1-m_0}$$

式中　m_0——密度瓶的质量，g；

m_1——密度瓶加水的质量，g；

m_2——密度瓶加液体试样的质量，g。

(5) 说明　用密度瓶法测定液体的相对密度时，密度瓶应充满液体，无气泡；拿取已达恒温的密度瓶时，不得用手直接接触密度瓶球部，以免液体受热流出；应戴隔热手套取瓶或用工具夹取。水浴锅的水必须清洁无油污，防止密度瓶外壁被污染。

测定黏稠液体的相对密度时，宜使用具有毛细管的密度瓶。操作时先将密度瓶洗干净，烘干并冷却后，准确称量。再将液体装满密度瓶，塞上毛细管塞，放入恒温水浴中，多余的液体将由毛细管上升并溢出管外，抹去溢出瓶外的液体，直至液体达到所需温度并不再外溢时止，将密度瓶擦净后准确称量。

2. 密度计法

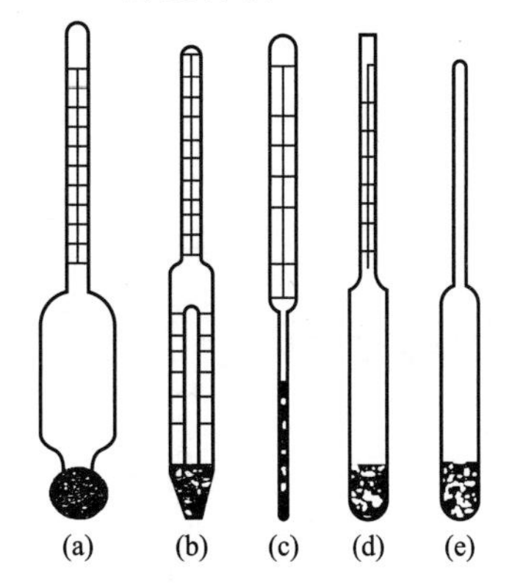

图4-2　各种密度计

(a) 糖锤度计；(b) 附有温度计的糖锤度计；(c)、(d) 波美计；(e) 酒精计

(1) 原理　密度计是根据阿基米德原理制成，当浸在液体里的物体受到向上的浮力时，浮力的大小等于物体排开液体的质量。密度计的种类很多，但其基本结构及形式相同，都是由玻璃外壳制成，头部呈球形或圆锥形，里面灌有铅珠、汞及其他重金属，中部是胖肚空腔，内有空气，尾部是一细长管，附有刻度标记。密度计刻度的刻制是根据各种不同密度的液体进行标定，从而制成不同标度的密度计，从密度计上的刻度可以直接读出相对密度的数值或某种溶质的质量分数。密度计法是测定液体相对密度最简便、快捷的方法，但准确度比密度瓶法低。

(2) 仪器　常用的密度计按其标度方法的不同，可分为普通密度计、锤度计、乳稠计、波美计等（见图4-2）。

① 普通密度计。普通密度计是直接以相对密度值为刻度的，标度条件以20℃为标准温度，以纯水为1.000。普通密度计通常一套由几支组成，每支的刻度范围不同，它分重表与轻表两种。重表刻度是1.000～2.000，用于测量比水重的液体；轻表刻度是0.700～1.000，用于测量比水轻的液体。

② 酒精计。酒精计是用来测量酒精浓度的密度计，用已知酒精浓度的纯酒精溶液来标定。以20℃时在蒸馏水中为0，在1%的酒精溶液中为1，即100mL酒精溶液中含乙醇

1mL，从酒精计上可直接读取酒精溶液的体积分数。当测定温度不在20℃时，需根据酒精度与温度校正表（附表5），换算为20℃酒精的实际浓度。

【例4-1】 25.5℃时直接读数为45.5%，查校正表：20℃时实际含量为43.6%。

③ 波美计。用波美度来表示液体浓度大小。波美计有轻表、重表两种，轻表用于测定相对密度小于1的溶液，重表用于测定相对密度大于1的溶液。波美计的刻度符号用°Bé表示，它可用来测定溶液中溶质的质量分数。1°Bé表示质量分数为1%。其刻度方法以20℃为标准，在蒸馏水中为0°Bé，在纯硫酸（相对密度1.8427）中为66°Bé，在15%氯化钠溶液中为15°Bé。波美度与溶液相对密度的换算公式如下。

轻表： $$°Bé=\frac{145}{d_{20}^{20}}-145 \text{ 或 } d_{20}^{20}=\frac{145}{145+°Bé}$$

重表： $$°Bé=145-\frac{145}{d_{20}^{20}} \text{ 或 } d_{20}^{20}=\frac{145}{145-°Bé}$$

④ 糖锤度计。糖锤度计是专用于测定糖液浓度的密度计，分为附温糖锤度计和不附温糖锤度计两种。糖锤度是以已知浓度的纯蔗糖溶液的质量分数来标定其刻度的，以°Bx表示。其刻度方法是以20℃为标准，在蒸馏水中为0°Bx，在1%的蔗糖溶液中为1°Bx（100g糖液中含糖1g）。常用的锤度计读数范围有：0～6°Bx、5～11°Bx、10～16°Bx、15～21°Bx、20～26°Bx等。

当测定温度不在标准温度20℃时，必须进行校正。当温度高于标准温度时，糖液体积增大，相对密度减少，锤度降低；当温度低于标准温度时，相对密度增大，锤度升高。故前者须加上相应的温度校正值；而后者须减去相应的温度校正值。观测锤度温度校正表见附表5。

【例4-2】 19℃时的观测锤度20.00
19℃时温度校正值0.06（－）
校正锤度19.94

【例4-3】 22℃时的观测锤度19.50
22℃时温度校对正值0.12（＋）
校对锤度19.62

⑤ 乳稠计。乳稠计是专用于测定牛乳相对密度的密度计，其测量相对密度的范围为1.015～1.045。它是将相对密度减去1.000后再乘以1000作为刻度，用度（符号：数字右上角标“°”）表示，其刻度范围为15°～45°。使用时把测得的读数按上述关系可换算为相对密度值。

乳稠计分为两种：一种是按20°/4°标定的，另一种是按15°/15°标定的。两者的关系是：后者读数是前者读数加2，即

$$d_{15}^{15}=d_{4}^{20}+0.002\text{。}$$

使用乳稠计时，若测定温度不是标准温度，应将读数校正为标准温度下的读数。对于20°/4°乳稠计，在10～25℃，温度每升高1℃，乳稠计读数平均下降0.2°，即相当于相对密度值平均减小0.0002。当乳温高于标准温度20℃时，每高一度在得出的乳稠计读数上加0.2°；乳温低于20℃时，每低1℃减去0.2°。

【例4-4】 25℃时20°/4°乳稠计读数为29.8°，换算为20℃时应为：

$$29.8-(20-25)\times 0.2=29.8+1.0=30.8℃$$

即牛乳的相对密度　　　　$d_4^{20}=1.0308$

而　　　　$d_{15}^{15}=1.0308+0.002=1.0328$

【例 4-5】 16℃时 20°/4°乳稠计读数为 31°，换算为 20℃时应为：

$$31-(20-16)\times 0.2=31-0.8=30.2℃$$

即牛乳的相对密度　　　　$d_4^{20}=1.0302$

而　　　　$d_{15}^{15}=1.0302+0.002=1.0322$

【例 4-6】 18℃时用 15°/15°乳稠计，测得读数为 30.6°，查表换算为 15℃为 30.0°，即牛乳的相对密度

$$d_{15}^{15}=1.0300$$

用 15°/15°乳稠计，其温度校正可查牛乳相对密度换算（附表 6）。

（3）使用方法　用密度计测量溶液相对密度或浓度时，先用少量样液洗涤适当容量的量筒（一般用 500mL 量筒），然后沿量筒内壁缓缓注满样液，避免产生泡沫，静置，待样液内部空气逸出。将密度计洗净（注意不能沾有油脂），用滤纸抹干，用样液冲洗，徐徐垂直插入量筒底部，轻轻放开密度计，使其缓缓上升直至稳定地悬浮在液体中，达到平衡位置，待密度计静止时（密度计重锤与量筒内壁不要相靠），读出标示刻度。

（4）计数　读数时，两眼平视，并与液面保持水平，观察液面所在处的刻度值，以弯月面下缘最低点为准；若液体颜色较深，不易看清弯月面下缘，则以观察弯月面两侧最高点为准。见图 4-3 密度计读数示意图。

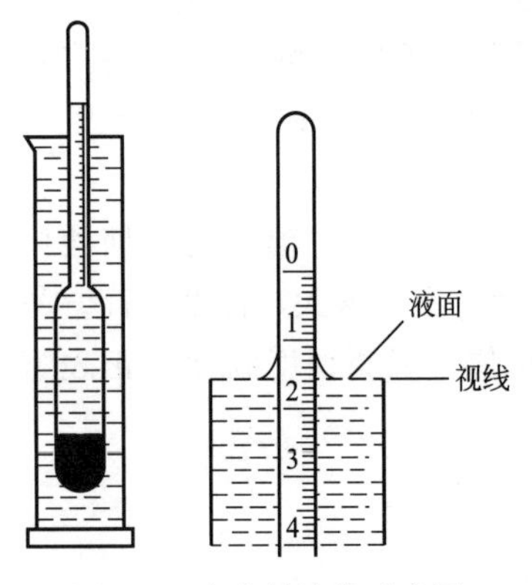

图 4-3　密度计读数示意图

（5）注意事项

① 根据被测液的相对密度或浓度的大小选择刻度范围适当的密度计。

② 待测溶液要注满量筒，以便观察液面。量筒应与桌面垂直，密度计不能触及量筒内壁。

③ 待溶液气泡上升完毕，温度一定时方可读数。读数时视线应保持水平。

④ 要同时测定试液的温度，进行温度校正。

⑤ 此法不适用于极易挥发的样品的测量。

四、相对密度法的应用实例

1. 糖蜜糖度的测定

糖蜜为非纯蔗糖溶液，其溶质是蔗糖和非蔗糖的混合物。一般采用糖锤度计测定法。糖蜜黏度大，测定前须用水稀释，通常采用四倍或六倍稀释法，一般稀释至约为 15°Bx。

测定步骤：将糖蜜搅拌均匀，用架盘药物天平称取 150.0g 糖蜜，加水 750mL，搅拌均匀，取一 500mL 量筒，先以少量稀释试液冲洗量筒内壁，再盛满稀释糖液，静置，待其内部空气逸出，若液面有泡沫，可再加稀释糖液至超过量筒口，然后轻轻吹去泡沫。徐徐插入已洗净擦干的附温锤度计，放入锤度计约 5min 后读取读数，同时记下温度计读数。

若测定温度不是 20℃，应查观测糖锤度温度校正表予以校正。再将校正的糖锤度乘以

稀释倍数6，即为原糖蜜样品的糖度（即视固物）。

2. 酒精、白酒酒精度的测定

将试样注入洁净、干燥的250mL量筒中，在室温下静置几分钟，待气泡消失后，插入温度计测定样品的温度。将洗净、擦干的酒精计小心置于样液中，再轻轻按下，待其浮起至平衡为止，水平观测酒精计，读取酒精计与溶液弯月面相切处的刻度示值。根据测得的酒精计示值和温度，查酒精度与温度校正表，将酒精度校正为温度20℃时的酒精度（体积分数）。

第二节 折光法

一、折射率测定的意义

通过测定物质的折射率来鉴别物质的组成，确定物质的纯度、浓度及判断物质的品质的分析方法称为折光法。确定物质的纯度、浓度及判断物质的品质，可通过测定物质的折射率来鉴别。

二、原理

1. 折射率

光线从一种介质射到另一种介质时，除了一部分光线反射回第一介质外，另一部分进入第二介质中并改变它的传播方向，这种现象叫光的折射。发生折射时，入射角正弦与折射角正弦之比恒等于光在两种介质中的传播速度之比，即

$$\frac{\sin\alpha_1}{\sin\alpha_2}=\frac{v_1}{v_2}$$

式中 α_1——入射角；

α_2——折射角；

v_1——光在第一种介质中的传播速度；

v_2——光在第二种介质中的传播速度。

光在真空中的速度C和在介质中的速度v之比叫做介质的绝对折射率（简称折射率、折光率、折射指数）。真空的绝对折射率为1，实际上是难以测定的，空气的绝对折射率是1.000294，几乎等于1，故在实际应用上可将光线从空气中射入某物质的折射率称为绝对折射率。

折射率以n表示：

$$n=\frac{C}{v}，显然\ n_1=\frac{C}{v_1}，\ n_2=\frac{C}{v_2}$$

$$故\quad \frac{\sin\alpha_1}{\sin\alpha_2}=\frac{n_2}{n_1}$$

式中 n_1——第一介质的绝对折射率；

n_2——第二介质的绝对折射率。

折射率是物质的特征常数之一，与入射角大小无关，它的大小决定于入射光的波长、介质的温度和溶质的浓度。一般在折射率n的右下角注明波长，右上角注明温度，若使用钠

黄光，样液温度为20℃，测得的折射率用 n_D^{20} 表示。

2. **溶液浓度与折射率的关系**

每一种均一物质都有其固有的折射率，对于同一物质的溶液来说，其折射率的大小与其浓度成正比，因此，测定物质的折射率就可以判断物质的纯度及其浓度。

如牛乳乳清中所含乳糖与其折射率有一定的数量关系，正常牛乳乳清折射率在1.34199～1.34275之间，若牛乳掺水，其乳清折射率必然降低，所以测定牛乳乳清折射率即可了解乳糖的含量，判断牛乳是否掺水。

纯蔗糖溶液的折射率随浓度升高而升高，测定糖液的折射率即可了解糖液的浓度。对于非纯糖溶液，由于盐类、有机酸、蛋白质等物质对折射率均有影响，故测得的是固形物。固形物含量越高，折射率也越高。如果溶液中的固形物是由可溶性固形物及悬浮物所组成，则不能在折光计上反映出它的折射率，测定结果误差较大。

各种油脂具有其一定的脂肪酸构成，每种脂肪酸均有其特征折射率，故不同的油脂其折射率不同。当油脂酸度增高时，其折射率将降低；相对密度大的油脂其折射率也高。故折射率的测定可鉴别油脂的组成及品质。

三、常用的折光计

折光仪的浓度标度是用纯蔗糖溶液标定的，而不纯的蔗糖溶液，由于盐类、有机酸、蛋白质等物质对折射率存在影响，因此，测定时包括蔗糖和上述物质，即可溶性固形物。折光计是用于测定折射率的仪器，一般有阿贝折光计、手提折光计、浸入式折光计。

1. **阿贝折光计**

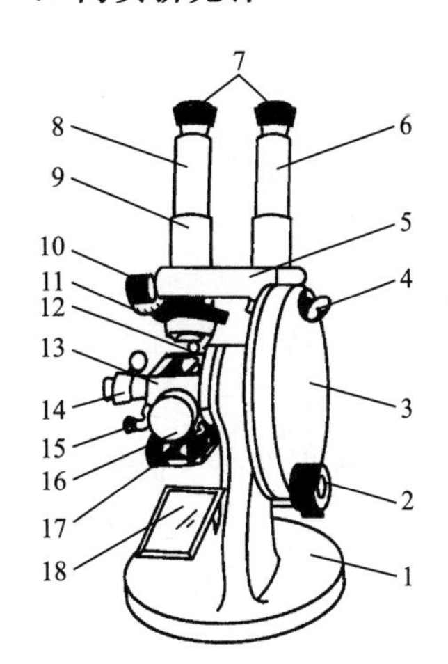

图4-4 阿贝折光计

1—底座；2—棱镜调节旋钮；3—圆盘组（内有刻度板）；4—小反光镜；5—支架；6—读数镜筒；7—目镜；8—观察镜筒；9—分界线调节螺丝；10—消色调节旋钮；11—色散刻度尺；12—棱镜锁紧扳手；13—棱镜组；14—温度计插座；15—恒温器接头；16—保护罩；17—主轴；18—反光镜

（1）原理　阿贝折光计的结构如图4-4所示，其光学系统由观测系统和读数系统两部分组成。

观测系统：光线由反光镜反射，经进光棱镜、折射棱镜及其间的样液薄层折射后射出，再经色散补偿器消除由折射棱镜及被测样品所产生的色散，然后由物镜将明暗分界线成像于分划板上，经目镜放大后成像于观测者眼中。

读数系统：光线由小反光镜反射，经毛玻璃射到刻度盘上，经转向棱镜及物镜将刻度成像于分划板上，通过目镜放大后成像于观测者眼中。

（2）阿贝折光计的使用

① 校正方法。将折射棱镜的抛光面加1～2滴溴代萘，再贴上标准试样的抛光面，当读数视场指示于标准试样上的值时，观察望远镜内明暗分界线是否在十字线中间，若有偏差则用螺丝刀轻微旋转调节螺钉，使分界线像位移至十字线中心。校正完毕，在以后的测定过程中不允许随意再动此部位。

阿贝折光计对于低刻度值部分可在一定温度下用蒸馏水校准，蒸馏水的折射率见表4-2所示。

对于高刻度值部分通常是用特制的具有一定折射率的标准玻璃块来校准。

② 将折射棱镜表面擦干，用滴管滴样液 1～2 滴于进光棱镜的磨砂面上，将进光棱镜闭合，调整反射镜，使光线射入棱镜中。

表 4-2　蒸馏水在 10～30℃时的折射率

温度/℃	蒸馏水折射率	温度/℃	蒸馏水折射率
10	1.33371	21	1.33290
11	1.33363	22	1.33281
12	1.33359	23	1.33272
13	1.33353	24	1.33263
14	1.33346	25	1.33253
15	1.33339	26	1.33242
16	1.33332	27	1.33231
17	1.33324	28	1.33220
18	1.33316	29	1.33208
19	1.33307	30	1.33196
20	1.33299		

③ 旋转棱镜旋钮，使视野形成明暗两部分。

④ 旋转补偿器旋钮，使视野中除黑白两色外，无其他颜色。

⑤ 转动棱镜旋钮，使明暗分界线在十字线交叉点上，由读数镜筒内读取读数。

(3) 说明

① 每次测量后必须用洁净的软布揩拭棱镜表面，油类需用乙醇、乙醚或苯等轻轻揩拭干净。

② 对颜色深的样品宜用反射光进行测定，以减少误差。可调整反光镜，使无光线从进光棱镜射入，同时揭开折射棱镜的旁盖，使光线由折射棱镜的侧孔射入。

③ 折射率通常规定在 20℃时测定，若测定温度不是 20℃，应按实际的测定温度进行校正。

例如在 30℃时测定某糖浆固形物含量为 15%，由附表 7 查得 30℃的校正值为 0.78，则固形物准确含量应为 15%+0.78%=15.78%。

若室温在 10℃以下或 30℃以上时，一般不宜进行换算，须在棱镜周围通过恒温水流，使试样达到规定温度后再测定。

2. 手提折光计

(1) 原理　手提折光计主要由棱镜 P、盖板 D 组成，结构见图 4-5，使用时打开棱镜盖板 D，用擦镜纸仔细将折光棱镜 P 擦净，取一滴蒸馏水置于棱镜 P 上调节零点，用擦镜纸擦净。再取一滴待测糖液置于棱镜 P 上，将溶液均布于棱镜表面，合上盖板 D，将光窗对准光源，调节目镜视度圈 OR，使视场内分划线清晰可见，视场中明暗分界线相应读数即为溶液糖量的百分数。

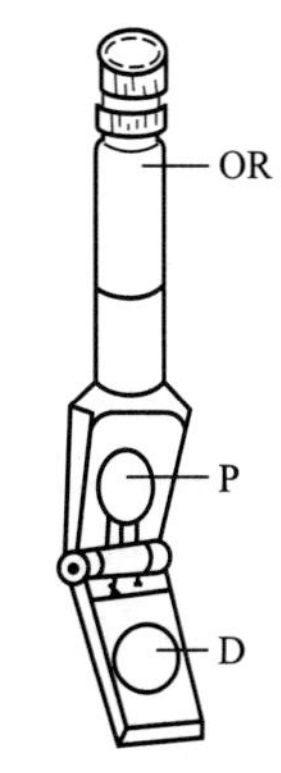

图 4-5　手提折光计

(2) 测定范围　手提折光计的测定范围通常为 0%～90%，分为左右两边刻度，左刻度的刻度范围为 50%～90%，右刻度的刻度范围为 0%～50%，其刻度标准温度为 20℃，若测量时在非标准温度下，则需进行温度校正。

3. WAY-2S 数字阿贝折光计

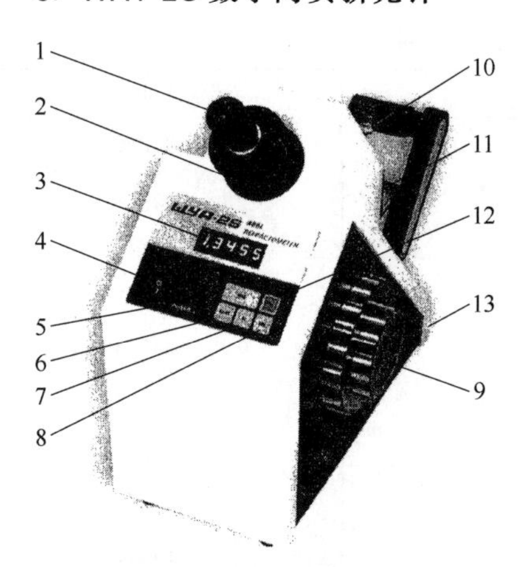

图 4-6 WAY-2S 数字阿贝折光计

1—目镜；2—色散手轮；3—显示窗；4—“POWER”电源开关；5—“REAR”读数开关；6—“BX-TC”经温度修正锤度显示键；7—“nD”折射率显示键；8—“BX-TC”未经温度修正锤度显示键；9—调节手轮；10—聚光照明部件；11—折射棱镜部件；12—“TEMP”温度显示键；13—RS232（计算机）接口

WAY-2S 数字阿贝折光计能自动校正温度对蔗糖溶液质量分数值的影响，并可显示样品的温度。

（1）原理　数字阿贝折光计测定透明或半透明物质的折射率的原理是基于测定临界角，由目视望远镜部件和色散校正部件组成的观察部件来瞄准明暗两部分的分界线，也就是瞄准临界角的位置，并由角度一数字转换部件将角度置换成数字量，输入微机系统进行数据处理，而后数字显示被测样品的折射率锤度。

（2）仪器结构　如图 4-6 所示。

四、应用实例

1. 酱油总固形物含量的测定

用手提折光计测定酱油固形物，方法简便快速，其准确度比干燥法稍差。操作方法如下。

（1）温度校正　测样液温度，查温度校正表进行校正，再进行样品测定。或在测定前用蒸馏水校正手提折光计刻度为 0（旋动校正螺丝），再进行样品测定，则不用查校正表校正也可获得正确读数。

（2）测量　将酱油滴 1～2 滴到手持糖量计的棱镜上。盖上盖板，将光窗对准光源，调节目镜视度圈使视场内分划线清晰可见，即可读数。

2. 饮料中可溶性固形物含量的测定——折光法（GB/T 12143—2008）

（1）原理　在 20℃时用折光计测量待测样液的折射率，并查表得或从折光计上直接读出可溶性固形物含量。

（2）仪器　阿贝折光计（测量范围 0%～80%，精确度±0.1%）、组织捣碎机。

（3）样品处理

① 透明的液体制品。充分混均待测试样，直接测定。

② 半黏稠制品（果浆、菜浆类）。充分混均待测试样，用四层纱布挤出滤液，弃去最初几滴，收集滤液用于测定。

③ 含悬浮物制品（果粒、果汁类饮料）。将待测样品置于组织捣碎机中捣碎，用四层纱布挤出滤液，弃去最初几滴，收集滤液用于测定。

（4）样品测定

① 测定前按仪器说明书校正折光计。

② 用末端熔圆的玻璃棒蘸取试样 2～3 滴，滴于折光计棱镜面中央（注意勿使玻璃棒触及镜面），迅速闭合棱镜，静置 1min，使试液均匀无气泡，并充满视野。

按照操作规程调节阿贝折光仪，读取目镜视野中的百分数或折射率，并记录温度。

如果目镜读数标尺刻度为百分数，即为可溶性固形物含量（%）；如果目镜读数标尺刻度为折光率，可查附表 10 换算为可溶性固形物含量（%）。

将上述百分含量查附表11换算为20℃时可溶性固形物含量（%）。

第三节　旋　光　法

应用旋光仪测量旋光性物质的旋光度，以确定其含量的分析方法叫旋光法。

一、原理

1. 自然光与偏振光

光是一种波长为380～780nm的电磁波，由于发光体发光的统计性质，电磁波的电矢量的振动方向可以取垂直于光传播方向上的任何方位，通常叫自然光。自然光有无数个与光的前进方向互相垂直的光波振动面。

如果光线前进的方向指向我们，则与之互相垂直的光波振动平面可表示为如图4-7(a)。如果使自然光通过尼科尔棱镜，由于振动面与尼科尔棱镜的光轴平行的光波才能通过尼科尔棱镜，通过尼科尔棱镜的光，只有一个与光的前进方向互相垂直的光波振动面，如图4-7(b)，这种仅在一个平面上振动的光叫偏振光。

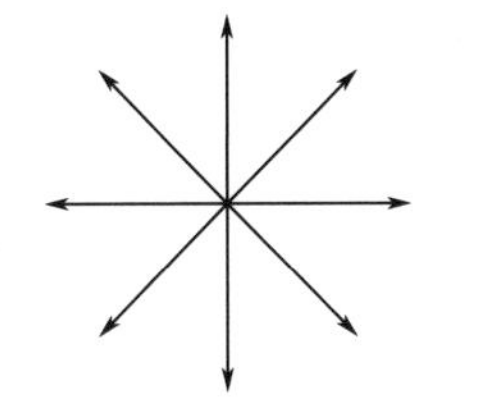

(a) 自然光(箭头表示光波振动的方向)　　(b) 偏振光(虚线部分)

图4-7　自然光与偏振光

2. 偏振光的产生与旋光活性

通常用尼科尔棱镜或偏振片产生偏振光。即把一块方解石的菱形六面体末端的表面磨光，使镜角等于68°，将其对角切成两半，把切面磨成光学平面后，再用加拿大树胶粘起来，使之成为一个尼科尔棱镜（图4-8）。

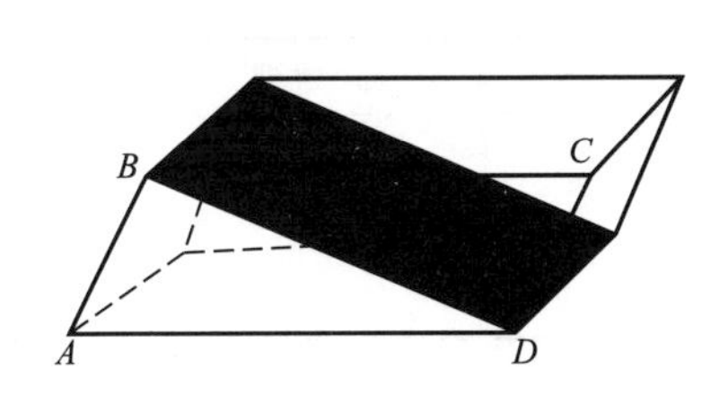

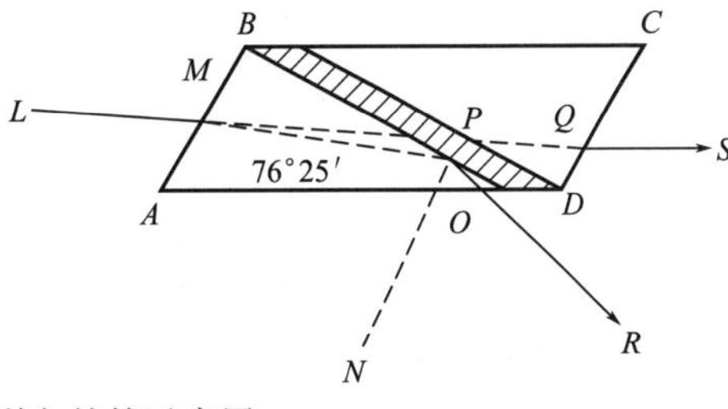

图4-8　尼科尔棱镜示意图

利用偏振片也能产生偏振光。它是利用某些双折射晶体（如电气石）的二色性，即可选择性吸收寻常光线，而让非常光线通过的特性，把自然光变成偏振光。

分子结构中有不对称碳原子，能把偏振光的偏振面旋转一定角度的物质称为旋光活性物质，它使偏振光振动平面旋转的角度叫做“旋光度”。许多食品成分都具有光学活性，如单糖、低聚糖、淀粉以及大多数的氨基酸和羟酸等。其中能把偏振光的振动平面向右旋转（顺时针方向）的称为“具有右旋性”，以（+）号表示；使偏振光振动平面向左旋转（反时针方向）的称为“具有左旋性”，以（－）号表示。

二、比旋光度和旋光度

偏振光通过光学活性物质的溶液时，其振动平面所旋转的角度叫做该物质溶液的旋光度，以 α 表示。物质的旋光度的大小与入射光波长、温度、旋光性物质的种类、溶液浓度及液层厚度有关，在波长、温度一定时，旋光度与溶液浓度 c 及偏振光所通过的溶液厚度 L 成正比。

即

$$\alpha = KcL$$

当旋光质溶液的质量浓度为 100g/100mL，$L=1$dm 时，所测得的旋光度为比旋光度，用 $[\alpha]_{\lambda}^{T}$ 表示。

即

$$[\alpha]_{\lambda}^{T} = K \times 100 \times 1 = 100K$$

$$[\alpha]_{\lambda}^{T} = \frac{\alpha}{100cL}$$

$$\alpha = [\alpha]_{\lambda}^{T} \times L \times \frac{c}{100}$$

$$c(\mathrm{g/100mL}) = \frac{\alpha \times 100}{[\alpha]_{\lambda}^{T} L}$$

式中 α——旋光度，(°)；

$[\alpha]_{\lambda}^{T}$——比旋光度，(°)；

λ——入射光波长，nm；

T——温度，℃；

L——溶液厚度（即旋光管长度），dm；

c——溶液浓度，g/100mL。

比旋光度与光的波长及测定温度有关，通常规定在 20℃时用钠光 D 线（波长 589.3nm）测定，此时，比旋光度用 $[\alpha]_{D}^{20}$ 表示，各种旋光质的比旋光度 $[\alpha]_{D}^{20}$ 为一定值，其大小表示旋光质旋光性的强弱和旋转角度的方向。主要糖类的比旋光度见表 4-3。

表 4-3　主要糖类的比旋光度

糖　类	$[\alpha]_{\lambda}^{T}$/(°)	糖　类	$[\alpha]_{\lambda}^{T}$/(°)	糖　类	$[\alpha]_{\lambda}^{T}$/(°)
葡萄糖	+52.5	蔗糖	+66.5	糊精	+194.8
果糖	−92.5	乳糖	+53.3	淀粉	+196.4
转化糖	−20.0	麦芽糖	+138.5		

三、旋光度测定的意义

许多物质如多数糖类、氨基酸、羟酸（如乳酸、苹果酸、酒石酸）具有旋光性，糖类物质中果糖是左旋，蔗糖、葡萄糖等是右旋。凡具有旋光性的还原糖类，在溶解之后，其旋光度起初迅速变化，然后逐渐变得较缓慢，最后达到一个常数不再改变，这个现象称为变旋光作用。这是由于糖存在两种异构体，即 α 型、β 型，它们的比旋光度不同。这两种环形结构及中间的开链结构在构成一个平衡体系过程中，即显示出变旋光作用。

在食品分析中，旋光法主要用于糖品、味精及氨基酸的分析，还用于谷类食品中淀粉含量的测定。

四、旋光仪

旋光仪是测量物质旋光度的仪器，广泛应用于医药、制糖、食品、化工、农业和科研等各个领域，通过对样品旋光度的测量可以确定物质的浓度、含量和纯度等。

1. 普通旋光计

最简单的旋光计是由两个尼科尔棱镜构成，第一个用于产生偏振光，称为起偏器；第二个用于检验偏振光振动平面被旋光质旋转的角度，称检偏器。当偏振光振动平面与检偏器光轴成平行时，则视野明亮；当偏振光振动平面与检偏器光轴互相垂直时，则视野黑暗。在后一种情况下，若在光路上放入旋光质，则偏振光振动平面被旋光质旋转了一个角度，与检偏器光轴互成一定角度，结果视野稍明亮。若把检偏器旋转一角度使视野复暗，则所旋角度即为旋光质的旋光度。但这种旋光计无实用价值，因用肉眼无法判断什么是“黑暗”的情况。为了克服上述缺点，旋光计中通常设置一个小尼科尔棱镜，使视野分为明暗两半。仪器的终点不是视野的完全黑暗，而是视野两半圆的照度相等，由于肉眼较易识别视野两半圆光线强度的微弱差异，故能正确判断终点（见图 4-9）。

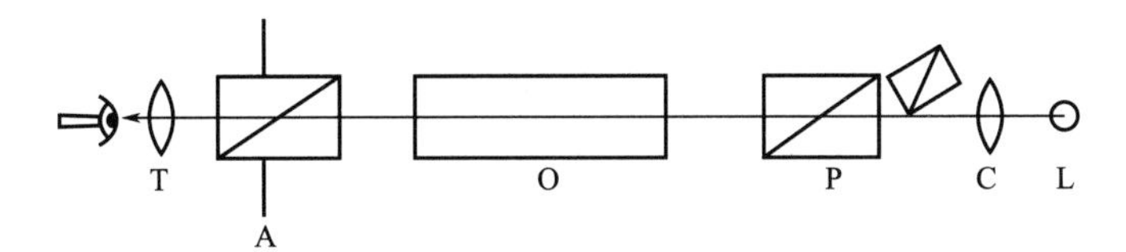

图 4-9　旋光仪的原理图

2. 自动旋光计

自动旋光计的种类繁多，表示方法和读数方法有所不同，但其原理都基本相似。各种类型的自动旋光计，采用光电检测器及晶体管自动显示读数等装置，具有精确度高、无主观误差、读数方便等优点。

（1）原理　图 4-10 是 WZZ-2SS 自动旋光仪的结构原理图。

一般钠灯发出的波长为 589.44nm 的单色光依次通过聚光镜、小孔光阑、场镜、起偏器、法拉第调制器、准直镜，形成一束振动平面随法拉第线圈中交变电压而变化的准直的平面偏振光，经过装有待测溶液的试管后射入检偏器，再经过接收物镜、滤色片、小孔光阑进入光电倍增管，光电倍增管将光强信号转变成电信号，并经前置放大器放大。若检偏器相对于起偏器偏离正交位置，则说明具有频率为 f 的交变光强信号，相应地有频率 f 的电信号，此电信号经过选频放大，功率放大，驱动伺服电机通过机械传动带动检偏器转动，使检偏器向正交位置趋近，直到检偏器到达正交位置，频率为 f 的电信号消失，伺服电机停转。

仪器一开始正常工作，检偏器即按照上述过程自动停在正交位置上，此时将计数器清零，定义为零位，若将装有旋光度为 α 的样品的试管放入试样室中时，检偏器相对于入射的平面偏振光又偏离了正交位置 α 角，于是检偏器按照前述过程再次转过。α 角获得新的正交位置。模数转换器和计数电路将检偏器转过的角转换成数字显示，得出待测样品的旋光度。

（2）WZZ-2SS 自动旋光仪的使用说明

① 仪器应安放在有正常的室温、湿度条件下使用，防止在高温的条件下使用。

② 在测定溶液的旋光度前，先将旋光仪预热 5～10min 使钠光灯发光稳定。

③ 观测管需先用蒸馏水荡洗，然后再用待测溶液荡洗，流到观测管外壁的溶液用滤纸

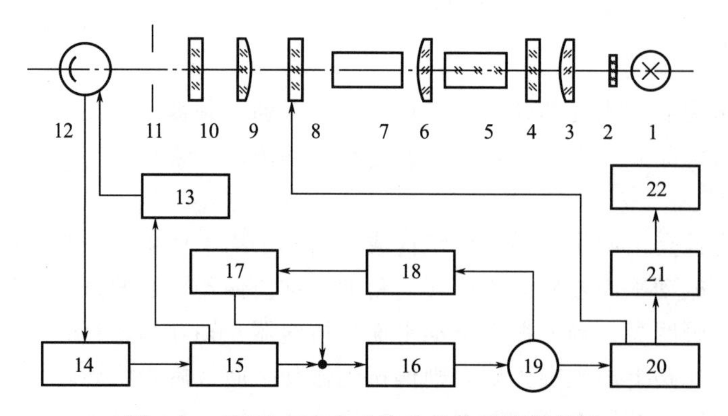

图 4-10　WZZ-2SS 自动旋光仪的结构原理图

1—钠灯；2—聚光镜；3—场镜；4—起偏器；5—调制器；6—准直镜；7—试管；8—检偏器；9—物镜；10—滤光片；11—光阑；12—光电倍增管；13—自动高压；14—前置放大；15—选频放大；16—功率放大；17—非线性控制；18—测速反馈；19—伺服电机；20—机械传动；21—模数转换；22—数字显示

擦干，才能放入仪器中进行测量。测定时每次观测管放的位置应一致。

④ 测试前或测试后，应测定试样的温度，并进行温度校正。

⑤ WZZ-2SS 自动旋光仪可测定旋光度和糖度。

国际糖度（°S)与角旋光度之间的换算关系为：

1°S＝0.34626；1°＝2.888°S。

五、应用实例

1. 大麦淀粉的测定

（1）原理　淀粉具有旋光性，在一定条件下旋光度的大小与淀粉的浓度成正比。用氯化钙溶液提取淀粉，使之与其他成分分离，用氯化锡溶液沉淀提取液中的蛋白质后，测定旋光度，即可计算出淀粉含量。

（2）仪器　WZZ-2SS 自动旋光仪。

（3）试剂

① 氯化钙溶液。溶解 546g $CaCl_2 \cdot 2H_2O$ 于水中并稀释到 1000mL。调整相对密度为 1.30（20℃），再用 1.6％醋酸调整 pH 为 2.3～2.5，过滤后备用。

② 氯化锡溶液。溶解 2.5g $SnCl_4 \cdot 5H_2O$ 于 75mL 上述氯化钙溶液中。

（4）操作步骤　样品研磨后并用 40 目以上的标准筛过筛后，精确称取 2g 样品，置于 250mL 烧杯中，加水 10mL，搅拌使样品湿润，加入 70mL 氯化钙溶液，盖上表面皿，在 5min 内加热至沸并继续加热 15min。加热时随时搅拌以防样品附在烧杯壁上。如果泡沫过多可加 1～2 滴辛醇消泡。迅速冷却后，移入 100mL 容量瓶中，用氯化钙溶液洗涤烧杯上附着的面粉，洗液并入容量瓶中。加 5mL 氯化锡溶液，用氯化钙溶液定容，混匀，过滤，弃去初滤液，收集滤液装入观测管中，测旋光度。

（5）计算

$$w(\text{淀粉})=\frac{\alpha \times 100}{L \times 203 \times m}\times 100\%$$

式中　α——样液测得的旋光度；

L——观测管长度，dm；

m——样品质量，g；

203——淀粉的比旋光度。

2. 味精纯度的测定（GB/T 8967—2007）

（1）原理　谷氨酸钠分子结构中含有一个不对称碳原子，具有光学活性，能使偏振光面旋转一定角度，因此可用旋光仪测定旋光度，根据旋光度换算出谷氨酸钠的含量。

（2）仪器与药品　旋光仪（精度±0.01°）备有钠光灯（钠光谱D线589.3nm）、温度计、浓盐酸。

（3）操作步骤

① 称取试样10g（精确至0.0001g），加少量水溶解并转移至100mL容量瓶中，加盐酸20mL，混匀并冷却至20℃，定容并摇匀。

② 旋光计零点校正。在20℃时，用标准旋光角校正仪器。

③ 测定。用少量上述样品溶液洗涤旋光管3次，然后将样品溶液置于旋光管中（不得有气泡），用干布擦干旋光管，放入装好样品的旋光管至旋光仪中，观测其旋光度，同时记录旋光管中试样溶液的温度。

（4）计算　样品中谷氨酸钠含量按下式计算，其数值以%表示。

$$X_2=\frac{\frac{\alpha}{Lc}}{25.16+0.047(20-T)}\times 100$$

式中　X_2——样品中谷氨酸钠的含量，%；

α——实测试样液的旋光度，(°)；

L——旋光管长度（液层厚度），dm；

c——1mL试样液中含谷氨酸钠的质量，g/mL；

25.16——谷氨酸钠的比旋光度 $[\alpha]_D^{20}$；

0.047——温度校正系数；

T——测定时试液的温度，℃。

计算结果保留至小数后第一位。

第四节　黏度检验法

一、测定黏度的意义

黏度大小是判断液态食品品质的一项重要物理指标之一，如啤酒、淀粉的黏度测定。

黏度是指液体的黏稠程度，它是液体在外力下发生流动时，液体分子间所产生的内摩擦力，可分为绝对黏度与运动黏度。绝对黏度也叫动力黏度，是指液体以1cm/s的流速流动时，在每$1cm^2$液面上所需切向力的大小，单位为“帕斯卡·秒（Pa·s）”。运动黏度也叫动态黏度，它是在相同温度下液体的绝对黏度与其密度的比值，以二次方米每秒（m^2/s）为单位。

黏度与液体的温度有关，温度低，黏度大；温度高，黏度小。

二、绝对黏度检验法

液态食品的绝对黏度通常使用各种类型的旋转黏度计、落球黏度计进行检测。

1. 落球黏度计测定法（Höppler 黏度计法）

（1）原理　在一充满液态样品的柱体中，将一适宜相对密度的球体从液态柱体上线落至底线，测定球体下落时间（s）。根据被测定溶液的相对密度、球体的相对密度和球体的体积，即可计算出溶液的黏度。

（2）仪器　Höppler 黏度计、恒温水浴（20±0.01)℃、计时器。

（3）操作步骤

① 将 Höppler 黏度计与恒温水浴连接，调节水浴温度，使黏度计水夹套留出的水温准确控制在（20±0.01)℃。

② 用样品液清洗黏度计的下落柱体。

③ 用吸管将预先调温至 20℃的被测样品注入柱体管内至边缘，不能存有气泡。

④ 调节黏度计的水平仪至水平位置上。

⑤ 根据试液的相对密度，采用适宜相对密度的球体放入被测试液中。

⑥ 关上柱体的盖子，当球体落至柱体上线时，用计时器开始计时，直至球体落至柱体底线时为止，准确记录下落时间（s）。

⑦ 将黏度计玻璃柱体倒转，再一次按上述方法测定落球时间，如此重复测定，求出平均值。按下式计算：

$$\eta=\tau(\rho_0-\rho)\times10^{-3}\times k$$

式中　η——绝对黏度，Pa・s；

τ——球体下落时间，s；

ρ_0——球体密度，kg/m^3；

ρ——试液密度，kg/m^3；

k——球体系数，m^2/s^2。

2. 旋转黏度计测定法

旋转黏度计（见图 4-11）是用同步电机以一定速度旋转，带动刻度盘随之转动，通过游丝和转轴带动转子旋转。若转子未受到阻力，则游丝与圆盘同速旋转。若转子受到黏滞阻力，则游丝产生力矩与黏滞阻力抗衡，直到平衡。

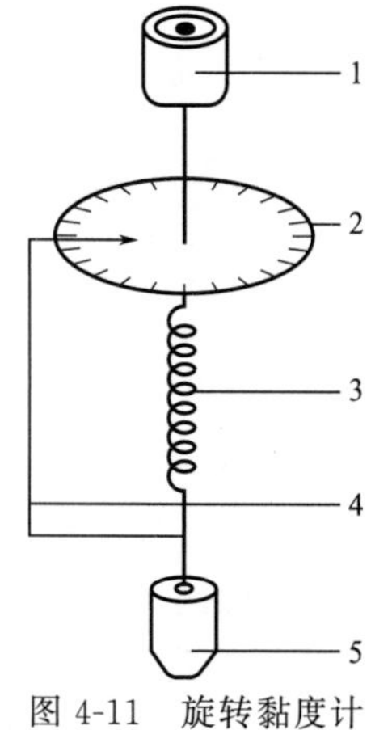

图 4-11　旋转黏度计
1—同步电机；2—刻度盘；3—游丝；4—指针；5—转子

此时，与游丝相连的指针在刻度圆盘上指示出一数值，根据这一数值，结合转子号数及转速即可算出被测液体的绝对黏度。这就是旋转黏度计的工作原理。

测定时用直径大于 7cm 的烧杯盛装样液并保持恒温，调整高度使转子浸入液体直至液面标志为止。并选择适宜的转速和转子，使指针读数在 20～90 之间。接通电源，转子旋转，经多次旋转后指针趋于稳定（或按规定的旋转时间指针达到恒定值），将操纵杆压下，关闭电源，读取指针所指示的数值，按下式计算绝对黏度：

$$\eta=ks$$

式中　η——绝对黏度，Pa・s；

s——圆盘指针指示数值；

k——换算系数（见表 4-4）。

新一代的旋转黏度计，具有很方便的转速选择与调节，数字显示黏度值、温度、转子编号等参数功能。

表 4-4　换算系数表

换算系数 k ＼ 转速 / 转子号	60	30	12	6
0	0.1	0.2	0.5	1.0
1	1	2	5	10
2	5	10	25	50
3	20	40	100	200
4	100	200	500	1000

三、运动黏度检验法

运动黏度通常用毛细管黏度计来进行测定，常用的毛细管黏度计如图 4-12。毛细管内径有 0.4mm、0.6mm、0.8mm、1.0mm、1.2mm、1.5mm、2.0mm、2.5mm、3.0mm、3.5mm、4.0mm、5.0mm、6.0mm 等规格。不同的毛细管黏度计有其不同的黏度常数，若无黏度常数时可用已知黏度的纯净的 20 号或 30 号机器润滑油标定。

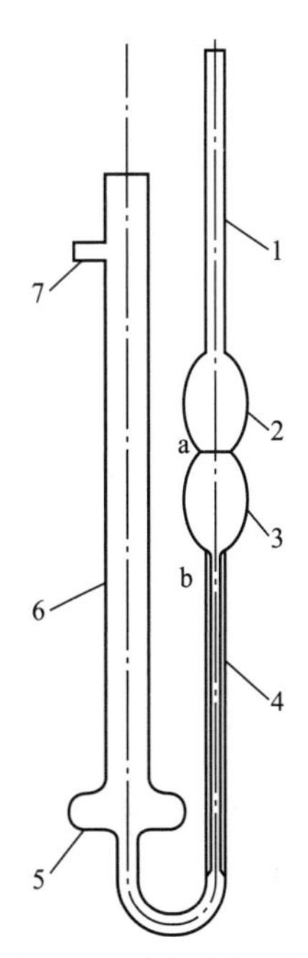

图 4-12　毛细管黏度计
1,6—管身；2,3,5—扩张部分；4—毛细管；7—支管；a,b—标线

在食品检验中，常用于啤酒等液态食品黏度的测定。其工作原理为在一定温度下，当液体在直立的毛细管中以完全湿润管壁的状态流动时，其运动黏度 ν 与流动时间 τ 成正比。测定时，用已知运动黏度的液体（常用 20℃时的蒸馏水）作标准。测量其从毛细管黏度计流出的时间，再测量试样自同一黏度计流出的时间，则可计算出试样的黏度，即

$$\frac{\nu_{样}}{\nu_{标}}=\frac{\tau_{样}}{\tau_{标}}$$

式中　$\nu_{样}$，$\nu_{标}$——试样、标准液体在一定温度下的运动黏度；

$\tau_{样}$，$\tau_{标}$——试样、标准液体在某一毛细管黏度计中的流出时间。

检验时将样品液吸入或倒入毛细管黏度计中，垂直置于恒温水浴中，并使黏度计上下刻度的两球全部浸入水浴中。一定时间后用吸球自 a 口将样液吸起吹下搅拌样液，然后吸取样液使充满上球，让样液自由流下至两球间的上刻度时按下秒表开始计时，待样液继续流下至下刻度时按下秒表停止计时，记录样液流经上下刻度所需的时间（s），重复数次取平均值。按下式计算结果：

$$\nu=K\tau_{样}$$

式中　ν——运动黏度，m^2/s；

$\tau_{样}$——样液流出时间，s；

K——黏度计常数，即 $\nu_{标}/\tau_{标}$。

在测定某一试液的运动黏度时，只需测定毛细管黏度计的黏度计常数，再测出在指定温度下的试液流出时间，即可计算出其运动黏度。

四、相对黏度

某液体的绝对黏度与另一液体的绝对黏度之比。以 0℃的绝对黏度 1.792 作为基准。

五、条件黏度

在规定温度下，在特定的黏度计中，一定量液体流出的时间，或是这个流出时间与在同一仪器中、规定温度下的另一种标准液体（一般是水）流出的时间之比即为条件黏度。根据不同条件黏度的规定，分别测量已知条件黏度的标准液体和试样在相应的黏度计中流出的时间，由不同的液体流出同一黏度计的时间与黏度成正比关系，可计算出试样的条件黏度。

根据所用仪器和条件的不同，条件黏度一般分为：恩氏黏度、赛氏黏度及雷氏黏度。

（1）雷氏黏度　试样在规定温度下，从雷氏黏度计中流出 50mL 所需的时间，单位为 s。

（2）赛氏黏度　试样在规定温度下，从赛氏黏度计中流出 60mL 所需的时间，单位为 s。

（3）恩氏黏度　恩氏黏度计如图 4-13 所示。它的结构是将两个黄铜容器套在一起，内筒 1 装试样，外筒 2 为热浴，内筒底部中央有流出孔 8，试样可经小孔流出，流入接收瓶中。筒上有盖 3，盖上有插堵塞棒 6 的孔 4 及插温度计的孔 5。内筒中有三个尖钉 7，作为控制液面高度和仪器水平的水平器。外筒装在铁制的三脚架 10 上，足底有调整仪器水平的螺旋 11。黏度计热浴一般用电加热器加热并能自动控制温度。测定时，试样在规定温度下从恩氏黏度计中流出 200mL 所需的时间与 20℃ 的蒸馏水从同一黏度计中流出 200mL 所需时间之比，用 E 表示。

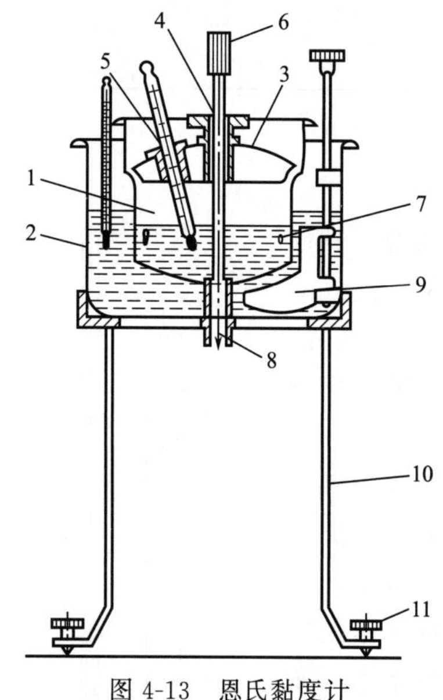

图 4-13　恩氏黏度计

1—内筒；2—外筒；3—内筒盖；4,5—孔；6—堵塞棒；7—尖钉；8—流出孔；9—搅拌器；10—三脚架；11—水平调节螺旋

试样的恩氏黏度可根据下式计算：

$$E=\frac{\tau}{K_{20}}$$

式中　E——一定温度时，试样的恩氏黏度。

τ——相同温度时从恩氏黏度计中流出 200mL 试样所需的时间，s；

K_{20}——黏度计水值。

六、应用实例——淀粉黏度的测定（GB/T 22427.7—2008）

1. 原理

在 45.0～92.5℃的温度范围内，样品随温度的升高而逐渐糊化，通过旋转式黏度计可得到黏度值，此黏度值即为当时温度下的黏度值。作出黏度值与温度曲线图，即可得到黏度的最高值及当时的温度。

2. 仪器

（1）旋转式黏度计　带有一个加热保温装置，可保持仪器及淀粉乳液的温度在 45.0～92.5℃变化且偏差为±0.5℃。

（2）天平　精确度为 0.1g。

（3）搅拌器　搅拌速度 120r/min。

（4）超级恒温水浴：温度可调节范围在30～95℃。

（5）四口烧瓶：250mL。

（6）冷凝器。

（7）温度计。

3. 试剂

蒸馏水或去离子水：电导率≤4μS/cm。

4. 操作步骤

（1）样品的准备　用天平称取适量的样品（精确至0.1g），将样品放入四口烧瓶中，加水使样品的干基固形物浓度达到设定浓度。

（2）旋转黏度计及淀粉乳液的准备　按旋转黏度计规定的操作方法进行校正调零，并将仪器测定筒与超级恒温水浴装置相连，打开水浴装置。

将装有淀粉乳液的四口烧瓶放入超级恒温水浴中，在烧瓶上装上搅拌器、冷凝管和温度计，盖上取样口，打开冷凝水和搅拌器。

（3）测定　将测定筒和淀粉乳液的温度通过保温装置分别同时控制在45℃、50℃、55℃、60℃、65℃、70℃、75℃、80℃、85℃、90℃、95℃。在恒温装置到达上述每个温度时，从四口烧瓶中吸取淀粉乳液，加入到旋转黏度计的测量筒内，测定黏度，读取各个温度时的黏度值。做平行实验。

5. 作黏度值与温度变化曲线

以黏度值为纵坐标，温度为横坐标，根据所得到的数据作出黏度值与温度变化曲线。所作的曲线图中，找出对应温度的黏度值。

第五节　气体压力测定法

一、气体压力测定的意义

在某些瓶装或罐装食品中，容器内气体的分压常常是产品的重要质量指标。罐装食品的罐内保持一定的真空度，其目的是可防止储存时内容物发哈、变色变味、好气性微生物的生长繁殖，防止罐头杀菌时变形、漏气、爆裂等。对于不同罐型、不同的内容物、不同的工艺条件，要求达到的真空度不同。如罐头生产中，要求罐头要有一定的真空度，即罐内气体分压与罐外气压差应小于零，为负压。这是罐头产品必须具备的一个质量指标，通常采用真空计进行检测。

瓶装含气饮料，如碳酸饮料、啤酒等，其中的CO_2含量是产品的一个重要理化指标。CO_2是碳酸饮料中不可缺少的成分，可用压力计对容器内的气体分压进行测定。

二、罐头真空度的测定

测定罐头真空度通常用罐头真空表（图4-14）。它是一种下头带有针尖的圆盘状表，表面上刻有真空度数字，静止时指针指向零。表的基部是一带有尖锐针头的空心管，空心管与表身连接部分有金属套保护，下面一段由厚橡皮座包裹。测定时，用力使针尖刺入罐头盖内，罐内分压与大气压差使表内隔膜移动，从而连带表面针头转动，即可读出真空度，表基部的橡皮座起密封作用，防止外界空气侵入。

三、瓶装与罐装碳酸饮料中 CO_2 压力的测定

二氧化碳（CO_2）是碳酸饮料中不可缺少的成分，CO_2 在饮料中不仅具有清凉、舒服的刹口感和突出香气的作用，而且还有阻碍微生物的生长，延长汽水的货架寿命等功能。虽然它所占的密度很小，但其作用很大。国标规定测定 CO_2 含量的方法主要有体积倍数法（GB/T 10792—2008）和二氧化碳蒸馏滴定法（GB/T 12143—2008）。体积倍数法具有操作简便、快速的特点。

四、测定实例——碳酸饮料中二氧化碳含量的测定

1. 原理

原理是根据亨利定律的原理进行测定的。在一定温度下，溶解在饮料中的 CO_2 含量与瓶颈中的压力成正比，因此，测定瓶中 CO_2 的压力和温度后，查碳酸气吸收系数表，得到碳酸饮料中 CO_2 含量的体积倍数，即可得出 CO_2 含量。

2. 试样

汽水样品。

3. 仪器

CO_2 检压计（见图 4-15）。

图 4-14　罐头真空度的测定

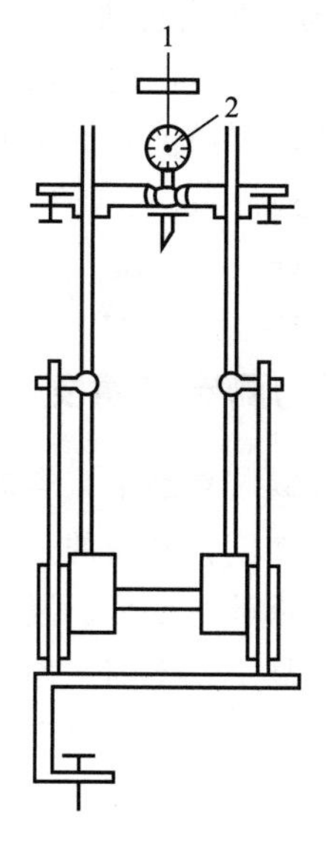

图 4-15　CO_2 检压计

1—温度计；2—压力表

4. 操作步骤

取汽水样品 1 瓶，用检压计压住瓶颈（注意不要让瓶盖松动），再用顶针刺穿瓶盖（包括铁壳、软木及塑料胶垫），拧紧锁口，旋开放气阀，待压力表指针回零后马上关闭放气阀。双手握住样品及检压计，然后将瓶倒置并剧烈摇动，待压力稳定为止。记下压力读数，旋开放气阀，置于桌上，取下检压计，随后打开瓶盖，用温度计测量瓶内液体温度。

5. 结果计算

根据压力和温度查附表 8，得到汽水样品中 CO_2 含气量的体积倍数，即可得出 CO_2 含量。

6. 说明

使用检压计时，要剧烈摇动样品，使气压值稳定；CO_2 的含量与温度有关，测定时要测量样品当时的温度，查表换算为标准值；检测结束时，要先打开放气阀卸压，再取下样品瓶。

【阅读材料】

食品标签您了解吗?

随着人们对食品安全问题的日渐关注，目前市场上各种称谓的食品也让人眼花缭乱，像“无公害食品”“绿色食品”“有机食品”等。这些食品标签的含义您了解吗?

“绿色食品”并非指“绿颜色”的食品，而是指无污染的安全、优质、营养类食品。冠以“绿色”是为了突出这类食品出自良好的生态环境，并能给人带来旺盛的生命活力。

“无公害食品”是指其产地环境、生产过程、最终产品质量符合有关强制性国家标准，并使用无公害农产品标志的农产品。

“有机食品”是指来自于有机农业生产体系，根据国际有机农业生产要求和相应的标准生产加工的，并通过独立的有机食品认证机构认证的一切农副产品，包括粮食、蔬菜、水果、奶制品等。

思　考　题

1. 相对密度的测定在食品分析与检验中有什么意义？密度瓶和密度计测定样品密度有什么区别？
2. 密度计有哪些类型？各有什么用途？如何正确使用密度计？
3. 温度变化对溶液的密度有什么影响？
4. 说明折光法在食品分析中的应用，如何使用折光计？
5. 说明旋光法在食品分析中的应用。
6. 汽水中的 CO_2 有什么作用？如何测定汽水的含气量？

第五章　食品一般成分的测定

【学习目标】

1. 了解各类食品中脂肪的测定方法；了解各类碳水化合物测定的原理和操作技能；了解蛋白质测定的原理、方法；了解各类维生素的检测方法。

2. 掌握常压干燥法测定水分的操作技能；掌握总灰分测定的操作技能；掌握总酸度测定、pH计的使用方法及操作技能；掌握索氏抽提法的检测技能；掌握常量凯氏定氮法；掌握分光光度计、气相色谱仪的操作技能。

食品的一般成分包含水分、灰分、酸、脂肪、碳水化合物、蛋白质、维生素等，这些物质是食品中固有的成分，并赋予了食品一定的组织结构、风味、口感以及营养价值，这些成分含量的高低是衡量食品品质的关键指标。

第一节　水分的测定

一、概述

食品中水分的存在形式，可分为结合水分和非结合水分两大类。前者一般指结晶水和吸附水，在测定过程中此类水分较难从物料中逸出，后者包括润湿水分、渗透水分和毛细管水，相对而言，这类水分易与物料分离。食品中自由水的含量与其品质有密切关系，通常所研究的主要是非结合水分（自由水），在一般水分测定中，也主要是自由水的含量。但对不同食品其水分的含量差别很大，见表5-1。

表5-1　各种食品中水分含量的范围

种　类	鲜　果	鲜　菜	鱼　类	鲜　蛋	乳　类	猪　肉	面　粉	饼　干	面　包
水分含量/%	70～93	80～97	67～81	67～74	87～89	43～59	12～14	2.5～4.5	28～30

控制食品水分含量对于保持食品的感官性质，维持食品中其他组分的平衡关系，保证食品的稳定性，都起着重要的作用。例如，新鲜面包的水分含量若低于28%～30%，其外观形态干瘪，失去光泽；水果糖的水分含量一般控制在3.0%左右，过低则会出现反砂甚至反潮现象；乳粉的水分含量控制在2.5%～3.0%以内，可控制微生物生长繁殖，延长保质期。

此外，各种生产原料中水分含量高低，对于它们的品质和保存，进行成本核算，提高生产企业的经济效益和计算生产中的物料平衡、生产工艺控制与监督等方面均具有重大意义。

食品中水分测定的方法很多，通常可分为两大类：直接法和间接法。

直接法是利用水分本身的物理、化学性质来测定水分的方法，如干燥法、蒸馏法和卡尔·费休法。间接法是利用食品的相对密度、折射率、电导率、介电常数等物理性质测定水分的方法。直接法的准确度高于间接法。

二、重量法（GB 5009.3—2016）

1. 直接干燥法

本标准中直接干燥法适用于在101～105℃下，不含或含有其他挥发性物质甚微的谷物及其制品、水产品、豆制品、乳制品、肉制品及卤菜制品等食品中水分的测定，不适用于水分含量小于0.5g/100g的样品。

（1）原理　利用食品中水分的物理性质，在101.3kPa（1atm），温度101～105℃下采用挥发方法测定样品中干燥减失的质量，包括吸湿水、部分结晶水和该条件下能挥发的物质，再通过干燥前后的称量数值计算出水分的含量。

（2）仪器和设备

① 扁形铝制或玻璃制称量瓶。

② 电热恒温干燥箱。

③ 干燥器：内附有效干燥剂。

④ 天平：感量为0.1mg。

（3）试剂及材料　除非另有规定，本方法中所用试剂均为分析纯。

① 盐酸：优级纯。

② 氢氧化钠（NaOH）：优级纯。

③ 盐酸溶液（6mol/L）：量取50mL盐酸，加水稀释至100mL。

④ 氢氧化钠溶液（6mol/L）：称取24g氢氧化钠，加水溶解并稀释至100mL。

⑤ 海砂：取用水洗去泥土的海砂或河砂，先用盐酸（③）煮沸0.5h，用水洗至中性，再用氢氧化钠溶液（④）煮沸0.5h，用水洗至中性，经105℃干燥备用。

（4）操作步骤

① 固体试样。取洁净铝制或玻璃制的扁形称量瓶，置于101～105℃干燥箱中，瓶盖斜支于瓶边，加热1.0h，取出盖好，置干燥器内冷却0.5h，称量，并重复干燥至前后两次质量差不超过2mg，即为恒重。将混合均匀的试样迅速磨细至颗粒小于2mm，不易研磨的样品应尽可能切碎，称取2～10g试样（精确至0.0001g），放入此称量瓶中，试样厚度不超过5mm，如为疏松试样，厚度不超过10mm，加盖，精密称量后，置101～105℃干燥箱中，瓶盖斜支于瓶边，干燥2～4h后，盖好取出，放入干燥器内冷却0.5h后称量。然后再放入101～105℃干燥箱中干燥1h左右，取出，放入干燥器内冷却0.5h后再称量。并重复以上操作至前后两次质量差不超过2mg，即为恒重。

注：两次恒重值在最后计算中，取最后一次的称量值。

② 半固体或液体试样。取洁净的称量瓶，内加10g海砂及一根小玻棒，置于101～105℃干燥箱中，干燥1.0h后取出，放入干燥器内冷却0.5h后称量，并重复干燥至恒重。然后称取5～10g试样（精确至0.0001g），置于蒸发皿中，用小玻棒搅匀放在沸水浴上蒸干，并随时搅拌，擦去皿底的水滴，置101～105℃干燥箱中干燥4h后盖好取出，放入干燥器内冷却0.5h后称量。以下按①固体试样中自“然后再放入101～105℃干燥箱中干燥1h左右……”起依法操作。

（5）结果的计算

$$X=\frac{m_1-m_2}{m_1-m_3}\times100$$

式中　X——试样中水分的含量，g/100g；

m_1——称量瓶（加海砂、玻棒）和试样的质量，g；

m_2——称量瓶（加海砂、玻棒）和试样干燥后的质量，g；

m_3——称量瓶（加海砂、玻棒）的质量，g。

水分含量≥1g/100g时，计算结果保留三位有效数字；水分含量<1g/100g时，结果保留两位有效数字。

(6) 精密度　在重复性条件下获得的两次独立测定结果的绝对差值不得超过算术平均值的5%。

(7) 操作条件选择

① 称样量。测定时称样量一般控制在其干燥后的残留物质量在1.5～3g；对水分含量较低的固态、浓稠态食品，将称样量控制在3～5g；对水分含量较高的如果汁、牛乳等液态食品，通常每份样品的称样量控制在15～20g为宜。

② 称量器皿规格。玻璃称量瓶能耐酸碱，不受样品性质的限制，常用于常压干燥法。铝质称量盒质量轻，导热性强，但对酸性食品不适宜，适合用减压干燥法测定。称量器皿容量规格的选择，以样品置于其中铺平后其厚度不超过容器高度的1/3为宜。

③ 干燥设备。最好采用风量可调节的烘箱。温度计通常处于离上隔板3cm的中心处。使样品温度符合测定的要求。样品受热要均匀。

④ 干燥条件。温度：温度一般控制在101～105℃，对热稳定的谷类等，可提高到130～135℃范围内进行干燥（时间规定为40min)；对还原糖含量较高的食品应先用低温（50～60℃）干燥0.5h，然后再用100～105℃干燥。时间：干燥时间的确定有两种方法，一是干燥到恒重，另一种是规定一定的干燥时间。

(8) 说明及注意事项

① 水果、蔬菜样品，先洗去泥沙，再用蒸馏水冲洗，然后吸干表面的水分。

② 测定过程中，当盛有试样的称量器皿从烘箱中取出后，应迅速放入干燥器中进行冷却，否则，不易达到恒重。

③ 干燥器内一般用硅胶作为干燥剂，硅胶吸潮后会使干燥效能降低，当硅胶蓝色减退或变红时，应及时更换，于135℃左右烘2～3h使其再生后使用。硅胶吸附油脂等后，去湿力会大大降低。

④ 加热过程中，一些物质发生的化学反应，会使测定结果产生误差。

a. 果糖含量较高的样品，如水果制品、蜂蜜等，在高温下（>70℃）长时间加热，样品中的果糖会发生氧化分解作用而导致明显误差，故宜采用减压干燥法测定水分含量。

b. 含有较多氨基酸、蛋白质及羰基化合物的样品，在长期加热时会发生羰氨反应，析出水分而导致误差。对此类样品中水分宜用其他方法测定。

⑤ 在水分测定中，恒重的标准一般指前后2次称量之差≤2mg，根据食品的类型和测定要求来确定。

⑥ 对于含挥发性组分较多的食品，如香料油、低醇饮料等可采用蒸馏法测定水分含量。

⑦ 对于固态样品的细度要均匀一致，达到标准的要求。

⑧ 测定水分后的样品，可供测定脂肪、灰分含量用。

2. 减压干燥法

该法适用于在较高温度下加热易分解、变质或不易除去结合水的食品，如糖浆、果糖、味精、麦乳精、高脂肪食品、果蔬及其制品的水分含量的测定。

(1) 原理　利用食品中水分的物理性质，在达到 40～53kPa 压力后加热至 60℃±5℃，采用减压烘干方法去除试样中的水分，再通过烘干前后的称量数值计算出水分的含量。

(2) 仪器及装置

① 真空烘箱（带真空泵）。

② 扁形铝制或玻璃制称量瓶。

③ 干燥器：内附有效干燥剂。

④ 天平：感量为 0.1mg。

在用减压干燥法测定水分含量时，为了除去烘干过程中样品挥发出来的水分，以及避免干燥后期烘箱恢复常压时空气中的水分进入烘箱，影响测定的准确度。整套仪器设备除必须有一个真空烘箱（带真空泵）外，还需设置一套安全、缓冲的设施，连接几个干燥瓶和一个安全瓶，整个设备流程如图 5-1 所示。

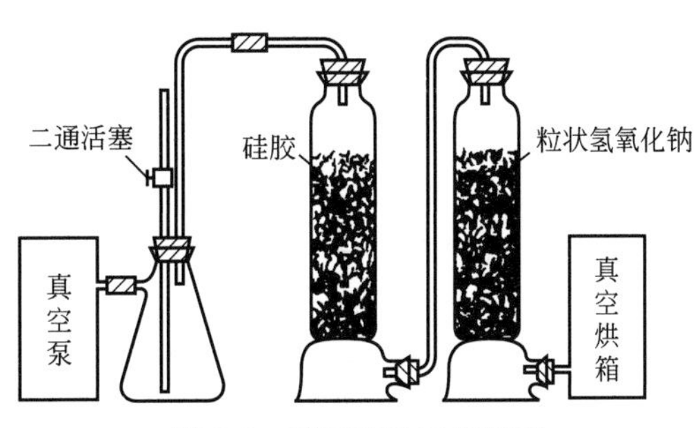

图 5-1　减压干燥工作流程

(3) 操作步骤　准确称取 2～10g（精确至 0.0001g）试样于已烘至恒重的称量皿中，置于真空烘箱内，将真空干燥箱连接真空泵，打开真空泵抽出烘箱内空气至所需压力 40～53.3kPa，并同时加热至所需温度（60℃±5℃），关闭真空泵上的活塞，停止抽气，使真空干燥箱内保持一定的温度和压力，经 4h 后，打开活塞，使空气经干燥装置缓缓通入至真空干燥箱内，待压力恢复正常后再打开。取出称量瓶，放入干燥器中 0.5h 后称量，并重复以上操作至前后两次质量差不超过 2mg，即为恒重。

(4) 结果计算　同直接干燥法。

(5) 精密度　在重复性条件下获得的两次独立测定结果的绝对差值不得超过算术平均值的 10 %。

(6) 说明及注意事项

① 真空烘箱内各部位温度要均匀一致，若干燥时间短时，更应严格控制。

② 减压干燥时，自烘箱内压力降至规定真空度时计算烘干时间。一般每次烘干为 2h，但有的样品需烘干 5h；恒重一般以减量不超过 0.5mg 时为标准，但对受热后易分解的样品则可以不超过 1～3mg 的减量值为恒重标准。

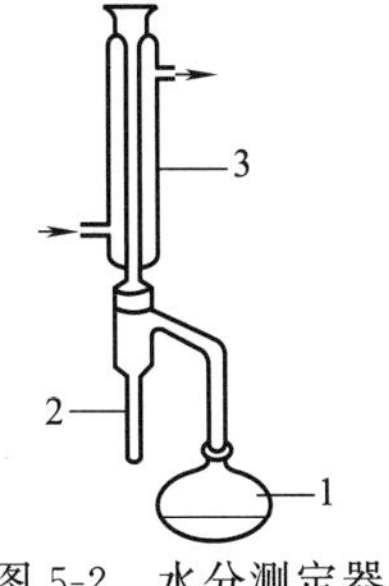

图 5-2　水分测定器

1—250mL 蒸馏瓶；2—有刻度的水分接收管；3—冷凝管

3. 蒸馏法

(1) 原理　利用食品中水分的物理化学性质，使用水分测定器将食品中的水分与甲苯或二甲苯共同蒸出，根据接收的水的体积计算出试样中水分的含量。本方法适用于含较多其他挥发性物质的食品，如油脂、香辛料等。

(2) 仪器及装置

① 水分测定器：如图 5-2 所示（带可调电热套）。水分接收管容量 5mL，最小刻度值 0.1mL，容量误差小于 0.1mL。

② 天平：感量为 0.1mg。

(3) 试剂　甲苯或二甲苯（化学纯）：取甲苯或二甲苯，先以水饱和后，分去水层，进行蒸馏，收集馏出液备用。

（4）分析步骤　准确称取适量试样（应使最终蒸出的水在 2～5mL，但最多取样量不得超过蒸馏瓶的 2/3），放入 250mL 锥形瓶中，加入新蒸馏的甲苯（或二甲苯）75mL，连接冷凝管与水分接收管，从冷凝管顶端注入甲苯，装满水分接收管。

加热慢慢蒸馏，使每秒的馏出液为两滴，待大部分水分蒸出后，加速蒸馏约每秒 4 滴，当水分全部蒸出后，接收管内的水分体积不再增加时，从冷凝管顶端加入甲苯冲洗。如冷凝管壁附有水滴，可用附有小橡胶头的铜丝擦干，再蒸馏片刻至接收管上部及冷凝管壁无水滴附着，接收管水平面保持 10min 不变为蒸馏终点，读取接收管水层的容积。

（5）结果计算　试样中水分的含量按下式进行计算。

$$X=\frac{V}{m}\times 100$$

式中　X——试样中水分的含量，mL/100g；

V——接收管内水的体积，mL；

m——试样的质量，g。

以重复性条件下获得的两次独立测定结果的算术平均值表示，结果保留三位有效数字。

（6）精密度　在重复性条件下获得的两次独立测定结果的绝对差值不得超过算术平均值的 10%。

三、仪器法

1. 卡尔·费休水分测定法

卡尔·费休（Karl·Fischer）法，简称费休法或 K-F 法，是一种以容量法测定水分的化学分析法，属于碘量法，是测定水分最专一、最准确的方法。

卡尔·费休法是一种既迅速又准确的测定水分含量的方法，广泛地应用于各种固体、液体及一些气体样品的水分含量的测定，都能得到满意的结果，该法也常被作为水分特别是痕量水分的标准分析法，用来校正其他测定方法。在食品检验中，凡是普通烘箱干燥法得到异常结果的样品，或是以真空烘箱干燥法进行测定的样品，都可采用该法进行测定。该法已广泛应用于面粉、糖果、人造奶油、巧克力、糖蜜、茶叶、乳粉、炼乳及香料等食品中水分的测定。

（1）原理　费休法测定水分的原理基于 I_2 氧化 SO_2 时，在有吡啶和甲醇共存时，1mol 碘只与 1mol 水作用，反应式为

$$(I_2+SO_2+3C_5H_5N+CH_3OH)+H_2O\longrightarrow 2C_5H_5N\cdot HI+C_5H_5N\cdot HSO_4CH_3$$

由上式可知 1mol 水需要 1mol 碘、1mol 二氧化硫和 3mol 吡啶及 1mol 甲醇。但实际使用的卡尔·费休试剂，其中的二氧化硫、吡啶、甲醇的用量都是过量的。例如，对于常用的卡尔·费休试剂，若以甲醇为溶剂，试剂浓度每毫升相当于 3.5mg 水，则试剂中各组分摩尔比为 $n(I_2):n(SO_2):n(C_5H_5N)=1:3:10$。

卡尔·费休试剂的有效浓度取决定于碘的浓度。新鲜配制的试剂，由于各种不稳定因素其有效浓度会不断降低。因此，新鲜配制的卡尔·费休试剂，混合后需放置一定的时间后才能使用，而且，每次使用前均需标定。

滴定终点的确定有两种方法：一种是用试剂本身所含的碘作为指示剂，试液中有水分存在时，显淡黄色，随着水分的减少在接近终点时显琥珀色，当刚出现微弱的黄棕色时，即为

滴定终点，棕色表示有过量的碘存在，该法适用于水分含量在1%以上的样品，所产生的误差并不大；另一种方法为双指示电极安培滴定法，又称永停滴定法，其原理是将两根相似的铂电极插在被滴样品溶液中，给两电极间施加10～25mV的电压，在开始滴定至终点前，因体系中存留碘化物而无游离状态的碘，电极间的极化作用使外电路中无电流通过（即微安表指针始终不动），而过量1滴卡尔·费休试剂滴入体系后，由于游离碘的出现使体系变为去极化，则溶液开始导电，外路有电流通过，微安表指针偏转一定刻度并稳定不变，即为终点，该法适用于测定含微量、痕量水分的样品或测定深色样品。

（2）仪器　KF-1型水分测定仪（上海化工研究院制）或SDY-84型水分滴定仪（上海医械专机厂制）。

（3）试剂

① 无水甲醇。要求其含水量在0.05%以下。取甲醇约200mL置干燥圆底烧瓶中，加光洁镁条15g与碘0.5g，接上冷凝装置，冷凝管的顶端和接收器支管上要装上无水氯化钙干燥管，当加热回流至金属镁开始转变为白色絮状的甲醇镁时，再加入甲醇800mL，继续回流至镁条溶解。分馏，用干燥的抽滤瓶作接收器，收集64～65℃馏分备用。

② 无水吡啶。要求其含水量在0.1%以下，吸取吡啶200mL于干燥的蒸馏瓶中，加40mL苯，加热蒸馏，收集110～116℃馏分备用。

③ 无水硫酸钠、硫酸。

④ 碘。将固体碘置硫酸干燥器内干燥48h以上。

⑤ 二氧化硫。采用钢瓶装的二氧化硫或用硫酸分解亚硫酸钠而制得。

⑥ 5A分子筛。

⑦ 水-甲醇标准溶液。每毫升含1mg水，准确吸取1mL水注入预先干燥的1000mL容量瓶中，用无水甲醇稀释至刻度，摇匀备用。

⑧ 卡尔·费休试剂。称取85g碘于干燥的1L具塞的棕色玻璃试剂瓶中，加入670mL无水甲醇，盖上瓶塞，摇动至碘全部溶解后，加入270mL吡啶混匀，然后置于冰水浴中冷却，通入干燥的二氧化硫气体60～70g，通气完毕后塞上瓶塞，放置暗处至少24h后使用。

标定：预先加入50mL无水甲醇于水分测定仪的反应器中，接通仪器电源，启动电磁搅拌器，先用卡尔·费休试剂滴入甲醇中使其尚残留的痕量水分与试剂作用达到计量点，即为微安表的一定刻度值（45μA或48μA），并保持1min内不变，不记录卡尔·费休试剂的消耗量。然后用10μL的微量注射器从反应器的加料口（橡皮塞住）缓缓注入10μL蒸馏水（相当于0.01g水，可先用天平称量校正，亦可用减量法滴瓶称取0.01g水于反应器中），此时微安表指针偏向左边接近零点，用卡尔·费休试剂滴定至原定终点，记录卡尔·费休试剂消耗量。

（4）结果计算　卡尔·费休试剂对水的滴定度T(mg/mL）用下式计算：

$$T=\frac{G\times1000}{V}$$

式中　T——卡尔·费休试剂的滴定度，mg/mL；

G——水的质量，g；

V——滴定消耗卡尔·费休试剂的体积，mL。

（5）操作步骤

① 样品前处理。对于固体样品，如糖果必须事先粉碎均匀，视各种样品含水量不同，一般每份被测样品中含水20～40mg为宜。准确称取0.3～0.5g样品置于称样瓶中。

② 测定。在水分测定仪的反应器中加入50mL无水甲醇，使其完全淹没电极，并用卡尔·费休试剂滴定50mL甲醇中的痕量水分，滴定至微安表指针的偏转程度与标定卡尔·费休试剂操作中的偏转情况相当并保持1min不变时（不记录试剂用量），打开加料口迅速将称好的试样加入反应器中，立即塞上橡皮塞，开动电磁搅拌器使试样中的水分完全被甲醇所萃取，用卡尔·费休试剂滴定至原设定的终点并保持1min不变，记录试剂的用量（mL）。

（6）结果计算

$$X=\frac{TV}{W}\times 100$$

式中　X——试样中水分的含量，g /100g；

T——卡尔·费休试剂对水的滴定度，mg/mL；

V——滴定所消耗的卡尔·费休试剂体积，mL；

W——样品质量，g。

水分含量≥1g/100g时，计算结果保留三位有效数字；水分含量＜1g/100g时，计算结果保留两位有效数字。

（7）精密度　在重复性条件下获得的两次独立测定结果的绝对差值不得超过算术平均值的10%。

（8）说明及注意事项

① 卡尔·费休法只要有现成仪器及配制好的试剂，它是快速而准确的测定水分的方法，除用于食品分析外，还用于测定化肥、医药以及其他工业产品中的水分含量。

② 固体样品细度以40目为宜。最好用粉碎机处理而不用研磨机，以防水分损失，另外粉碎样品时保证其含水量均匀也是获得准确分析结果的关键。

③ 5A分子筛供装入干燥塔或干燥管中干燥氮气或空气使用。

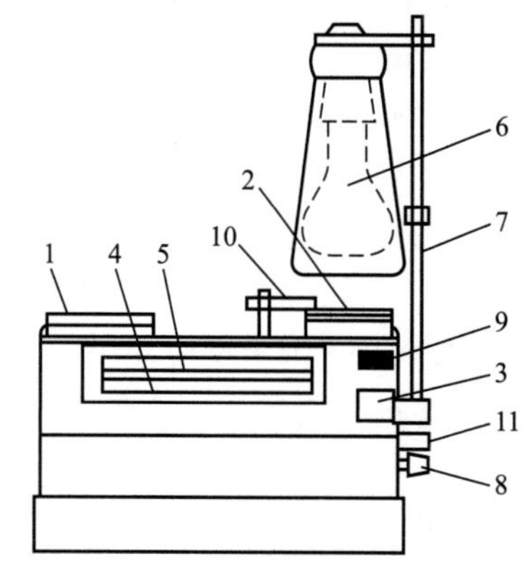

图5-3　简易红外线水分测定仪

1—砝码盘；2—试样皿；3—平衡指针；4—水分指针；5—水分刻度；6—红外线灯管；7—灯管支架；8—调节水分指针的旋钮；9—平衡刻度盘；10—温度计；11—调节温度的旋钮

④ 无水甲醇及无水吡啶适合加入无水硫酸钠保存。

⑤ 试验证明，对于含有诸如维生素C等强还原性组分的样品不宜用此法测定。

⑥ 试验表明，卡尔·费休法测定糖样品的水分等于烘箱干燥法测定的水分加上干燥法烘过的样品再用卡尔·费休法测定的残留水分，由此说明卡尔·费休法不仅可测得样品中的自由水，而且可测出其结合水，即此法所得结果能更客观地反映出样品总水分。

2. 红外线干燥法——快速测定水分的方法

（1）原理　以红外线发热管为热源，通过红外线的辐射热和直射热加热试样，高效迅速地使水分蒸发，样品干燥过程中，红外线水分测定仪的显示屏上直接显示出水分变化过程，直至达到恒定值即为样品水分含量。

（2）仪器　红外线水分测定仪有多种型号。图5-3是简易红外线水分测定仪，此仪器由红外线灯和架盘天平两部分组成。

(3) 操作步骤

① 仪器。将样品置样品皿上摊平，仪器自动校准内置砝码，在键盘上选择干燥温度，开始干燥。测定温度范围是 40～160℃，样品量的允许范围是 0～40g，测定的精度为 0.1mg。

② 测定。准确称取适量（3～5g）试样在样品皿上摊平，在砝码盘上添加与被测试样质量完全相等的砝码使达到平衡状态。调节红外灯管的高度及其电压（能使得试样在 10～15min 内干燥完全为宜），开启电源，进行照射电源，进行照射使样品水分蒸发，此时样品质量则逐步减轻，相应地刻度板的平衡指针不断向上移动，随着照射时间的延长，指针的偏移越来越大，为使指针回到刻度板零点位置，可移动装有重锤的水分指针，直至平衡指针恰好又回到刻度板零位，此时水分指针的读数即为所测样品的水分含量。

(4) 说明及注意事项

① 市售红外线水分测定仪有多种型式，除上述仪器外，还有的与烘箱一样装有外圆筒与门，有的则具有调节电压、定时、测定数值显示等多种功能。但基本上都是先规定测得结果与标准法测得结果相同的测定条件后再使用。即使备有数台同一型号的仪器，也需通过测定已知水分含量的标准样进行校正，更换灯管后，也要进行校正。

② 试样可直接放入试样皿中，也可将其先放在铝箔上称量，再连同铝箔一起放在试样皿上。黏性、糊状的样品放在铝箔上摊平即可。

③ 调节灯管高度时，开始要低，中途再升高；调节灯管电压则开始要高，随后再降低。这样既可防止试样分解，又能缩短干燥时间。

④ 根据测定仪的精密度与方法本身的准确程度，分析结果精确到 0.1%即可。

3. 微波水分测定仪法——AOAC 法

(1) 原理　微波是指频率范围为 $1\times10^3\sim3\times10^5$MHz（波长为 0.1～30cm）的电磁波。当微波通过含水样品时，因微波能把水分从样品中驱除而引起样品质量的损耗，在干燥前和干燥后用电子天平读数来测定失去的质量，并且用数字百分读数的微处理机将失去的质量换算成水分含量。

(2) 仪器　微波水分分析仪仪器最低检出量为 0.2mg 水分。水分占固体含量的范围为 0.1%～99.9%，读数精度 0.01%，包括自动配衡的电子天平、微波干燥系统和数字微处理机。

(3) 样品制备

① 奶酪。将块状样品切成条状，通过食品切碎机 3 次，也可将样品放在食品切碎机内捣碎或切割得很细，再充分混匀。对于含奶油的松软奶酪或类似奶酪，在低于 15℃取 300～600g，放入高速均质器的杯子中，按得到均质混合物的最少时间进行均质。最终温度不应超过 25℃。这需要经常停顿均质器，并用小勺将奶酪舀回到搅刀之中再开启均质器。

② 肉和肉制品。为了防止制备样品时和随后的操作中样品水分的损失，样品不能太少。磨碎的样品要保存在带盖、不漏气、不漏水的容器中。分析用样品的制备如下。

a. 新鲜肉、干肉、腿肉和熏肉等。尽可能剔去所有骨头，迅速通过食品切碎机 3 次（切碎机出口板的孔径不大于 3mm）。一定要将切碎的样品充分混匀。

b. 罐装肉。将罐内所有的内容物按①的方法通过食品切碎机或斩拌机。

c. 香肠。从肠衣中取出内容物，按①的方法通过食品切碎机或斩拌机。

③ 番茄制品。番茄汁取 4g；番茄浓汤（固形物为 10%～15%）取 2g；番茄酱（固形物

达30%以上）用水按下列方法之一进行1+1稀释，在微型杯搅拌机中搅拌，在密闭瓶中振摇，用橡胶刮铲搅混后，取2g稀释样品。

（4）操作步骤　将带有玻璃纤维垫和聚四氟乙烯的平皿置于微波炉内部的称量器上，去皮重后调至零点。将10.00g样品均匀涂布于平皿的表面，在聚四氟乙烯圈上盖以玻璃纸，将平皿放在微波炉膛内的称量台上。关上炉门，将定时器定在2.25min，电源定在74%单位。启动检测器，当仪器停止后，直接读取样品水分的百分含量。

定期地按样品分析要求进行校正，当一些样品所得值超过2倍标准偏差时，才有必要进行调整，调整时间和电源，使之保持相应的值。

（5）说明及注意事项

① 本法是近年发展的新技术，适用于奶酪、肉及肉制品中水分含量的测定。

② 对于不同品种的食品，时间设定与能量比率均有不同。奶酪食品，电源能量定为74%单位，定时器定在2.25min；肉及肉制品，电源微波能量定于80%～100%单位，定时为3～5min；番茄制品，电源微波能量定于100%单位，定时为4min。

③ 对于某些不同种类的食品，需要附加调整系数来取得准确的结果数据。例如，熟香肠、混合肉馅、淹、熏、烤等方法加工处理过的熟肉，系数为0.05%。

第二节　灰分的测定

一、概述

食品经灼烧后的残留物叫做灰分。

灰分中的无机成分与食品中原有的无机成分并不完全相同。食品在灼烧时，一些易挥发的元素，如氯、碘、铅等会挥发散失，磷、硫以含氧酸的形式挥发散失，使部分无机成分减少。而食品中的有机组分，如碳，则可能在一系列的变化中形成了无机物——碳酸盐，又使无机成分增加了。所以，灰分并不能准确地表示食品中原有的无机成分的总量。严格说来，应该把灼烧后的残留物叫做粗灰分。

灰分测定的内容包括：总灰分、水溶性灰分、水不溶性灰分、酸不溶性灰分等。

常见食品中灰分含量见表5-2。

表5-2　常见食品中灰分含量

种　类	牛　乳	乳　粉	脱脂乳粉	鲜　肉	鲜鱼(可食部分)	稻　谷	小　麦	大　豆	玉　米
灰分含量/%	0.6～0.7	5.0～5.7	7.8～8.2	0.5～1.2	0.8～2.0	5.3	1.95	4.7	1.5

例如，生产面粉时，其加工精度可由灰分含量来表示，面粉的加工精度越高，灰分含量越低。富强粉灰分含量为0.3%～0.5%；标准粉为0.6%～0.9%；全麦粉为1.2%～2.0%。因此，可根据成品粮灰分含量高低来检验其加工精度和品质状况。生产果胶、明胶之类胶质品时，灰分是这些制品胶冻性能的标志。

水溶性灰分反映的是可溶性的钾、钠、钙、镁等的含量。例如，果酱、果冻等制品中的灰分含量；水不溶性灰分反映的是污染泥沙和铁、铝等氧化物及碱土金属的碱式磷酸盐的含量。酸不溶性灰分反映的是污染泥沙和食品组织中存在的微量硅的含量。

测定灰分具有十分重要的意义。不同的食品，因原料、加工方法不同，测定灰分的条件不同，其灰分的含量也不相同，但当这些条件确定以后，某种食品中灰分的含量常在一定范围内，若超过正常范围，则说明食品生产中使用了不符合卫生标准要求的原料或食品添加剂，或在食品的加工、储运过程中受到了污染。灰分是某些食品重要的控制指标，也是食品常规检验的项目之一。

二、总灰分的测定

1. 原理

将一定量的样品经炭化后放入高温炉内灼烧，有机物中的碳、氢、氮被氧化分解，以二氧化碳、氮的氧化物及水等形式逸失，另有少量的有机物经灼烧后生成的无机物，以及食品中原有的无机物均残留下来，这些残留物即为灰分。对残留物进行称量即可检测出样品中总灰分的含量。

2. 仪器

高温炉、坩埚、坩埚钳、分析天平（感量0.0001g）、干燥器。

3. 试剂

1∶4盐酸溶液、5g/L三氯化铁溶液和等量蓝墨水的混合液、6mol/L HNO_3、36%过氧化氢、辛醇或纯植物油。

4. 操作条件的选择

（1）灰化容器　通常以素烧瓷坩埚作为灰化的容器。它的物理和化学性质与石英坩埚相同，具有耐高温、内壁光滑、耐酸、价格低廉等优点，但在温度骤变时易破裂，抗碱性能差，当灼烧碱性食品时，瓷坩埚内壁釉层会部分溶解，反复多次使用后，难以达到恒重，在这种情况下宜使用新的瓷坩埚，或使用铂坩埚等其他灰化容器。

灰化容器的大小应根据样品的性状来选用，液态样品、加热易膨胀的含糖样品及灰分含量低、取样量较大的样品，需选用稍大些的坩埚，但灰化容器过大会使称量误差增大。

（2）取样量　测定灰分时，取样量应根据样品的种类、性状及灰分含量的高低来确定。谷类及豆类、鲜果、蔬菜、鲜肉、鲜鱼、乳粉、精糖（0.01%）取样时应考虑称量误差，以灼烧后得到的灰分质量为10～100mg来确定称样量。通常乳粉、麦乳精、大豆粉、调味料、鱼类及海产品等取1～2g，谷类及其制品、肉及其制品、糕点、牛乳等取3～5g，蔬菜及其制品、砂糖及其制品、淀粉及其制品、蜂蜜、奶油等取5～10g，水果及其制品取20g，油脂取50g。

（3）灰化温度　灰化温度一般在500～550℃范围内，各类食品因其中无机成分的组成、性质及含量各不相同，灰化的温度也有所不同。果蔬及其制品、肉及肉制品、糖及糖制品不大于525℃；谷类食品、乳制品（奶油除外）、鱼类、海产品、酒不大于550℃；奶油不大于500℃；个别样品（如谷类饲料）可以达到600℃。根据食品的种类、测定精度的要求等因素，选择合适的灰化温度，在保证灰化完全的前提下，尽可能减少无机成分的挥发损失和缩短灰化时间。

（4）灰化时间　一般要求灼烧至灰分显白色或浅灰色并达到恒重为止（含铁量高的食品，残灰显褐色；含锰、铜量高的食品，残灰显蓝绿色）。灰化至达到恒重的时间因样品的不同而异。一般需要灰化2～5h。

（5）加速灰化的方法　对于难灰化的样品，可以采取下述方法来加速灰化的进行。

① 样品初步灼烧后，取出冷却，加入少量的水，使水溶性盐类溶解，被熔融磷酸盐所包裹的炭粒重新游离出来。在水浴上加热蒸去水分，置120～130℃烘箱中充分干燥，再灼烧至恒重。

② 添加硝酸、乙醇、过氧化氢、碳酸铵等，这些物质在灼烧后完全消失，不增加残灰质量。例如，样品经初步灼烧后，冷却，可逐滴加入硝酸（1∶1）约 4～5 滴，以加速灰化。

③ 添加碳酸钙、氧化镁等惰性不溶物（MgO 熔点为 2800℃），这类物质的作用纯属机械性的，它们与灰分混在一起，使炭粒不受覆盖。采用此法应同时做空白试验。

5. 操作步骤

（1）瓷坩埚的准备　将瓷坩埚用 1∶4 的盐酸煮 1～2h，洗净晾干后，用三氯化铁与蓝墨水的等体积混合液在坩埚外壁及盖上编号，置于 500～550℃的高温炉中灼烧 0.5～1h，移至炉口，冷却至 200℃以下，取出坩埚，置于干燥器中冷却至室温，称重，再放入高温炉内灼烧 0.5h，取出冷却称量，直至恒重（两次称量之差不超过 0.5mg）。

（2）样品预处理

① 谷类、豆类等水分含量较少的固体样品。先粉碎成均匀的试样，取适量试样于已知质量的坩埚中再进行炭化。

② 果蔬、动植物等含水量较多的样品。应先制成均匀的试样，再准确称取适量试样于已知质量的坩埚中，置于烘箱中干燥，再进行炭化。也可取测定水分含量后的干燥试样直接进行炭化。

③ 果汁、牛乳等液体样品。先准确称取适量试样于已知质量的坩埚中，于水浴上蒸发至近干，再进行炭化。若直接炭化，液体沸腾，容易造成样品溅失。

④ 脂肪含量高的样品。先制成均匀试样，准确称取适量试样，经提取脂肪后，再将残留物移入已知质量的坩埚中，进行炭化。

（3）炭化　试样经预处理后，在灼烧前要先进行炭化，否则在灼烧时，因温度高，试样中的水分急剧蒸发使试样飞溅；糖、蛋白质、淀粉等易发泡膨胀的物质在高温下发泡膨胀而溢出坩埚；且直接灼烧，炭粒易被包住，使灰化不完全。

将坩埚置于电炉或煤气灯上，半盖坩埚盖，小心加热使试样在通气状态下逐渐炭化，直至无烟产生。易膨胀发泡样品，在炭化前，可在试样上酌情加数滴纯植物油或辛醇后再进行炭化。

（4）灰化　将炭化后的样品移入灰化炉中，在 550℃±25℃灼烧 4h，直至炭粒全部消失，待温度降至 200℃左右，取出坩埚，放入干燥器中冷却至室温，准确称量。再灼烧、冷却、称量，直至达到恒重。若后一次质量增加时，则取前一次质量计算结果。重复灼烧至前后两次称置相差不超过 0.5mg 为恒重

6. 计算

$$X_1=\frac{m_1-m_2}{m_3-m_2}\times 100$$

式中　X_1——灰分的含量，g/100g；

m_1——空坩埚和灰分质量，g；

m_2——空坩埚质量，g；

m_3——坩埚和试样的质量，g。

试样中灰分含量≥10g/100g 时，试样称样量为 2～3g，保留三位有效数字；试样中灰分含量＜10g/100g 时，试样称样量为 3～10g，保留两位有效数字。

精密度：在重复性条件下获得的两次独立测定结果的绝对差值不得超过算术平均值的 5%。

7. **注意事项**

① 试样粉碎细度不宜过细，且样品在坩埚内不要放得很紧密，炭化要缓慢进行，温度要逐渐升高，以免氧化不足或试样被气流吹逸，同时也会引起磷、硫的损失。

② 温度过高地强烈灼烧常会引起硅酸盐的熔融，遮盖炭粒表面，使氧气被隔绝而妨碍炭的完全氧化。若遇此情况必须停止灼烧，应冷却坩埚，用几滴热蒸馏水溶解被熔融的灰分，烘干坩埚，重新灼烧。如此仍得不到良好结果，则应重作试验。

③ 灼烧完毕后先将高温炉电源关闭，打开炉门，待温度降至200℃左右方能取出坩埚。取出须在炉口处稍加冷却，否则坩埚容易因骤冷而破裂。

④ 高温炉的灼烧室应保持清洁，定期检查电炉、热电偶和控制器之间的连接导线接触是否良好，仪表指针有否摆动、呆滞和卡住等现象。

⑤ 在操作过程中，若热电偶温度计或其他仪表失灵，可根据炉膛红热程度粗略估计温度，使之继续工作。

开始红热时	480～530℃	暗红时	640～700℃
浅红时	840～960℃	黄红时	940～1100℃

三、乙酸镁法测定总灰分（GB 5009.4—2016）

1. **原理**

乙酸镁法与550℃灼烧法一样，是利用灰化法原理破坏有机物而保留试样中矿物质。为提高灼烧温度，避免发生熔融现象，样品中加入助燃剂（如乙酸镁、乙酸钙等），使灼烧时试样疏松，氧气易于流通，以缩短灰化时间。

2. **仪器**

100mL细口瓶；玻璃棒；5mL移液管；高温炉：最高使用温度≥950℃；分析天平：感量分别为0.1mg、1mg、0.1g；石英坩埚或瓷坩埚；干燥器（内有干燥剂）；电热板；恒温水浴锅：控温精度±2℃。

3. **试剂**

乙酸镁[$(CH_3COO)_2Mg \cdot 4H_2O$]：分析纯。

浓盐酸（HCl）。

乙酸镁酒精溶液（80g/L）：称取8g乙酸镁[$Mg(CH_3COO)_2 \cdot 4H_2O$]，加水溶解并定容至100mL，混匀。

乙酸镁酒精溶液（240g/L）：称取24g乙酸镁[$Mg(CH_3COO)_2 \cdot 4H_2O$]，加水溶解并定容至100mL，混匀。

10%盐酸溶液：量取24mL分析纯浓盐酸用蒸馏水稀释至100mL。

4. **操作步骤**

（1）坩埚预处理

① 对含磷量较高的食品和其他食品。取大小适宜的石英坩埚或瓷坩埚置高温炉中，在550℃±25℃下灼烧30min，冷却至200℃左右，取出，放入干燥器中冷却30min，准确称量。重复灼烧至前后两次称量相差不超过0.5mg为恒重。

② 对淀粉类食品。先用沸腾的稀盐酸洗涤，再用大量自来水洗涤，最后用蒸馏水冲洗。将洗净的坩埚置于高温炉内，在900℃±25℃下灼烧30min，并在干燥器内冷却至室温，称重，精确至0.0001g。

（2）称样

① 对含磷量较高的食品和其他食品。灰分大于或等于 10g/100g 的试样称取 2～3g（精确至 0.0001g）；灰分小于 10g/100g 的试样称取 3～10g（精确至 0.0001g，对于灰分含量更低的样品可适当增加称样量）。

② 对淀粉类食品。迅速称取样品 2～10g（马铃薯淀粉、小麦淀粉以及大米淀粉至少称 5g，玉米淀粉和木薯淀粉称 10g），精确至 0.0001g。将样品均匀分布在坩埚内，不要压紧。

（3）测定

① 测含磷量较高的豆类及其制品、肉禽及其制品、蛋及其制品、水产及其制品、乳及乳制品。称取试样后，加入 1.00mL 乙酸镁溶液（240g/L）或 3.00mL 乙酸镁溶液（80g/L），使试样完全润湿。放置 10min 后，在水浴上将水分蒸干，在电热板上以小火加热使试样充分炭化至无烟，然后置于高温炉中，在 550℃±25℃灼烧 4h。冷却至 200℃左右，取出，放入干燥器中冷却 30min，称量前如发现灼烧残渣有炭粒时，应向试样中滴入少许水湿润，使结块松散，蒸干水分再次灼烧至无炭粒即表示灰化完全，方可称量。重复灼烧至前后两次称量相差不超过 0.5mg 为恒重。

吸取 3 份与上述相同浓度和体积的乙酸镁溶液，做 3 次试剂空白试验。当 3 次试验结果的标准偏差小于 0.003g 时，取算术平均值作为空白值。若标准偏差大于或等于 0.003g 时，应重新做空白值试验。

② 测淀粉类食品。将坩埚置于高温炉口或电热板上，半盖坩埚盖，小心加热使样品在通气情况下完全炭化至无烟，即刻将坩埚放入高温炉内，将温度升高至 900℃±25℃，保持此温度直至剩余的炭全部消失为止，一般 1h 可灰化完毕，冷却至 200℃左右，取出，放入干燥器中冷却 30min，称量前如发现灼烧残渣有炭粒时，应向试样中滴入少许水湿润，使结块松散，蒸干水分再次灼烧至无炭粒即表示灰化完全，方可称量。重复灼烧至前后两次称量相差不超过 0.5mg 为恒重。

③ 测其他食品。液体和半固体试样应先在沸水浴上蒸干。固体或蒸干后的试样，先在电热板上以小火加热使试样充分炭化至无烟，然后置于高温炉中，在 550℃±25℃灼烧 4h。冷却至 200℃左右，取出，放入干燥器中冷却 30min，称量前如发现灼烧残渣有炭粒时，应向试样中滴入少许水湿润，使结块松散，蒸干水分再次灼烧至无炭粒即表示灰化完全，方可称量。重复灼烧至前后两次称量相差不超过 0.5mg 为恒重。

5. 结果计算

$$X_1=\frac{m_1-m_2}{m_3-m_2}\times 100 \tag{1}$$

$$X_2=\frac{m_1-m_2-m_0}{m_3-m_2}\times 100 \tag{2}$$

式中 X_1——（测定时未加乙酸镁溶液）试样中灰分的含量，g/100g；

X_2——（测定时加入乙酸镁溶液）试样中灰分的含量，g/100g；

m_0——氧化镁（乙酸镁灼烧后生成物）的质量，g；

m_1——坩埚和灰分的质量，g；

m_2——坩埚的质量，g；

m_3——坩埚和试样的质量，g。

试样中灰分含量≥10g/100g 时，保留三位有效数字；试样中灰分含量＜10g/100g 时，保留两位有效数字。

6. **精密度**

在重复性条件下获得的两次独立测定结果的绝对差值不得超过算术平均值的5%。

四、水溶性灰分和水不溶性灰分的测定

在测定总灰分所得的残留物中，加水25mL，盖上表面皿，加热至近沸，以无灰滤纸过滤，以25mL热水分次洗涤坩埚，将滤纸和残渣移回坩埚中，再进行干燥、炭化、灼烧、冷却、称量直至恒重。

残灰即为水不溶性灰分，总灰分与不溶性灰分之差即为水溶性灰分。按下式计算水溶性灰分和水不溶性灰分的含量。

$$w(\text{水不溶性灰分})=\frac{m_4-m_1}{(m_2-m_1)(100-X)}\times 100\%$$

式中　w——水不溶性灰分含量，%；

m_4——水不溶性灰分和坩埚的质量，g。

其他符号意义同总灰分的计算。

$$w(\text{水溶性灰分})=w(\text{总灰分})-w(\text{水不溶性灰分})$$

五、酸不溶性灰分的测定

向总灰分或水不溶灰分中加入25mL 0.1mol/L的盐酸。以下操作同水溶性灰分的测定，按下式计算酸不溶性灰分含量。

$$w(\text{酸不溶性灰分})=\frac{m_5-m_2}{(m_3-m_2)(100-X)}\times 100\%$$

式中　w——酸不溶性灰分含量，%；

m_5——酸不溶性灰分和坩埚的质量，g。

其他符号意义与总灰分的测定相同。

第三节　食品中酸类物质的测定

一、概述

食品中的酸性物质包括有机酸、无机酸、酸式盐以及某些酸性有机化合物（如单宁、蛋白质分解产物等）。这些酸有的是食品中本身固有的，例如果蔬中含有苹果酸、柠檬酸、酒石酸、醋酸、草酸，鱼肉类中含有乳酸等；有的是外加的，如配制型饮料中加入的柠檬酸；有的是因发酵而产生的，如酸奶中的乳酸。

食品中存在的酸类物质对食品的色、香、味、成熟度、稳定性和质量的好坏都有影响。例如，水果加工过程中降低介质的pH可以抑制水果的酶促褐变，从而保持水果的本色，果蔬中的有机酸使食品具有浓郁的水果香味，而且还可以改变水果制品的味感，刺激食欲，促进消化，并有一定的营养价值，在维持人体的酸碱平衡方面起着显著作用。根据果蔬中酸度和糖的相对含量的比值可以判断果蔬的成熟度，如柑橘、番茄等随着成熟度的增加其糖酸比增大，口感变好。

食品中存在的酸类物质不仅可以判断食品的成熟度，还可以判断食品的新鲜程度以及是否腐败。当醋酸含量在0.1%以上时则说明制品已腐败；牛乳及其制品、番茄制品、啤酒等乳酸含量高时，说明这些制品已由乳酸菌引起腐败；水果制品中含有游离的半乳糖醛酸时，说明已受到污染开始霉烂。新鲜的油脂常常是中性的，随着脂肪酶水解作用的进行，油脂中游离脂肪酸的含量不断增加，其新鲜程度也随之下降。油脂中游离脂肪酸含量的多少，是其品质好坏和精炼程度的重要指标之一。食品中的酸类物质还具有一定的防腐作用。当pH<2.5时，一般除霉菌外，大部分微生物的生长都受到抑制，将醋酸的浓度控制在6%时，可有效地抑制腐败菌的生长。所以，食品中酸度的测定，对食品的色、香、味、稳定性和质量具有重要的意义。

酸度可分为总酸度、有效酸度和挥发酸度。总酸度是指食品中所有酸性物质的总量，包括离解的和未离解的酸的总和，常用标准碱溶液进行滴定，并以样品中主要代表酸的质量分数来表示，故总酸又称可滴定酸度。有效酸度是指样品中呈游离状态的氢离子的浓度（准确地说应该是活度），常用pH表示。用pH计（酸度计）测定。挥发酸是指易挥发的有机酸，如醋酸、甲酸及丁酸等可通过蒸馏法分离，再用标准碱溶液进行滴定。

二、总酸度的测定（滴定法）

本法适于各类色泽较浅的食品中总酸含量的测定。

1. 原理

食品中的有机弱酸用标准碱液进行滴定时，被中和生成盐类。

$$RCOOH + NaOH \longrightarrow RCOONa + H_2O$$

以酚酞作为指示剂，滴定至溶液显淡红色，0.5min不褪色为终点。根据所消耗的标准碱液的浓度和体积，计算出样品中酸的含量。

2. 试剂

（1）0.1mol/L NaOH标准溶液的配制　称取6g氢氧化钠，用约10mL水迅速洗涤表面，弃去溶液，随即将剩余的氢氧化钠（约4g）用新煮沸并经冷却的蒸馏水溶解，并稀释至1000mL，摇匀待标定。

标定：精确称取0.4～0.6g（准确至0.0001g）在110～120℃干燥至恒重的基准物邻苯二甲酸氢钾，于250mL锥形瓶中，加50mL新煮沸过的冷蒸馏水，振摇溶解，加2滴酚酞指示剂，用0.1mol/L NaOH标准溶液滴定至溶液显微红色，30s不褪色。同时做空白试验。

计算：

$$c=\frac{m\times 1000}{(V_1-V_2)\times 204.2}$$

式中　c——氢氧化钠标准溶液的浓度，mol/L；

m——基准物邻苯二甲酸氢钾的质量，g；

V_1——标定时所耗用氢氧化钠标准溶液的体积，mL；

V_2——空白试验所耗用氢氧化钠标准溶液的体积，mL；

204.2——邻苯二甲酸氢钾的摩尔质量，g/mol。

（2）10g/L酚酞指示剂　称取酚酞1g溶解于100mL95%乙醇中。

3. 操作步骤

（1）样品处理

① 固体样品。若是果蔬及其制品，需去皮、去柄、去核后，切成块状，置于组织捣碎机中捣碎并混匀。取适量样品（视其总酸含量而定），用150mL无CO_2蒸馏水（果蔬干品须加入8～9倍无CO_2蒸馏水），将其移入250mL容量瓶中，在75～80℃的水浴上加热0.5h（果脯类在沸水浴上加热1h），冷却定容，干燥过滤，弃去初滤液25mL，收集滤液备用。

② 含CO_2的饮料、酒类。将样品置于40℃水浴上加热30min，以除去CO_2，冷却后备用。

③ 不含CO_2的饮料、酒类或调味品。混匀样品，直接取样，必要时加适量的水稀释（若样品浑浊，则须过滤）。

④ 咖啡样品。取10g经粉碎并通过40目筛的样品，置于锥形瓶中，加入75mL 80%的乙醇，加塞放置16h，并不时摇动，过滤。

⑤ 固体饮料。称取5～10g样品于研钵中，加少量无CO_2蒸馏水，研磨成糊状，用无CO_2蒸馏水移入250mL容量瓶中定容，充分摇匀，过滤。

（2）滴定　准确吸取已制备好的滤液50mL于250mL锥形瓶中，加3～4滴酚酞指示剂，用0.1mol/L NaOH标准溶液滴定至微红色0.5min不褪色，记录消耗0.1mol/L NaOH标准溶液的体积（mL）。

4. 结果计算

$$x=\frac{cVK}{m}\times\frac{V_0}{V_1}\times 100\%$$

式中　x——总酸度，%；

c——NaOH标准溶液的浓度，mol/L；

V——消耗NaOH标准溶液的体积，mL；

m——样品的质量或体积，g或mL；

V_0——样品稀释液总体积，mL；

V_1——滴定时吸取样液体积，mL；

K——换算成适当酸的系数。其中：苹果酸为0.067、醋酸为0.060、酒石酸为0.075、乳酸为0.090、柠檬酸（含1分子水）为0.070。

5. 说明

① 食品中含有多种有机酸，总酸度测定的结果一般以样品中含量最多的酸来表示。柑橘类果实及其制品和饮料以柠檬酸表示；葡萄及其制品以酒石酸表示；苹果、核果类果实及其制品和蔬菜以苹果酸表示；乳品、肉类、水产品及其制品以乳酸表示；酒类、调味品以乙酸表示。

② 食品中的有机酸均为弱酸，用强碱（NaOH）滴定时，其滴定终点偏碱，一般在pH8.2左右，所以，可选用酚酞作为指示剂。

③ 若滤液有颜色（如带色果汁等），使终点颜色变化不明显，从而影响滴定终点的判断，可加入约同体积的无CO_2蒸馏水稀释，或用活性炭脱色，用原样液对照，以及用外指示剂法等方法来减少干扰。对于颜色过深或浑浊的样液，可用电位滴定法进行测定。

三、挥发酸的测定

食品中的挥发酸主要是指醋酸和痕量的甲酸、丁酸等一些低碳链的直链脂肪酸。原料本身所含有一部分挥发酸，在正常生产的食品中，挥发酸的含量较为稳定，如果在生产中使用了不合格的原料，或违反正常的工艺操作，都将会因为糖的发酵而使挥发酸含量增加，从而降低了食品的品质。所以，挥发酸的含量是某些食品的一项重要的控制指标。

挥发酸的测定可用直接法和间接法。直接法是通过水蒸气蒸馏或溶剂萃取把挥发酸分离出来，再用标准碱进行滴定；间接法是将挥发酸蒸发除去后，用标准碱滴定不挥发酸，最后从总酸度中减去不挥发酸，便是挥发酸的含量。直接法操作方便，较常用，适用于挥发酸含量比较高的样品。若蒸馏液有所损失或被污染，或样品中挥发酸含量较低时，应选用间接法。下面介绍在食品分析中常用的水蒸气蒸馏法测定挥发酸含量的方法。

水蒸气蒸馏法适用于各类饮料、果蔬及其制品（如发酵制品、酒类等）中挥发酸含量的测定。

1. 原理

样品经适当处理，加入适量的磷酸使结合态的挥发酸游离出来，用水蒸气蒸馏使挥发酸分离，经冷凝、收集后，用标准碱溶液滴定，根据所消耗的标准碱溶液的浓度和体积，计算挥发酸的含量。

2. 试剂与仪器

（1）0.1mol/L NaOH 标准溶液　同总酸度的测定。

（2）10g/L 酚酞指示剂　同总酸度的测定。

（3）100g/L 磷酸溶液　称取 10.0g 磷酸，用少量无 CO_2 蒸馏水溶解，并稀释至 100mL。

（4）仪器装置　水蒸气蒸馏装置（见图 5-4）。

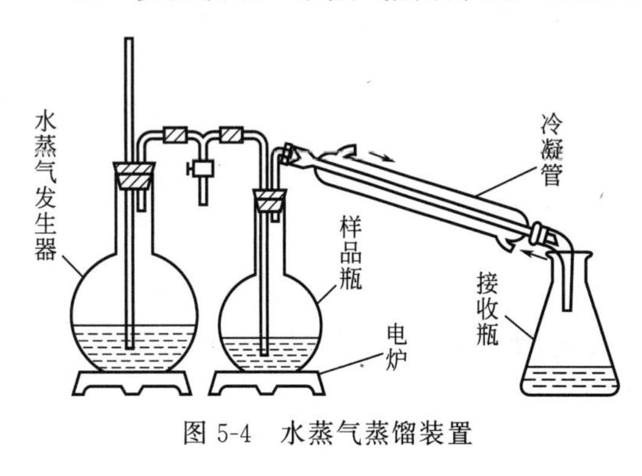

图 5-4　水蒸气蒸馏装置

3. 操作步骤

称取 2～3g（视挥发酸含量的多少酌情增减）搅碎混匀的样品，用 50mL 新煮沸的蒸馏水将样品全部洗入 250mL 圆底烧瓶中，加 100g/L 磷酸溶液 1mL，连接水蒸气蒸馏装置，通入水蒸气使挥发酸蒸馏出来。加热蒸馏至馏出液 300mL 为止。将馏出液加热至 60～65℃，加入 3 滴酚酞指示剂，用 0.1mol/L NaOH 标准溶液滴定至微红色 0.5min 不褪色即为终点。用相同的条件做空白试验。

4. 结果计算

$$w=\frac{(V_1-V_2)c\times 0.06}{m}\times 100\%$$

式中　w——挥发酸质量分数（以醋酸计），%；

V_1——滴定样液消耗 NaOH 标准溶液的体积；

V_2——滴定空白消耗 NaOH 标准溶液的体积；

c——NaOH 标准溶液的浓度，mol/L；

0.06——1mmol CH_3COOH 的毫摩尔质量，g/mmol；

m——样品的质量或体积，g 或 mL。

5. 说明

① 蒸馏前蒸气发生瓶中的水应先煮沸 10min，以排除其中的 CO_2，并用蒸气冲洗整个

蒸馏装置。

② 整套蒸馏装置的各个连接处应密封，切不可漏气。

③ 滴定前将馏出液加热至60～65℃，使其终点明显，加快反应速度，缩短滴定时间，减少溶液与空气的接触，提高测定精度。

四、有效酸度（pH）的测定

常用的测定溶液pH的方法有两种：比色法和电位法（pH计法）。

比色法是利用不同的酸碱指示剂来显示pH。由于各种不同酸碱指示剂在不同的pH范围内显示不同的颜色，因此，可以用不同指示剂的混合物显示各种不同的颜色来指示溶液的pH。常用的pH试纸就属于这一类，它具有简便、经济、快速等优点，但结果不甚准确，仅能粗略地估计各类样液的pH。

电位法（pH计法），适用于各类饮料、果蔬及其制品，以及肉、蛋类等食品中pH的测定。它具有准确度较高（可准确到0.01pH单位），操作简便，不受试样本身颜色的影响等优点，在食品检验中得到广泛的应用。

1. 电位法测定pH的原理

将电极电位随溶液氢离子浓度变化而变化的玻璃电极（指示电极）和电极电位不变的甘汞电极（参比电极）插入被测溶液中组成一个电池，那么电池的电动势即与溶液的pH有关，可用于pH的测定。

2. 测定pH的仪器——酸度计

酸度计或称pH计，它是由电流计和电极两部分组成。电极与被测液组成工作电池，电池的电动势用电位计测量。按照测量电动势的方式，酸度计可以分为电位计式和直读式两种类型。直读式酸度计，它通过直流放大线路直接将电池电动势转变为放大的电流，使电流计直接指示pH。目前，各种酸度计的结构越来越简单、紧凑，并趋向数字显示式，如pHS-2C数字式pH计是实验室常用的精密测量的数字显示式酸度计。

3. 食品pH的测定

（1）仪器　pHS-2C酸度计、231型玻璃电极、232型甘汞电极、电磁搅拌器。

（2）试剂　pH标准缓冲液。目前市面上有各种浓度的标准缓冲液试剂供应，每包试剂按其要求的方法溶解定容即可，也可按以下方法配制。

① pH＝1.68标准缓冲溶液（20℃）。称取12.71g优级纯草酸钾（$K_2C_2O_4 \cdot H_2O$）溶于蒸馏水中，并稀释定容至1000mL，混匀备用。

② pH＝4.01标准缓冲溶液（20℃）。称取在（115±5)℃烘干2～3h，并经冷却的优级纯邻苯二钾酸氢钾（$KHC_8H_4O_4$）10.12g溶于无CO_2的蒸馏水中，并稀释至1000mL。

③ pH＝6.88标准缓冲溶液（20℃）。称取在（115±5)℃烘干2～3h，并经冷却的优级纯磷酸二氢钾（KH_2PO_4）3.39g和优级纯无水磷酸氢二钠（Na_2HPO_4）3.53g溶于蒸馏水中并稀释至1000mL。

④ pH＝9.22标准缓冲溶液（20℃）。称取优级纯硼砂（$Na_2B_4O_7 \cdot 10H_2O$）3.80g，溶于无CO_2的蒸馏水中，并稀释至1000mL。上述四种标准缓冲溶液通常能稳定两个月。

（3）操作步骤

① 样品处理。果蔬样品：将果蔬样品榨汁后，取其压榨汁直接进行测定。对于果蔬干制品，可取适量样品，加数倍的无CO_2蒸馏水，在水浴上加热30min，再捣碎、过滤，取

滤液进行测定。

肉类制品：称取 10g 已除去油脂并绞碎的样品，于 250mL 锥形瓶中，加入 100mL 无 CO_2 蒸馏水，浸泡 15min（随时摇动）。过滤，取滤液进行测定。

罐头制品（液固混合样品）：将内容物倒入组织捣碎机中，加适量水（以不改变 pH 为宜）捣碎，过滤，取滤液进行测定。

对含 CO_2 的液体样品（如碳酸饮料、啤酒等），要先去除 CO_2，其方法同总酸度测定。

② 仪器的校正。置开关于“pH”位置。温度补偿器旋钮指示溶液的温度。选择适当 pH 的标准缓冲溶液（其 pH 与被测样液的 pH 相接近）。用标准缓冲溶液洗涤 2 次烧杯和电极，然后将标准缓冲溶液注入烧杯内，两电极浸入溶液中，使玻璃电极上的玻璃珠和参比电极上的毛细管浸入溶液，小心缓慢摇动烧杯。调节零点调节器使指针在 pH=7 的位置上。将电极接头同仪器相连（甘汞电极接入接线柱，玻璃电极接入插孔内）。按下读数开关，调节电位调节器，使指针指示缓冲溶液的 pH。放开读数开关，指针应在 pH=7 处，如有变动，按前面重复调节。校正后切不可再旋动定位调节器，否则必须重新校正。

③ 样液 pH 的测定。用蒸馏水冲洗电极和烧杯，再用样液洗涤电极和烧杯。然后将电极浸入样液中，轻轻摇动烧杯，使溶液均匀。调节温度补偿器至被测溶液温度。按下读数开关，指针所指之值即为样液的 pH。测量完毕后，将电极和烧杯清洗干净，并妥善保管。

4. 注意事项

① 玻璃电极使用前，要在蒸馏水中浸泡一昼夜以上；连续使用的间歇期间也都应浸泡在蒸馏水中，长期不用时，可洗净吸干后装盒保存，再次使用时应浸泡 24h 以上。

② 甘汞电极在使用前，应将底部和侧面加液孔上的橡皮塞取下，以保持 KCl 溶液在重力作用下慢慢渗出，保证电路通路，不用时即把两橡皮塞塞上，以免 KCl 溶液流失，KCl 溶液不足时应及时补充，KCl 溶液中不应有气泡，以防止电路断路。溶液内应有少量 KCl 晶体，以保持溶液饱和，电位恒定，测量时应使电极内液面高出被测溶液液面，以防止被测试液向电极内扩散。

③ 玻璃电极内阻极高，对插头处绝缘要求极高，使用时不要用手接触绝缘部位。

④ 仪器定位后，不得更换电极，否则要重新定位。长期连续使用也应经常重新定位，以防仪器或电极参数发生变化。

⑤ 定位所用标准缓冲溶液的 pH 应与被测溶液的 pH 接近（例如现成的缓冲剂有 pH=4.01、6.88、9.18 等）。

五、乳及乳制品酸度的测定

1. 概述

牛乳中有两种酸度：外表酸度和真实酸度。

外表酸度（又称固有酸度）是指刚挤出来的新鲜牛乳本身所具有的酸度，主要来源于鲜牛乳中的酪蛋白、白蛋白、柠檬酸盐及磷酸盐等酸性成分。在鲜乳中约占 0.15%～0.18%（以乳酸计）。

真实酸度（又称发酵酸度）是指牛乳在放置过程中，由乳酸菌作用于乳糖产生乳酸而升高的那部分酸度。若牛乳的含酸量超过 0.15%～0.20%，即认为有乳酸存在。习惯上把含酸量在 0.20%以下的牛乳列为新鲜牛乳，而 0.20%以上的列为不新鲜牛乳。

牛乳的总酸度为外表酸度与真实酸度之和。牛乳酸度有两种表示方法。

（1）用°T 表示牛乳的酸度　°T 是指滴定 100mL 牛乳所消耗 0.1mol/L 的氢氧化钠的体积（mL）。或滴定 10mL 牛乳所消耗 0.1mol/L 的氢氧化钠的体积（mL）乘以 10，即为牛乳的酸度（°T）。

新鲜牛乳的酸度常为 16～18°T。如果牛乳存放时间过长，细菌繁殖可导致牛乳的酸度明显增高。如果乳牛健康状况不佳，患急、慢性乳腺炎等，则可使牛乳的酸度降低。因此，牛乳的酸度是反映牛乳质量一项重要指标。

（2）用乳酸的质量分数来表示　用总酸度的计算方法表示牛乳的酸度。

2. 酸碱滴定法

（1）试剂　5g/L 酚酞指示剂；0.1mol/L 氢氧化钠标准溶液。

（2）仪器　碱式滴定管、250mL 锥形瓶。

（3）操作步骤　准确吸取 10mL 鲜乳注入 250mL 锥形瓶中，用 20mL 中性蒸馏水稀释，再加入 5g/L 酚酞指示剂 0.5mL，小心混匀后用 0.1mol/L 氢氧化钠标准溶液滴定，时时摇动，直至微红色在 1min 内不消失为止。

把滴定时所消耗的标准溶液的体积乘以 10 即为牛乳的酸度（°T）。

3. 酒精试验

（1）原理　根据牛乳中蛋白质遇到酒精时的凝固特性，来判断牛乳的酸度。

（2）试剂　68%（体积分数）酒精（应调整至中性）。

（3）仪器　试管。

（4）操作步骤　于试管中用等量 68%中性酒精与鲜乳混合。一般用 1～2mL 或 3～5mL 酒精与等量鲜乳混合摇匀，如不出现絮片，可认为鲜乳是新鲜的，其酸度不会高于 20°T。如出现絮片即表示酸度较高。牛乳酸度与被酒精所凝固的牛乳蛋白质的特征之间的关系见表 5-3。

其他体积分数的酒精亦可来代替 68%酒精，但要在不同酸度才能开始产生牛乳蛋白质的凝固。对于收乳的标准，应该采用 68%、70%或 72%中性酒精较适宜（见表 5-4）。

表 5-3　牛乳在不同酸度下被 68%酒精凝固的牛乳蛋白质的特征

牛乳酸度/°T	21～22	22～24	24～26	26～28	28～30
牛乳蛋白质凝固的特征	很细的絮片	细的絮片	中型的絮片	大的絮片	很大的絮片

表 5-4　在各种浓度的酒精中牛乳蛋白质凝固的特征

酒精体积分数/%	44	52	60	68	70	72
牛乳蛋白质凝固的特征	细的絮片	细的絮片	细的絮片	细的絮片	细的絮片	细的絮片
牛乳酸度/°T	27.0	25.0	23.0	20.0	19.0	18.0

4. 煮沸试验

取约 10mL 牛乳注入试管中。置于沸水浴中 5min 后。取出观察管壁有无絮片出现或发生凝固现象。如产生絮片或发生凝固，表示牛乳已不新鲜，酸度大于 26°T。

第四节　脂类的测定

一、概述

在食品生产加工过程中，原料、半成品、成品的脂类的含量直接影响到产品的外观、风味、口感、组织结构、品质等。蔬菜本身的脂肪含量较低，在生产蔬菜罐头时，添加适量的脂肪可改善其产品的风味。对于面包之类的焙烤食品，脂肪含量特别是卵磷脂等组分，对于面包心的柔软度、面包的体积及其结构都有直接影响。因此，食品中脂肪含量是一项重要的控制指标。测定食品中脂肪含量，不仅可以用来评价食品的品质，衡量食品的营养价值，而且对实现生产过程的质量管理、实行工艺监督等方面有着重要的意义。

食品中脂肪的存在形式有游离态的，如动物性脂肪和植物性油脂；也有结合态的，如天然存在的磷脂、糖脂、脂蛋白及其某些加工食品（如焙烤食品、麦乳精等）中的脂肪，与蛋白质或碳水化合物等形成结合态。对于大多数食品来说，游离态的脂肪是主要的，结合态的脂肪含量较少。

脂类不溶于水，易溶于有机溶剂。测定脂类大多采用低沸点有机溶剂萃取的方法。常用的溶剂有：无水乙醚、石油醚、氯仿-甲醇的混合溶剂等。其中乙醚沸点低（34.6℃），溶解脂肪的能力比石油醚强。现有的食品脂肪含量的标准分析方法都是采用乙醚作为提取剂。但乙醚易燃，可饱和2%的水分，含水乙醚会同时抽出糖分等非脂成分，所以，实际使用时必须采用无水乙醚作提取剂，被测样品也必须事先烘干。石油醚具有较高的沸点（沸程为30～60℃），吸收水分比乙醚少，没有乙醚易燃，用它作提取剂时，允许样品含有微量的水分。它没有胶溶现象，不会夹带胶态的淀粉、蛋白质等物质。石油醚抽出物比较接近真实的脂类。这两种溶剂只能直接提取游离的脂肪，对于结合态的脂类，必须预先用酸或碱破坏脂类与非脂的结合后才能提取。因二者各有特点，故常常混合使用。氯仿-甲醇是另一种有效的溶剂，它对脂蛋白、磷脂的提取效率较高，特别适用于水产品、家禽、蛋制品等食品中脂肪的提取。

食品的种类不同，其脂肪的含量及存在形式不同，因此测定脂肪的方法也就不同。常用的测定脂肪的方法有：索氏提取法、酸水解法、罗紫-哥特里法、巴布科克氏法和盖勃氏法、氯仿-甲醇提取法等。过去普遍采用索氏提取法，该法至今仍被认为是测定多种食品脂类含量的具有代表性的方法，但对某些样品其测定结果往往偏低。酸水解法能对包括结合脂在内的全部的脂类进行测定。罗紫-哥特里法、巴布科克氏法和盖勃氏法主要用于乳及乳制品中的脂类的测定。

二、重量法

1. 索氏提取法（GB 5009.6—2016）

此法是经典方法，适用于脂类含量较高，含结合态脂肪较少，能烘干磨细，不易吸潮结块的样品的测定。

（1）原理　将经过预处理而干燥分散的样品，用无水乙醚或石油醚等溶剂进行提取，使样品中的脂肪进入溶剂当中，然后从提取液中回收溶剂，最后所得到的残留物即为脂肪（或粗脂肪）。由于残留物中除了主要含游离脂肪外，还含有磷脂、色素、树脂、蜡状物、挥发油、糖脂等物质，所以用索氏提取法测得的为粗脂肪。

由于索氏提取法中所使用的无水乙醚或石油醚等有机溶剂，只能提取样品中的游离脂肪。故该法测得的仅仅是游离态脂肪，而结合态脂肪未能测出来。

（2）仪器　分析天平（感量0.0001g）、电热恒温箱、电热恒温水浴锅、粉碎机、研钵、广口瓶、脱脂线、脱脂棉、脱脂细纱、索氏抽提器（见图5-5）。

（3）试剂　无水乙醚或石油醚、海砂。

(4) 操作步骤

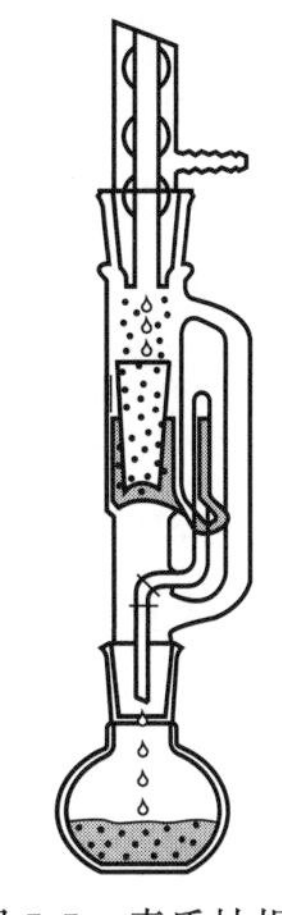

图 5-5　索氏抽提器

① 滤纸筒的准备。取 20cm×8cm 的滤纸一张，卷在光滑的圆形木棒上，木棒直径比索氏抽提器中滤纸筒的直径小 1～1.5mm，将一端约 3cm 纸边摺入，用手捏紧，形成袋底，取出圆木棒，在纸筒底部衬一块脱脂棉，用木棒压紧，纸筒外面用脱脂线捆好，在 100～105℃下烘干至恒重。

② 样品处理

a. 固体样品。准确称取于 100～105℃烘干、研细的样品 2～5g（可取测定水分后的试样），装入滤纸筒内。

b. 半固体或液体样品。精确称取 5.0～10.0g 样品于蒸发皿中，加入海砂约 20g，于沸水浴上蒸干后，再于 95～105℃烘干、磨细，全部移入滤纸筒内，蒸发皿及粘有样品的玻璃棒用蘸有乙醚（或石油醚）的脱脂棉擦净，将棉花一同放入滤纸筒内，最后再用脱脂棉塞入上部，压住试样。

c. 抽提。将滤纸筒放入索氏抽提器内，连接已干燥至恒重的脂肪接收瓶，倒入乙醚（或石油醚），其量为接收瓶的 2/3 体积，于水浴上加热，进行回流抽提，控制每分钟滴下乙醚（或石油醚）120 滴左右（夏天约 65℃，冬天约 80℃），根据样品含油量的高低，一般需回流抽提 6～12h，直至抽提完全为止。

d. 回收溶剂、烘干、称重。取出滤纸筒，用抽提器回收乙醚（或石油醚），待接收瓶内的乙醚（或石油醚）剩下 1～2mL 时，取下接收瓶，于水浴上蒸干，在 100～105℃下烘 0.5h，冷却、称重；再烘 20min，直至恒重（两次称量之差不大于 0.0002g）。

(5) 结果计算

$$X=\frac{m_1-m_0}{m_2}\times 100$$

式中　X——试样中脂肪的含量，g/100g；

m_1——恒重后接收瓶和脂肪的含量，g；

m_0——接收瓶的质量，g；

m_2——试样的质量，g；

100——换算系数。

计算结果表示到小数点后一位。

精密度：在重复性条件下获得的两次独立测定结果的绝对差值不得超过算术平均值的 10%。

(6) 说明及注意事项

① 样品必须干燥，样品中含水分会影响溶剂提取效果，造成非脂成分的溶出。滤纸筒的高度不要超过回流弯管，否则带来测定误差。

② 乙醚回收后，剩下的乙醚必须在水浴上彻底挥发干净，否则放入烘箱中有爆炸的危险。乙醚在使用过程中，室内应保持良好的通风状态，仪器周围不能有明火，以防止空气中有乙醚蒸气而引起着火或爆炸。

③ 脂肪接收瓶反复加热时，会因脂类氧化而增重，如增重，应以前一次质量为准。对富含脂肪的样品，可在真空烘箱中进行干燥，这样可避免因脂肪氧化所造成的误差。

④ 抽提是否完全，可将提脂管下口滴下的乙醚（或石油醚）滴在滤纸或毛玻璃上，挥

发后不留下痕迹即表明已抽提完全。

⑤ 抽提所用的乙醚或石油醚要求无水、无醇、无过氧化物，挥发性残渣含量低。因水和醇会导致糖类及水溶性盐类等物质的溶出，使测定结果偏高。过氧化物会导致脂肪氧化，烘干时还可引发爆炸。

⑥ 在挥干溶剂时应避免过高的温度而造成氧化粗脂肪，使恒重困难。

过氧化物的检查方法：取乙醚 10mL，加 2mL100g/L 的碘化钾溶液，用力振摇，放置 1min，若出现黄色，则证明有过氧化物存在。此乙醚应经处理后方可使用。

乙醚的处理：于乙醚中加入 1/20～1/10 体积的 200g/L 硫代硫酸钠溶液洗涤，再用水洗，然后加入少量无水氯化钙或无水硫酸钠脱水，于水浴上蒸馏，蒸馏温度略高于溶剂沸点，能达到烧瓶内沸腾即可。弃去最初和最后的 1/10 馏出液，收集中间馏出液备用。

2. 酸水解法

某些食品，其所含脂肪包含于组织内部，如面粉及其焙烤制品（面条、面包之类）；由于乙醚不能充分渗入样品颗粒内部，或由于脂类与蛋白质或碳水化合物形成结合脂，特别是一些容易吸潮、结块、难以烘干的食品，用索氏抽提法不能将其中的脂类完全提取出来，这时用酸水解法效果就比较好。即在强酸、加热的条件下，使蛋白质和碳水化合物水解，使脂类游离出来，然后再用有机溶剂提取。本法适用于各类食品中总脂肪含量的测定，但对含磷脂较多的一类食品，如鱼类、贝类、蛋及其制品，在盐酸溶液中加热时，磷脂几乎完全分解为脂肪酸和碱，使测定结果偏低，多糖类遇强酸易炭化，会影响测定结果。本方法测定时间短，在一定程度上可防止脂类物质的氧化。

（1）原理　将试样与盐酸溶液一起加热进行水解，使结合或包埋在组织内的脂肪游离出来，再用有机溶剂提取脂肪，回收溶剂，干燥后称量，提取物的质量即为样品中脂类的含量。

（2）仪器　100mL 具塞刻度量筒，如图 5-6 所示。

（3）试剂　乙醇（体积分数 95%）、乙醚（无过氧化物）、石油醚（30～60℃）、盐酸。

（4）操作步骤

① 样品处理。固体样品：精确称取约 2.0g 样品于 50mL 大试管中，加 8mL 水，混匀后再加 10mL 盐酸。

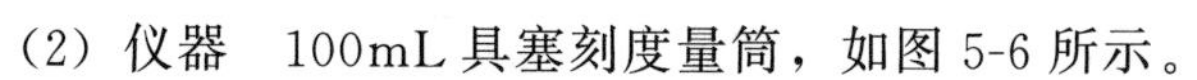

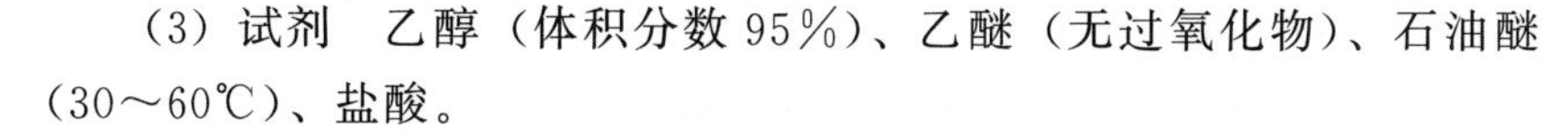

图 5-6　具塞刻度量筒

液体样品：精确称取 10.0g 样品于 50mL 大试管中，加入 10mL 盐酸。

② 水解。将试管放入 70～80℃水浴中，每隔 5～10min 搅拌一次，至脂肪游离完全为止，约需 40～50min。

③ 提取。取出试管加入 10mL 乙醇，混合，冷却后将混合物移入 100mL 具塞量筒中，用 25mL 乙醚分次洗涤试管，一并倒入具塞量筒中，加塞振摇 1min，小心开塞放出气体，再塞好，静置 15min，小心开塞，用乙醚-石油醚等量混合液冲洗塞及筒口附着的脂肪。静置 10～20min，待上部液体清晰，吸出上清液于已恒重的锥形瓶内，再加 5mL 乙醚于具塞量筒内，振摇，静置后，仍将上层乙醚吸出，放入原锥形瓶内。

④ 回收溶剂、烘干、称重。将锥形瓶于水浴上蒸干后，于 100～105℃烘箱中干燥 2h，取出放入干燥器内冷却 30min 后称量，反复以上操作直至恒重。

（5）结果计算

$$w_{湿基}=\frac{m_2-m_1}{m}\times 100\%$$

$$w_{干基}=\frac{m_2-m_1}{m(100\%-M)}\times 100\%$$

式中　w——脂类质量分数，%；

m_2——锥形瓶和脂类质量，g；

m_1——空锥形瓶的质量，g；

m——试样的质量，g；

M——试样中水分的含量，%。

（6）说明及注意事项

① 固体样品必须充分磨细，液体样品必须充分混匀，以便充分水解。

② 水解时应使水分大量损失，使酸浓度升高。

③ 水解后加入乙醇可使蛋白质沉淀，降低表面张力，促进脂肪球聚合，还可以使碳水化合物、有机酸等溶解。用乙醚提取脂肪时，由于乙醇可溶于乙醚，所以需要加入石油醚，以降低乙醇在乙醚中的溶解度，使乙醇溶解物残留在水层，使分层清晰。

④ 挥干溶剂后，残留物中如有黑色焦油状杂质，是分解物与水混入所致，将使测定值增大，造成误差，可用等量乙醚及石油醚溶解后过滤，再次进行挥干溶剂的操作。

3. 罗紫-哥特里（Rose-Gottlieb）法

本法被国际标准化组织（ISO）、联合国粮农组织/世界卫生组织（FAO/WHO）等采用，为乳及乳制品脂类定量的国际标准方法。

本法适用于各种液状乳（生乳、加工乳、部分脱脂乳、脱脂乳）、炼乳、奶粉、奶油及冰淇淋。除上述乳制品外，还适用于豆乳或加水显乳状的食品中脂类含量的测定。

（1）原理　利用氨-乙醇溶液破坏乳的胶体性状及脂肪球膜，使非脂成分溶解于氨-乙醇溶液中，而脂肪游离出来，再用乙醚-石油醚提取出脂肪，蒸馏去除溶剂后，残留物即为乳脂肪。

（2）仪器　100mL具塞量筒或提脂瓶（内径2.0～2.5cm，体积100mL，见图5-7）。

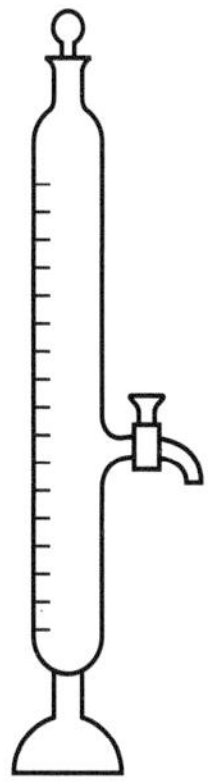

（3）试剂　250g/L氨水（相对密度0.91）、96%（体积分数）乙醇、乙醚（不含过氧化物）、石油醚（沸程30～60℃）、乙醇（分析纯）。

（4）操作步骤　精确吸（称）取样品（牛乳吸取10.00mL；乳粉1～5g用10mL60℃的水分次溶解）于提脂瓶（或具塞量筒）中，加1.25mL氨水，充分混匀，置60℃水中加热5min，再振摇5min，加入10mL乙醇，加塞，充分摇匀，于冷水中冷却后，加入25mL乙醚，加塞轻轻振荡摇匀，小心放出气体，再塞紧，剧烈振荡1min，小心放出气体并取下塞子，加入25mL石油醚，加塞，剧烈振荡0.5min。小心开塞放出气体，敞口静置约0.5h。当上层液澄清时，可从管口倒出，不得搅动下层液。若用具塞量筒，可用吸管，将上层液吸至已恒重的脂肪烧瓶中。用乙醚 石油醚（1∶1）混合液冲洗吸管、塞子及提取管附着的脂肪，静置，待上层液澄清，再用吸管，将洗液吸至上述脂肪瓶中。重复提取提脂瓶中的残留液，重复2次，每次每种溶剂用量为15mL。最后合并提取液，回收乙醚及石油醚。置100～105℃烘箱中干燥2h，冷却，称量。

图5-7　提脂瓶

（5）结果计算

$$w=\frac{m_2-m_1}{m\times\frac{V_1}{V}}\times 100\%$$

式中　w——脂类质量分数，%；

m_2——脂肪烧瓶和脂肪质量，g；

m_1——脂肪烧瓶质量，g；

m——样品质量，g（或样品体积×相对密度）；

V——读取醚层总体积，mL；

V_1——放出醚层体积，mL。

（6）说明及注意事项

① 乳类脂肪虽然也属于游离脂肪，但它是以脂肪球状态分散于乳浆中形成乳浊液，脂肪球被乳中酪蛋白钙盐包裹，所以不能直接被乙醚、石油醚提取，需先用氨水和乙醇处理，氨水使酪蛋白钙盐变成可溶解的盐，乙醇使溶解于氨水的蛋白质沉淀析出。然后再用乙醚提取脂肪，故此法又称为碱性乙醚提取法。

② 加入石油醚的作用是降低乙醚的极性，使乙醚与水不混溶，只抽提出脂肪，并可使分层清晰。

三、巴布科克法和盖勃氏法

巴布科克法和盖勃氏法适用于鲜乳及乳制品中脂肪的测定。对含糖多的乳品（如甜炼乳、加糖乳粉等），用此法时糖易焦化，使结果误差较大，故不宜采用。样品不需事前烘干，操作简便、快速。对大多数样品来说可以满足要求，但不如重量法准确。

（1）原理　用浓硫酸溶解乳中的乳糖和蛋白质等非脂成分，将乳中的酪蛋白钙盐转变成可溶性的重硫酸酪蛋白，使脂肪球膜被破坏，脂肪游离出来，再通过加热离心，使脂肪能充分分离，在脂肪瓶中直接读取脂肪层，从而得出被检乳的含脂率。

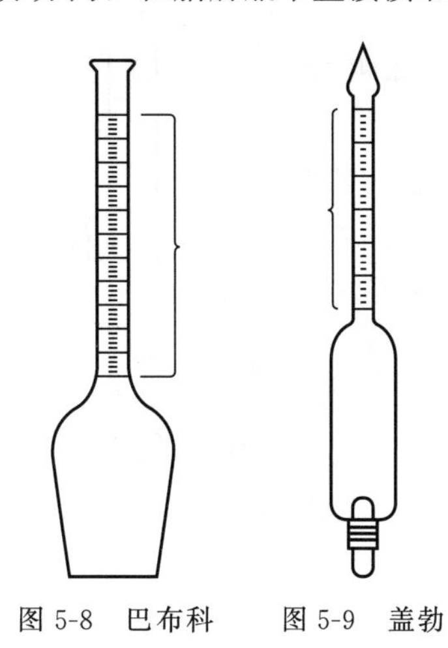

图 5-8　巴布科克氏乳脂瓶　　图 5-9　盖勃氏乳脂计

（2）仪器

① 巴布科克氏乳脂瓶。颈部刻度有 0.0%～0.8%，0.0%～10.0%两种，最小刻度值为 0.1%，如图 5-8 所示。

② 盖勃氏乳脂计及盖勃氏离心机。颈部刻度有 0.0%～0.8%，最小刻度值为 0.1%，如图 5-9 所示。

③ 标准移乳管（17.6mL、11mL）。

④ 离心机。

（3）试剂

① 浓硫酸。相对密度 1.816～1.825（20℃）。

② 异戊醇。相对密度 0.811～0.812（20℃），沸程 128～132℃。

（4）操作步骤

① 巴布科克法。以标准移乳管吸取 20℃均匀鲜乳 17.6mL，置入巴布科克氏乳脂瓶中，沿瓶颈壁缓缓注入 17.5mL 浓硫酸（15～20℃），手持瓶颈回旋，使液体充分混匀，直至无凝块并显均匀的棕色。将乳脂瓶放入离心机，以约 1000r/min 的速度离心 5min，取出加入 60℃以上的热水，至液面完全充满乳脂瓶下方的球部，再离心

2min，取出后再加入60℃以上的热水，至液面接近瓶颈刻度标线约4%处，再离心1min。取出后将乳脂瓶置于55～60℃的水浴中，保温数分钟，待脂肪柱稳定后，即可读取脂肪百分比（读数时以上端凹面最高点为准）。

② 盖勃氏法。在乳脂计中加入10mL硫酸（颈口勿沾湿硫酸），沿管壁缓缓地加入混匀的牛乳11mL，使样品和硫酸不要混合；然后加1mL异戊醇，用橡皮塞塞紧，用布包裹瓶口（以防冲出酸液溅蚀衣服），将瓶口向下向外用力振摇，使之成为均匀液，无块粒存在，呈均匀棕色液体，瓶口向下静置数分钟后，置于65～70℃水浴中放5min，取出擦干，调节橡皮塞使脂肪柱在乳脂计的刻度内。放入离心机中，以800～1000r/min的转速离心5min，取出乳脂计，再置于65～70℃水浴中放5min（注意水浴水面应高于乳脂计脂肪层），取出后立即读数，脂肪层上下弯月面下数字之差即为脂肪的质量分数。

（5）说明及注意事项

① 硫酸的浓度必须按方法规定的要求严格遵守，过浓会使乳炭化成黑色溶液而影响读数；过稀则不能使酪蛋白完全溶解，使测定结果偏低或使脂肪层浑浊。硫酸的作用既能破坏脂肪球膜，使脂肪游离出来，又能增加液体的相对密度，使脂肪容易浮出。

② 加热（65～70℃水浴中）和离心的目的是促使脂肪离析。

③ 巴布科克法中采用17.6mL的吸管取样，实际上注入巴氏瓶中的只有17.5mL。牛乳的相对密度为1.03，故样品质量为17.5×1.03＝18g。

巴氏瓶颈一大格体积为0.2mL，在60℃左右，脂肪的平均相对密度为0.9，故当整个巴氏瓶颈被脂肪充满时，其脂肪质量为0.2×10×0.9＝1.8g。18g样品中含1.8g脂肪即瓶颈全部刻度表示为脂肪含量10%，每一大格表示1%的脂肪。故巴氏瓶颈刻度读数即直接为样品中脂肪的质量分数。

④ 罗紫-哥特里法、巴布科克法和盖勃氏法都是测定乳脂肪的标准分析方法。其准确度依次降低。

四、仪器法

1. 牛乳脂肪测定仪简介

目前较先进的牛乳脂肪测定方法是自动化仪器分析法，如丹麦的MTM型乳脂快速测定仪。它专用于检测牛乳的脂肪含量，测定范围为0～13%，测定速度快，每小时可检测80～100个样。其原理是：用螯合剂破坏牛乳中悬浮的酪蛋白胶束，使悬浮物中只有脂肪球，用均质机将脂肪球打碎并调整均匀（2μm以下），再经稀释达到能够应用朗伯-比耳定律测定的浓度范围，因而可以和通常的光吸收分析一样测定脂肪的浓度。这种仪器带有配套的稀释剂。

另一类是牛乳成分综合分析仪。该仪器是一种可同时测定牛乳中脂肪、蛋白质、乳糖和水分的仪器。其原理是：将牛乳样品加热到40℃，由均化泵吸入，在样品池中恒温、均化，使牛乳中的各成分均匀一致。由于脂肪、蛋白质、乳糖和水分在红外光谱区域中各自有独特的吸收波长，因此当红外光束通过不同的滤光片和样品溶液时被选择性地吸收，通过电子转换及参比值和样品值的对比，直接显示出牛乳中脂肪、蛋白质、乳糖和水分的百分含量。FT120牛乳扫描器，就是利用红外线分光分析法自动检测牛乳中脂肪、蛋白质、乳糖和水分含量的仪器，通过微电脑显示，并打印出检测结果。

2. GC 法测定脂肪酸组成

（1）原理　试样中的脂肪经提取后，采用酸催化或碱催化的方法，水解脂肪生成脂肪酸并甲酯化。利用脂肪酸甲酯易挥发的特性，采用 GC 法将其分离，用归一化法或外标法进行定量分析。

（2）脂肪酸甲酯化　甲酯化脂肪酸时，可以在水解脂肪、去除不皂化物后，提取脂肪酸进行甲酯化，也可以水解、酯化一步生成脂肪酸甲酯。在脂肪酸组成 GC 法中，常用的甲酯化方法有三氟化硼甲酯化法、硫酸甲酯化法、氢氧化钾甲醇甲酯化法、重氮甲烷甲酯化法等。

① 氢氧化钾＋甲醇室温甲酯化法。称取油脂试样 100～150mg 于 10mL 容量瓶或 10mL 具塞刻度试管中，加入 2mL 石油醚与苯（1∶1）的混合溶液使油脂溶解，再加入 2mL 0.4mol/L 氢氧化钾＋甲醇溶液，摇匀，室温下放置 10min，加蒸馏水至刻度，使石油醚和脂肪酸甲酯全部浮上。

② 甲醇钠甲酯化法。在具塞试管中，取 20mg 油脂试样溶于 2.5mL 正己烷中，加入 0.1mL 0.5mol/L 甲醇钠甲醇溶液，室温下轻摇 5min，然后加入约 1g 无水氯化钙粉末，静置 1h 后于 2000～3000r/min 下离心 2～3min，上清液备用。

③ 重氮甲烷（CH_2N_2）甲酯化法。对于多不饱和脂肪酸，重氮甲烷甲酯化反应速率很快。但重氮甲烷有剧毒，浓度高时易燃易爆。对于富含短碳链脂肪酸的乳脂、椰子油等试样可用此法。

④ 硫酸＋甲醇甲酯化法。取油脂试样 0.5g，加入 10mL 无水甲醇溶解，缓慢加入 1mL 浓硫酸，加热回流 20～30min。冷却后移入分液漏斗，加乙醚稍振摇后静置，分层后弃去水层，醚层用水洗至中性。乙醚萃取液经无水硫酸钠干燥后，室温下吹氮浓缩，备用。此法适用于游离脂肪酸甲酯化，也可以用于油脂的脂肪酸甲酯化。

⑤ 三氟化硼甲酯化法。称取油脂试样 100mg 于烧瓶中，加入 15mL 0.5mol/L 氢氧化钾甲醇溶液，水浴加热回流 5～10min 使试样溶解。从回流管上部加入 3mL 三氟化硼甲醇溶液，80℃加热回流 5min，冷却后加入饱和氯化钠溶液，再加入正己烷振摇，静置，分层后上层液经无水硫酸钠干燥，备用。

（3）气相色谱条件。色谱柱：3mm×2m，植物油、畜肉、内脏等试样的脂肪酸测定；3mm×3m，乳、蛋、鱼类等试样的脂肪酸测定。

固定液：8％或 10％聚乙二醇丁二酸酯（DEGS)/80～100 目 ChromosorbWAW 载体。

载气：30～40mL/min 氮气。

进样口温度 280℃，柱温 190℃，程序升温为 140～210℃，4℃/min。

检测器：氢火焰离子化检测器，温度为 280℃。

第五节　碳水化合物的测定

一、概述

碳水化合物统称为糖类，是由 C、H、O 三种元素组成的一大类化合物，是人和动物所需热能的重要来源，一些糖与蛋白质、脂肪等结合生成糖蛋白和糖脂，这些物质都具有重要的生理功能。食品中的碳水化合物不仅能提供热量，而且还是改善食品品质、组织结构、增加食品风味的食品加工辅助材料。如变性淀粉、环糊精、果胶在食品工业中的应用越来越广泛，具有特别重要的意义。在食品加工工艺中，糖类对食品的形态、组织结构、理化性质及其色、香、味等都有很大的影响，同时，糖类的含量还是食品营养价值高低的重要标志，也是某些食品重要的质量指标。碳水化合物的测定是食品的主要分析项目之一。

食品中碳水化合物的测定方法很多，单糖和低聚糖的测定采用的方法有物理法、化学法、色谱法和酶法等。物理法包括相对密度法、折光法和旋光法等。这些方法比较简便，对一些特定的样品，或生产过程中进行监控，采用物理法较为方便。化学法是一种广泛采用的常规分析法，它包括还原糖法（斐林试剂法、高锰酸钾法、铁氰酸钾法等）、碘量法、缩合反应法等。化学法测得的多为糖的总量，不能确定糖的种类及每种糖的含量。利用色谱法可以对样品中的各种糖类进行分离定量。目前利用气相色谱和高效液相色谱分离和定量食品中的各种糖类已得到广泛应用。近年来发展起来的离子交换色谱具有灵敏度高、选择性好等优点，也已成为一种卓有成效的糖的色谱分析法。用酶法测定糖类也有一定的应用，如β-半乳糖脱氢酶测定半乳糖、乳糖，葡萄糖氧化酶测定葡萄糖等。

二、还原糖的测定

还原糖是指具有还原性的糖类。葡萄糖分子中含有游离醛基，果糖分子中含有游离酮基，乳糖和麦芽糖分子中含有游离的半缩醛羟基，因而它们都具有还原性，都是还原糖。其他非还原性糖类，如双糖、三糖、多糖等（常见的蔗糖、糊精、淀粉等都属此类），它本身不具有还原性，但可以通过水解而生成具有还原性的单糖，再进行测定，然后换算成样品中的相应的糖类的含量。所以糖类的测定是以还原糖的测定为基础的。

还原糖的测定方法很多，其中最常用的有直接滴定法、高锰酸钾滴定法、葡萄糖氧化酶-比色法等。

1. 直接滴定法（斐林试剂法）

此法是目前最常用的测定还原糖的方法，它具有试剂用量少，操作简单、快速、滴定终点明显等特点，适用于各类食品中还原糖的测定。但对深色样品（如酱油、深色果汁等）因色素干扰使终点难以判断，从而影响其准确性。本法是国家标准分析方法。

（1）原理　一定量的碱性酒石酸铜甲液、乙液等体积混合后，生成天蓝色的氢氧化铜沉淀，沉淀与酒石酸钾钠反应，生成深蓝色的酒石酸钾钠铜的络合物。在加热条件下，以亚甲基蓝作为指示剂，用样液直接滴定经标定的碱性酒石酸铜溶液，还原糖将二价铜还原为氧化亚铜。待二价铜全部被还原后，稍过量的还原糖将亚甲基蓝还原，溶液由蓝色变为无色，即为终点。根据最终所消耗的样液的体积，即可计算出还原糖的含量。其反应方程式如下：

实际上，还原糖在碱性溶液中与硫酸铜的反应并不完全符合以上关系，还原糖在此反应条件下将产生降解，形成多种活性降解产物，其反应过程极为复杂，并非反应方程式中所反映的那么简单。在碱性及加热条件下还原糖将形成某些差向异构体的平衡体系。由上述反应看，1mol 葡萄糖可以将 6mol 的 Cu^{2+} 还原为 Cu^{+}。而实际上，从实验结果表明，1mol 的葡萄糖只能还原 5mol 多的 Cu^{2+}，且随反应条件的变化而变化。因此，不能根据上述反应直接计算出还原糖含量，而是要用已知浓度的葡萄糖标准溶液标定的方法，或利用通过实验编制出来的还原糖检索表来计算。

（2）试剂

$$CuSO_4 + 2NaOH \longrightarrow Cu(OH)_2 \downarrow + Na_2SO_4$$

$$\begin{array}{l} COONa \\ | \\ CHOH \\ | \\ CHOH \\ | \\ COOK \end{array} + Cu(OH)_2 \longrightarrow \begin{array}{l} COONa \\ | \\ CHO \\ | \quad\;\; \rangle Cu \\ CHO \\ | \\ COOK \end{array} + 2H_2O$$

$$\begin{array}{l} CHO \\ | \\ (CHOH)_4 \\ | \\ CH_2OH \end{array} + 2 \begin{array}{l} COONa \\ | \\ CHO \\ | \quad\;\; \rangle Cu \\ CHO \\ | \\ COOK \end{array} + 2H_2O \longrightarrow 2 \begin{array}{l} COONa \\ | \\ CHOH \\ | \\ CHOH \\ | \\ COOK \end{array} + \begin{array}{l} CH_2OH \\ | \\ (CHOH)_4 \\ | \\ COOH \end{array} + Cu_2O \downarrow$$

$$(H_3C)_2N-C_6H_3\langle {}^{S^+}_{N} \rangle C_6H_3-N(CH_3)_2 \underset{+2[O]}{\overset{+2[H]}{\rightleftharpoons}} (H_3C)_2N-C_6H_3\langle {}^{S}_{N-H} \rangle C_6H_3-N(CH_3)_2 + HCl$$

无色

① 碱性酒石酸铜甲液。称取 15g 硫酸铜（$CuSO_4 \cdot 5H_2O$）及 0.05g 亚甲基蓝，溶于水中并稀释至 1000mL。

② 碱性酒石酸铜乙液。称取 50g 酒石酸钾钠及 75g 氢氧化钠，溶于水中，再加入 4g 亚铁氰化钾，完全溶解后，用水稀释至 1000mL，储存于橡胶塞玻璃瓶内。

③ 乙酸锌溶液。称取 21.9g 乙酸锌［$Zn(CH_3COO)_2 \cdot 2H_2O$］，加 3mL 冰醋酸，加水溶解并稀释至 1000mL。

④ 106g/L 亚铁氰化钾溶液。称取 10.6g 亚铁氰化钾［$K_4Fe(CN)_6 \cdot 3H_2O$］溶于水中，稀释至 100mL。

⑤ 盐酸。

⑥ 1g/L 葡萄糖标准溶液。准确称取 1.000g 于 98～100℃烘干至恒重的无水葡萄糖，加水溶解后，加入 5mL 盐酸（防止微生物生长），转移入 1000mL 容量瓶中，并用水定容。

（3）操作步骤

① 样品处理

a. 对于乳类、乳制品及含蛋白质的饮料（雪糕、冰淇淋、豆乳等）：称取 2.5～5g 固体样品或吸取 25～50mL 液体样品，置于 250mL 容量瓶中，加水 50mL，摇匀后慢慢加入 5mL 醋酸锌及 5mL 亚铁氰化钾溶液，并加水至刻度，混匀，静置 30min；干燥滤纸过滤，弃去初滤液，收集滤液供分析用。

b. 对于淀粉含量较高的样品：称取 10～20g 样品，置于 250mL 容量瓶中，加水 200mL 在 45℃水浴中加热 1h，时时振摇。取出冷却后加水至刻度，混匀，静置；吸取 20mL 上清液于另一 250mL 容量瓶中，以下按 a 项操作。

c. 其他类型的样品：取适量样品（一般液体样品为 100mL，固体样品为 5～10g，可根据含糖量的高低而增减）后，按本章第二节的方法对样品进行提取，以下按①项操作。

② 碱性酒石酸铜溶液的标定。准确吸取碱性酒石酸铜甲液和乙液各 5mL 于 250mL 锥形瓶中。加水 10mL，加入玻璃珠 3 粒。从滴定管中滴加约 9mL 葡萄糖标准溶液，加热使其在 2min 沸腾，并保持沸腾 1min，趁沸以每 0.5 滴/s 的速度继续用葡萄糖标准溶液滴定，直至蓝色刚好褪去为终点。记录消耗葡萄糖标准溶液的体积，平行操作三次，取其平均值。

计算每 10mL（甲液、乙液各 5mL）。碱性酒石酸铜溶液，相当于葡萄糖的质量：

$$F=V\rho_1$$

式中　ρ_1——葡萄糖标准溶液的浓度，mg/mL；

V——标定时消耗葡萄糖标准溶液的总体积，mL；

F——10mL碱性酒石酸铜溶液相当于葡萄糖的质量，mg。

③ 样液的预测定。准确吸取碱性酒石酸铜甲液和乙液各5mL于250mL锥形瓶中。加水10mL，加入玻璃珠3粒，加热使其在2min沸腾，并保持沸腾1min，趁沸以先快后慢的速度从滴定管中滴加样液，滴定时须始终保持溶液呈微沸状态。待溶液颜色变浅时，以每0.5滴/s的速度继续滴定，直至蓝色刚好褪去为终点。记录消耗样液的总体积。

④ 样液的测定。准确吸取碱性酒石酸铜甲液和乙液各5mL于250mL锥形瓶中。加水10mL，加入玻璃珠3粒，从滴定管中加入比预测定时少1mL的样液，加热使其在2min沸腾，并保持沸腾1min，趁沸以每0.5滴/s的速度继续滴定，直至蓝色刚好褪去为终点。记录消耗样液的总体积。同法平行操作三次，取其平均值。

（4）结果计算

$$w=\frac{F}{m\times\frac{V}{250}\times 1000}\times 100\%$$

式中　w——还原糖（以葡萄糖计）质量分数，%；

m——样品质量，g；

V——测定时平均消耗样液的体积，mL；

F——10mL碱性酒石酸铜溶液相当于葡萄糖的质量，mg；

250——样液的总体积，mL。

（5）说明与注意事项

① 碱性酒石酸铜甲液、乙液应分别配制储存，用时才能混合。

② 碱性酒石酸铜的氧化能力较强，可将醛糖和酮糖都氧化，所以测得的是总还原糖量。

③ 本法对糖进行定量的基础是碱性酒石酸铜溶液中Cu^{2+}的量，所以，样品处理时不能采用硫酸铜-氢氧化钠作为澄清剂，以免样液中误入Cu^{2+}，得出错误的结果。

④ 在碱性酒石酸铜乙液中加入亚铁氰化钾，是为了使所生成的红色Cu_2O沉淀与之形成可溶性的无色络合物，使终点便于观察。

$$Cu_2O\downarrow+K_4Fe(CN)_6+H_2O\longrightarrow K_2Cu_2Fe(CN)_6+2KOH$$

⑤ 亚甲基蓝也是一种氧化剂，但在测定条件下其氧化能力比Cu^{2+}弱，故还原糖先与Cu^{2+}反应，待Cu^{2+}完全反应后，稍过量的还原糖才会与亚甲基蓝发生反应，溶液蓝色消失，指示到达终点。

⑥ 整个滴定过程必须在沸腾条件下进行，其目的是为了加快反应速度和防止空气进入，避免氧化亚铜和还原型的亚甲基蓝被空气氧化，从而使得耗糖量增加。

⑦ 测定中还原糖液浓度、滴定速度、热源强度及煮沸时间等都对测定精密度有很大的影响。还原糖液浓度要求在0.1%左右，与标准葡萄糖溶液的浓度相近；继续滴定至终点的体积数应控制在0.5～1mL以内，以保证在1min内完成连续滴定的工作；热源一般采用800W电炉，热源强度和煮沸时间应严格按照操作中的规定执行，否则，加热至煮沸时间不同，蒸发量不同，反应液的碱度也不同，从而影响反应的速度、反应进行的程度及最终测定的结果。

⑧ 预测定与正式测定的检测条件应一致。平行实验中消耗样液量应不超过0.1mL。

2. 高锰酸钾滴定法

该法是国家标准分析方法，它适用于各类食品中还原糖的测定，对于深色样液也同样适用。这种方法的主要特点是准确度高，重现性好，这两方面都优于直接滴定法。但操作复杂、费时，需查特制的高锰酸钾法糖类检索表。

(1) 原理　将还原糖与一定量过量的碱性酒石酸铜溶液反应，还原糖使 Cu^{2+} 还原成 Cu_2O。过滤得到 Cu_2O，加入过量的酸性硫酸铁溶液将其氧化溶解，而 Fe^{3+} 被定量地还原成 Fe^{2+}，再用高锰酸钾溶液滴定所生成的 Fe^{2+}，根据所消耗的高锰酸钾标准溶液的量计算出 Cu_2O 的量，从检索表中查出与氧化亚铜量相当的还原糖的量，即可计算出样品中还原糖的含量。反应方程式如下：

$$CuSO_4 + 2NaOH \longrightarrow Cu(OH)_2\downarrow + Na_2SO_4$$

$$\begin{array}{l} COONa \\ | \\ CHOH \\ | \\ CHOH \\ | \\ COOK \end{array} + Cu(OH)_2 \longrightarrow \begin{array}{l} COONa \\ | \\ CHO \diagdown \\ | \qquad\quad Cu \\ CHO \diagup \\ | \\ COOK \end{array} + 2H_2O$$

$$\begin{array}{l} CHO \\ | \\ (CHOH)_4 \\ | \\ CH_2OH \end{array} + 2\begin{array}{l} COONa \\ | \\ CHO \diagdown \\ | \qquad\quad Cu \\ CHO \diagup \\ | \\ COOK \end{array} + 2H_2O \longrightarrow 2\begin{array}{l} COONa \\ | \\ CHOH \\ | \\ CHOH \\ | \\ COOK \end{array} + \begin{array}{l} COOH \\ | \\ (CHOH)_4 \\ | \\ CH_2OH \end{array} + Cu_2O\downarrow$$

$$Cu_2O + Fe_2(SO_4)_3 + H_2SO_4 \longrightarrow Cu_2SO_4 + 2FeSO_4 + H_2O$$

$$10FeSO_4 + 2KMnO_4 + 8H_2SO_4 \longrightarrow 5Fe_2(SO_4)_3 + K_2SO_4 + 2MnSO_4 + 8H_2O$$

由上反应可见，5mol Cu_2O 相当于 2mol 的 $KMnO_4$，故根据高锰酸钾标准溶液的消耗量可计算出氧化亚铜的量。再由氧化亚铜量查附表 9 得到相应的还原糖的量。

(2) 试剂

① 碱性酒石酸铜甲液。称取 34.639g 硫酸铜（$CuSO_4 \cdot 5H_2O$），加适量水溶解，加 0.5mL 浓硫酸，再加水稀释至 500mL，用精制石棉过滤。

② 碱性酒石酸铜乙液。称取 173g 酒石酸钾钠和 50g 氢氧化钠，加适量水溶液，并稀释至 500mL，用精制石棉过滤，储存于具橡胶塞的玻璃瓶内。

③ 精制石棉。取石棉，先用 3mol/L 盐酸浸泡 2～3h，用水洗净，再用 10g/L 氢氧化钠溶液浸泡 2～3h，倾去溶液，用碱性酒石酸铜乙液浸泡数小时，用水洗净，再以 3mol/L 盐酸浸泡数小时，以水洗至不显酸性。然后加水振摇，使之成为微细的浆状纤维，用水浸泡并储存于玻璃瓶中，即可作填充古氏坩埚用。

④ $0.02mol/L\left(\frac{1}{5}KMnO_4\right)$ 标准溶液。配制：称取 3.3g 高锰酸钾溶于 1050mL 水中，缓缓煮沸 20～30min，冷却后于暗处密封保存数日，用垂融漏斗过滤，保存于棕色瓶中。

标定：准确称取于 105～200℃ 干燥 1～1.5h 的基准草酸钠约 0.2g，溶于 50mL 水中，加 8mL 硫酸，用配制的高锰酸钾滴定，接近终点时加热到 70℃，继续滴至溶液显粉红色 0.5min 不褪色为止。同时做空白试验。

计算：

$$c = \frac{m \times \frac{2}{5}}{(V - V_0) \times 134} \times 1000$$

式中　c——$KMnO_4$ 标准溶液的浓度，mol/L；

m——草酸钠质量，g；

V——标定时消耗高锰酸钾体积，mL；

V_0——空白时消耗高锰酸钾体积，mL；

134——$Na_2C_2O_4$ 的摩尔质量，g/mol。

⑤ 1mol/L NaOH 溶液。称取 4g 氢氧化钠，加水溶解并稀释至 100mL。

⑥ 硫酸铁溶液。称取 50g 硫酸铁，加入 200mL 水溶解后，慢慢加入 100mL 硫酸，冷却加水稀释至 1000mL。

⑦ 3mol/L HCl 溶液。30mL 盐酸加水稀释至 120mL 即可。

（3）仪器　25mL 古氏坩埚或 G_4 垂融坩埚、真空泵或水力真空管。

（4）操作步骤

① 样品处理

a. 乳类、乳制品及含蛋白质的冷食类。称取 2.5～5g 固体样品（液体样品吸取 25～50mL）于 250mL 容量瓶中，加 50mL 溶液至刻度，摇匀后加入 10mL 碱性酒石酸铜甲液及 4mL 1mol/L 氢氧化钠溶液至刻度，混匀，静置 30min，干滤，弃去初滤液，滤液供分析用。

b. 酒精性饮料。吸取 100mL 样品，置于蒸发皿中，用 1mol/L 氢氧化钠溶液中和至中性，蒸发至原体积的 1/4 后，移入 250mL 容量瓶中。加 50mL 水，混匀。以下自“加 10mL 碱性酒石酸铜甲液”起，按 a 项操作。

c. 淀粉含量较高的食品。精密称取 10～20g 样品，置于 250mL 容量瓶中，加入 200mL 水，于 45℃ 水浴中加热 1h，并不断振摇，取出冷却后，加水至刻度，混匀静置。吸取 20mL 上清液于另一个 250mL 容量瓶中，以下自“加 10mL 碱性酒石酸铜甲液”起，按 a 项操作。

d. 汽水等含二氧化碳的饮料。吸取样品 100mL 于蒸发皿中，在水浴上蒸发除去二氧化碳后，转移入 250mL 容量瓶中，加水至刻度，混匀备用。

② 测定。准确吸取经处理后的样液 50mL 于 400mL 烧杯中，加入碱性酒石酸铜甲液、乙液各 25mL，盖上表面皿，置于电炉上加热，使之在 4min 内沸腾，再准确煮沸 2min，趁热用 G_4 垂融坩埚或用铺好石棉的古氏坩埚抽滤，并用 60℃的热水洗涤烧杯及沉淀，至洗液不显碱性为止。将垂融坩埚或古氏坩埚放回 400mL 烧杯中，加硫酸铁溶液 25mL 和水 25mL，用玻璃棒搅拌，使氧化亚铜全部溶解，用 0.02mol/L 高锰酸钾标准溶液滴定至微红色为终点。记录高锰酸钾标准溶液的消耗量。

另取水 50mL 代替样液，按上述方法做空白试验。记录空白试验消耗高锰酸钾标准溶液的量。

（5）结果计算

① 根据滴定时所消耗的高锰酸钾标准溶液的量，计算相当于样品中还原糖的氧化亚铜的量：

$$W_1=(V-V_0)c\times\frac{2}{5}\times 143.08$$

式中　W_1——氧化亚铜的质量，mg；

V——测定样液所消耗高锰酸钾标准溶液的体积，mL；

V_0——试剂空白所消耗高锰酸钾标准溶液的体积，mL；

c——$KMnO_4$ 标准溶液的浓度，mol/L；

143.08——氧化亚铜的摩尔质量，g/mol。

② 根据上式计算所得氧化亚铜的量查附表 9 得出相当于还原糖的量，再按下式计算样品中还原糖的含量。

$$w_2=\frac{m_1}{m\times\frac{V_2}{V_1}\times 1000}\times 100\%$$

式中 w_2——还原糖的质量分数，%；

m_1——由氧化亚铜的量查附表 9 得出的还原糖的质量，mg；

m——样品质量，g；

V_1——样品处理液总体积，mL；

V_2——测定用样品处理液的体积，mL。

(6) 说明及注意事项

① 操作过程必须严格按规定执行，加入碱性酒石酸铜甲液、乙液后，严格控制在 4min 内加热至沸，沸腾时间 2min 也要准确；否则会引起较大的误差。

② 该法所用的碱性酒石酸铜溶液是过量的，即保证把所有的还原糖全部氧化后，还有过剩的 Cu^{2+} 存在。所以，经煮沸后的反应液应显蓝色。如不显蓝色，说明样液含糖浓度过高，应调整样液浓度，或减少样液取用体积，重新操作，而不能增加碱性酒石酸铜甲液、乙液的用量。

③ 样品中的还原糖既有单糖也有麦芽糖或乳糖等双糖时，还原糖的测定结果会偏低，这主要是因为双糖的分子中仅含有一个还原基所致。

④ 在抽滤和洗涤时，要防止氧化亚铜沉淀暴露在空气中，使沉淀始终在液面下，避免其氧化。

3. 葡萄糖氧化酶-比色法

(1) 原理　葡萄糖氧化酶（GOD）在有氧条件下，催化 β-D-葡萄糖（葡萄糖水溶液状态）氧化，生成 D-葡萄糖酸-δ-内酯和过氧化氢。受过氧化物酶（POD）催化，过氧化氢与 4-氨基安替吡啉和苯酚生成红色醌亚胺。在波长 505nm 处测定醌亚胺的吸光度，可计算出食品中葡萄糖的含量。

(2) 仪器

① 恒温水浴锅。

② 可见分光光度计。

(3) 试剂

① 组合试剂盒

1 号瓶：内含 0.2mol/L 磷酸盐缓冲溶液（pH＝7）100mL，其中 4-氨基安替吡啉为 0.00154mol/L。

2 号瓶：内含 0.022mol/L 苯酚溶液 100mL。

3 号瓶：内含葡萄糖氧化酶 400U（活力单位）、过氧化物酶 1000U（活力单位）。

1～3 号瓶需在 4℃左右保存。

② 酶试剂溶液。将 1 号瓶和 2 号瓶的物质充分混合均匀，再将 3 号瓶的物质溶解其中，

轻轻摇动（勿剧烈摇动），使葡萄糖氧化酶和过氧化物酶完全溶解。此溶液须在4℃左右保存，有效期1个月。

③ 0.085mol/L亚铁氰化钾溶液。称取3.7g亚铁氰化钾［$K_4Fe(CN)_6 \cdot 3H_2O$］，溶于100mL重蒸馏水中，摇匀。

④ 0.25mol/L硫酸锌溶液。称取7.7g硫酸锌（$ZnSO_4 \cdot 7H_2O$），溶于100mL重蒸馏水中，摇匀。

⑤ 0.1mol/L氢氧化钠溶液。称取4g氢氧化钠，溶于1000mL重蒸馏水中，摇匀。

⑥ 葡萄糖标准溶液。称取经（100±2）℃烘烤2h的葡萄糖1.0000g，溶于重蒸馏水中，定容至100mL，摇匀。将此溶液用重蒸馏水稀释$V_{2.0} \rightarrow V_{100}$，即为200μg/mL葡萄糖标准溶液。

（4）操作步骤

① 试液的制备

a. 不含蛋白质的试样。用100mL烧杯称取试样1～10g（精确至0.001g），加少量重蒸馏水，转移到250mL容量瓶中，稀释至刻度。摇匀后用快速滤纸过滤。弃去最初滤液30mL，即为试液（试液中葡萄糖含量大于300μg/mL时，应适当增加定容体积）。

b. 含蛋白质的试样。用100mL烧杯称取试样1～10g（精确至0.001g），加少量重蒸馏水，转移到250mL容量瓶中，加入0.085mol/L亚铁氰化钾溶液5mL、0.25mol/L硫酸锌溶液5mL和0.1mol/L氢氧化钠溶液10mL，用重蒸馏水定容至刻度。摇匀后用快速滤纸过滤。弃去最初滤液30mL，即为试液（试液中葡萄糖含量大于300μg/mL时，应适当增加定容体积）。

c. 标准曲线的绘制。用微量移液管取0.00mL、0.20mL、0.40mL、0.60mL、0.80mL、1.00mL葡萄糖标准溶液，分别置于10mL比色管中，各加入3mL酶试剂溶液，摇匀，在（36±1）℃的水浴锅中恒温40min。冷却至室温，用重蒸馏水定容至10mL，摇匀。用1cm比色皿，以葡萄糖标准溶液含量为0.00的试剂溶液调整分光光度计的零点，在波长505nm处，测定各比色管中溶液的吸光度。

以葡萄糖含量为纵坐标，吸光度为横坐标，绘制标准曲线。

② 试液吸光度的测定。用微量移液管吸取0.50～5.00mL试液（依试液中葡萄糖的含量而定），置于10mL比色管中。加入3mL酶试剂溶液，摇匀，在（36±1）℃的水浴锅中恒温40min。冷却至室温，用重蒸馏水定容至10mL，摇匀；用1cm比色皿，以等量试液调整分光光度计的零点，在波长505nm处，测定比色管中溶液的吸光度。

测出试液吸光度后，在标准曲线上查出对应的葡萄糖含量。

（5）结果计算

$$葡萄糖=\frac{c}{m \times \frac{V_2}{V_1}} \times \frac{1}{1000 \times 1000} \times 100\%$$

式中 c——标准曲线上查出的试液中葡萄糖含量，μg；

m——试样的质量，g；

V_2——试液的定容体积，mL；

V_1——测定时吸取试液的体积，mL。

计算结果精确至小数点后第二位。

(6) 说明及注意事项

① 本方法为仲裁法，由于本方法中使用的葡萄糖氧化酶具有专一性，只能催化葡萄糖水溶液中的β-D-葡萄糖起反应（被氧化），因此测定结果是真实值。

② 本方法对所使用的各种酶类的活力有严格的技术要求。

a. 葡萄糖氧化酶酶活力（U/mg）≥20。

b. 过氧化物酶酶活力（U/mg）≥50。

c. 要求葡萄糖氧化酶和过氧化物酶中不得含有纤维素酶、淀粉葡萄糖苷酶、β-果糖苷酶、半乳糖苷酶和过氧化氢酶。

酶活力的实验方法如下：用移液管吸取0.50mL葡萄糖标准溶液，置于10mL比色管中，加入100μg可溶性淀粉、100μg纤维二糖（生化试剂）、100μg乳糖和100μg蔗糖，再加入3mL酶试剂溶液。摇匀，在（36±1）℃的水浴锅中恒温40min。冷却至室温，用重蒸馏水定容至40mL，摇匀。用1cm比色皿，以葡萄糖标准溶液含量为0.00的试剂溶液调整分光光度计的零点，在波长505nm处测定比色管中溶液的吸光度。

测定吸光度后，在标准曲线上查得对应的葡萄糖含量，按下式计算葡萄糖的回收率。

$$F=\frac{c}{0.50\times200}\times100\%$$

式中　F——葡萄糖的回收率，%；

c——葡萄糖含量的实测值，μg。

若测得葡萄糖的回收率在95%～105%（由于方法误差的影响，回收率测得值有可能超过100%，下同），则判定葡萄糖氧化酶和过氧化物酶符合要求。

4. 蓝-爱农法

蓝-爱农（Lane-Eynon）法是许多国家和国际组织测定还原糖的标准分析方法。我国虽然没把此法定为标准分析方法，而是把其改良法——快速直接滴定法规定为标准分析方法，但此法仍广泛应用于科研、生产中糖的定量。

(1) 原理　同直接滴定法。

(2) 试剂

① 碱性酒石酸铜甲液、乙液，同高锰酸钾滴定法。

② 乙酸锌溶液、10.6%亚铁氰化钾溶液。同直接滴定法。

③ 1%亚甲基蓝溶液。称取1g亚甲基蓝，加100mL水加热溶解，储存于棕色瓶中。

④ 0.2%葡萄糖标准溶液。准确称取2.0000g无水葡萄糖（预先于100～105℃烘干），用水溶解，加5mL浓盐酸，用水定容至1000mL。

(3) 测定方法

① 样品处理。同直接滴定法。

② 样液预测。吸取碱性酒石酸铜甲液、乙液各5.00mL于250mL锥形瓶中，从滴定管中加入样液约15mL，把锥形瓶放在石棉网上加热，使其在2min内至沸，维持沸腾2min，加入3滴亚甲基蓝（如蓝色立即消失，说明糖液浓度太高，可适当增大稀释倍数后再预测），继续滴加样液（滴加速度控制在使糖液维持沸腾状态）至溶液蓝色刚好褪去为止。记录样液消耗总量（包括预先放入的15mL样液）。

③ 样液的测定。吸取碱性酒石酸铜甲液、乙液各5.00mL于250mL锥形瓶中，从滴定管加入样液，其量比预测时所消耗的样液总量少0.5～1mL。加热锥形瓶使之在2min内至

沸，维持沸腾 2min，加入 3 滴亚甲基蓝指示剂，再以 0.5 滴/s 的速度继续滴加样液，直至蓝色褪去为终点。继续滴定应控制在 1min 内完成。记录样液消耗量。

（4）计算

$$\text{还原糖}=\frac{F}{m\times\frac{V_1}{V}\times 1000}\times 100\%$$

式中　V_1——滴定时消耗样液量，mL；

V——样液总量，mL；

m——样品质量，g；

F——还原糖因数，即 10mL 碱性酒石酸铜溶液（甲液、乙液各 5mL）相当的还原糖量，mg。

还原糖因数可以用标准还原糖溶液，按样品测定的方法标定 10mL 碱性酒石酸铜溶液而求得，此法误差为 0.5%。也可以利用蓝-爱农法专用的“还原糖因数表”查得，此法误差为 1%。目前多采用前一种方法。

（5）说明

① 测定结果用哪种还原糖表示，就应该用哪种还原糖标准溶液标定碱性酒石酸铜溶液，或查哪种还原糖的“因数表”。

② 用本法测定加糖乳制品时，蔗糖的存在会使滴定时样液的消耗量减少，使测定结果偏高，故当蔗糖与乳糖的含量比超过 3∶1 时，应加以校正。

③ 操作中的有关说明同直接滴定法。

5. 高效液相色谱法（GB 5009.8—2016）

（1）原理　试样中的果糖、葡萄糖、蔗糖、麦芽糖和乳糖经提取后，利用高效液相色谱柱分离，用示差折光检测器或蒸发光散射检测器检测、外标法进行定量。

（2）试剂

① 乙腈：色谱纯。

② 乙酸锌 [$Zn(CH_3COO)_2\cdot 2H_2O$]。乙酸锌溶液：称取乙酸锌 21.9g，加冰醋酸 3mL，加水溶解并稀释至 100mL。

③ 亚铁氰化钾 {$K_4[Fe(CN)_6]\cdot 3H_2O$}。亚铁氰化钾溶液：称取亚铁氰化钾 10.6g，加水溶解并稀释至 100mL。

④ 石油醚：沸程 30～60℃

（3）标准品

① 果糖（$C_6H_{12}O_6$，CAS 号：57-48-7）纯度为 99%，或经国家认证并授予标准物质证书的标准物质。

② 葡萄糖（$C_6H_{12}O_6$，CAS 号：50-99-7）纯度为 99%，或经国家认证并授予标准物质证书的标准物质。

③ 蔗糖（$C_{12}H_{22}O_{11}$，CAS 号：57-50-1）纯度为 99%，或经国家认证并授予标准物质证书的标准物质。

④ 麦芽糖（$C_{12}H_{22}O_{11}$，CAS 号：69-79-4）纯度为 99%，或经国家认证并授予标准物质证书的标准物质。

⑤ 乳糖（$C_6H_{12}O_6$，CAS 号：63-42-3）纯度为 99%，或经国家认证并授予标准物质证

书的标准物质。

(4) 标准溶液配制

① 糖标准贮备液(20mg/mL):分别称取上述经过96℃±2℃干燥2h的果糖、葡萄糖、蔗糖、麦芽糖和乳糖各1g,加水定容至50mL,置于4℃密封可贮藏一个月。

② 糖标准使用液:分别吸取糖标准贮备液1.00mL、2.00mL、3.00mL、5.00mL于10mL容量瓶中,加水定容,分别相当于2.0mg/mL、4.0mg/mL、6.0mg/mL、10.0mg/mL浓度标准溶液。

(5) 仪器和设备　天平:感量为0.1mg。超声波振荡器。磁力搅拌器。离心机:转速≥4000r/min。

高效液相色谱仪,带示差折光检测器或蒸发光散射检测器。

液相色潜柱:氨基色谱柱,柱长250mm,内径4.6mm,膜厚5μm,或具有同等性能的色谱柱。

(6) 试样的制备和保存

① 试样的制备

a. 固体样品。取有代表性样品至少200g,用粉碎机粉碎,并通过2.0mm圆孔筛,混匀,装入洁净容器,密封,标明标记。

b. 半固体和液体样品(除蜂蜜样品外)。取有代表性样品至少200g(mL),充分混匀,装入洁净容器,密封,标明标记。

c. 蜂蜜样品。未结晶的样品将其用力搅拌均匀;有结晶析出的样品,可将样品瓶盖塞紧后置于不超过60℃的水浴中温热,待样品全部熔化后,搅匀,迅速冷却至室温以备检验用。在熔化时应注意防止水分侵入。

② 保存。蜂蜜等易变质试样置于0~4℃保存。

(6) 分析步骤

① 样品处理

a. 脂肪小于10%的食品。称取粉碎或混匀后的试样0.5~10g(含糖量≤5%时称取10g;含糖量5%~10%时称取5g;含糖量10%~40%时称取2g;含糖量≥40%时称取0.5g)(精确到0.001g)于100mL容量瓶中,加水约50mL溶解,缓慢加入乙酸锌溶液和亚铁氰化钾溶液各5mL,加水定容至刻度,磁力搅拌或超声30min,用干燥滤纸过滤,弃去初滤液,后续滤液用0.45μm微孔滤膜过滤或离心获取上清液过0.45μm微孔滤膜至样品瓶,供液相色谱分析。

b. 糖浆、蜂蜜类。称取混匀后的试样1~2g(精确到0.001g)于50mL容量瓶,加水定容至50mL,充分摇匀,用干燥滤纸过滤,弃去初滤液,后续滤液用0.45μm微孔滤膜过滤或离心获取上清液过0.45μm微孔滤膜至样品瓶,供液相色谱分析。

c. 含二氧化碳的饮料。吸取混匀后的试样于蒸发皿中,在水浴上微热搅拌去除二氧化碳,吸取50.0mL移入100mL容量瓶中,缓慢加入乙酸锌溶液和亚铁氰化钾溶液各5mL,用水定容至刻度,摇匀,静置30min,用干燥滤纸过滤,弃去初滤液,后续滤液用0.45μm微孔滤膜过滤或离心获取上清液过0.45μm微孔滤膜至样品瓶,供液相色谱分析。

d. 脂肪大于10%的食品。称取粉碎或混匀后的试样5~10g(精确到0.001g)置于100mL具塞离心管中,加入50mL石油醚,混匀,放气,振摇2min,1800r/min离心15min,去除石油醚后重复以上步骤至去除大部分脂肪。蒸发残留的石油醚,用玻璃棒将样品捣碎并转移至100mL容量瓶中，用50mL水分两次冲洗离心管，洗液并入100mL容量瓶中，缓慢加入乙酸锌溶液和亚铁氰化钾溶液各5mL，加水定容至刻度，磁力搅拌或超声30min，用干燥滤纸过滤，弃去初滤液，后续液液用0.45μm微孔滤膜过滤或离心获取上清液过0.45μm微孔滤膜至样品瓶，供液相色谱分析。

② 色谱参考条件。色谱条件应当满足果糖、葡萄糖、蔗糖、麦芽糖和乳糖之间的分离度大于1.5。

流动相：乙腈＋水＝70＋30（体积比）；流动相流速：1.0mL/min；柱温：40℃；进样量：20μL；示差折光检测器条件：温度40℃；蒸发光散射检测器条件：飘移管温度80～90℃；氮气压力350kPa；撞击器关闭。

③ 标准曲线的制作。将糖标准使用液依次按上述推荐色谱条件上机测定，记录色谱图峰面积或峰高，以峰面积或峰高为纵坐标，以标准工作液的浓度为横坐标，示差折光检测器采用线性方程；蒸发光散射检测器采用幂函数方程绘制标准曲线。

④ 试样溶液的测定。将试样溶液注入高效液相色谱仪中，记录峰面积或峰高，从标准曲线中查得试样溶液中糖的浓度。可根据具体试样进行稀释（n）。

⑤ 空白试验。除不加试样外，均按上述步骤进行。

（7）计算

$$X=\frac{(\rho-\rho_0)\times V\times n}{m\times 1000}\times 100$$

式中　X——试样中糖（果糖、葡萄糖、蔗糖、麦芽糖和乳糖）的含量，g/100g；

ρ——样液中糖的浓度，mg/mL；

ρ_0——空白中糖的浓度，mg/mL；

V——样液定容体积，mL；

n——稀释倍数；

m——试样的质量，g或mL；

1000——换算系数；

100——换算系数。

糖的含量≥10g/100g时，结果保留三位有效数字；糖的含量＜10g/100g时，结果保留两位有效数字。

（8）精密度　在重复条件下获得的两次独立测定结果的绝对差值不得超过算术平均值的10％。

（9）其他　当称样量为10g时，果糖、葡萄糖、蔗糖、麦芽糖和乳糖检出限为0.2g/100g。

三、蔗糖的测定

在食品生产中，为判断原料的成熟度，鉴别白糖、蜂蜜等食品原料的品质，以及控制糖果、果脯、加糖乳制品等产品的质量指标，常常需要测定蔗糖的含量。蔗糖是非还原性双糖，不能用测定还原糖的方法直接进行测定，但蔗糖经酸水解后可生成具有还原性的葡萄糖和果糖，再按测定还原糖的方法进行测定。对于纯度较高的蔗糖溶液，可用相对密度、折射率、比旋光度等物理检验法进行测定。下面以盐酸水解法为例进行说明。

（1）原理　样品脱脂后，用水或乙醇提取，提取液经澄清处理以除去蛋白质等杂质后，再用稀盐酸水解，使蔗糖转化为还原糖。然后按还原糖测定的方法，分别测定水解前后样液中还原糖的含量，两者的差值即为由蔗糖水解产生的还原糖的量，再乘以换算系数 0.95 即为蔗糖的含量。

（2）试剂

① 1g/L 甲基红指示剂。称取 0.1g 甲基红，用体积分数为 60％的乙醇溶解并定容至 100mL。

② 6mol/L 盐酸溶液、200g/L 氢氧化钠溶液。其他试剂同还原糖的测定。

（3）操作步骤　取一定的样品，按还原糖测定法进行处理。吸取经处理后的样品 2 份各 50mL，分别放入 100mL 容量瓶中，其中一份加入 5mL 6mol/L HCl 溶液，置于 68～70℃水浴中加热 15min，取出迅速冷却至室温，加 2 滴甲基红指示剂，用 200g/L 的氢氧化钠溶液中和至中性，加水至刻度，摇匀。而另一份直接用水稀释到 100mL。按直接滴定法或高锰酸钾滴定法测定还原糖含量。

（4）结果计算

① 直接滴定法

$$w=\frac{\left(\frac{100}{V_2}-\frac{100}{V_1}\right)F}{m\times\frac{50}{250}\times 1000}\times 100\%\times 0.95$$

式中　w——蔗糖的质量分数，％；

m——样品质量，g；

V_1——测定时消耗未经水解的样品稀释液的体积，mL；

V_2——测定时消耗经过水解的样品稀释液的体积，mL；

F——10mL 碱性酒石酸铜溶液相当于转化糖的质量，mg；

250——样液的总体积，mL；

0.95——转化糖换算为蔗糖的系数。

② 高锰酸钾滴定法

$$w=\frac{(m_2-m_1)\times 0.95}{m\times\frac{50}{V_1}\times\frac{V_2}{100}\times 1000}\times 100\%$$

式中　w——蔗糖的质量分数，％；

m_1——未经水解的样液中还原糖量，mg；

m_2——经水解后样液中还原糖量，mg；

V_1——样品处理液的总体积，mL；

V_2——测定还原糖取用样品处理液的体积，mL；

m——样品质量，g；

0.95——还原糖还原成蔗糖的系数。

（5）说明及注意事项

① 蔗糖在本法规定的水解条件下，可以完全水解，而其他双糖和淀粉等的水解作用很小，可忽略不计。所以必须严格控制水解条件，以确保结果的准确性与重现性。此外果糖在酸性溶液中易分解，故水解结束后应立即取出并迅速冷却中和。

② 根据蔗糖的水解反应方程式：

$$\underset{\substack{蔗糖\\342}}{C_{12}H_{22}O_{11}} + H_2O \xrightarrow{HCl} \underset{\substack{葡萄糖\\180}}{C_6H_{12}O_6} + \underset{\substack{果糖\\180}}{C_6H_{12}O_6}$$

蔗糖的相对分子质量为 342，水解后生成 2 分子单糖，其相对分子质量之和为 360。

$$\frac{342}{360}=0.95$$

即 1g 转化糖相当于 0.95g 蔗糖。

③ 用还原糖法测定蔗糖时，为减少误差，测得的还原糖应以转化糖表示，故用直接法滴定时，碱性酒石酸铜溶液的标定需采用蔗糖标准溶液按测定条件水解后进行标定。

④ 碱性酒石酸铜溶液的标定

a. 称取 105℃烘干至恒重的纯蔗糖 1.000g，用蒸馏水溶解，并定容至 500mL，混匀。此标准溶液 1mL 相当于纯蔗糖 2mg。

b. 吸取上述蔗糖标准溶液 50mL 于 100mL 容量瓶中，加 5mL 6mol/L 盐酸溶液，在 68～70℃水浴中加热 15min，取出迅速冷却至室温，加 2 滴甲基红指示剂，用 200g/L 的氢氧化钠溶液中和至中性，加水至刻度，摇匀。此液 1mL 相当于纯蔗糖 1mg。

c. 取经水解的蔗糖标准溶液，按直接滴定法标定碱性酒石酸铜溶液。

$$m_2=\frac{m_1}{0.95}V$$

式中　m_1——1mL 蔗糖标准水解液相当于蔗糖的质量，mg；

m_2——10mL 碱性酒石酸铜溶液相当于转化糖质量，mg；

V——标定中消耗蔗糖标准水解液的体积，mL；

0.95——蔗糖换算为转化糖的系数。

⑤ 若选用高锰酸钾滴定时，查附表 9 时应查转化糖项。

四、总糖的测定——直接滴定法

许多食品中含有多种糖类，包括具有还原性的葡萄糖、果糖、麦芽糖、乳糖等，以及非还原性的蔗糖等，这些糖有的来自原料，有的是因生产需要而加入的，有的是生产过程中形成的（如蔗糖水解为葡萄糖和果糖）。许多食品中通常只需测定其总量，即所谓的“总糖”。食品中的总糖通常是指食品中存在的具有还原性的或在测定条件下能水解为还原性单糖的碳水化合物总量。应当注意这里所讲的总糖与营养学上所指的总糖是有区别的，营养学上的总糖是指被人体消化、吸收利用的糖类物质的总和，包括淀粉。而这里讲的总糖不包括淀粉，因为在该测定条件下，淀粉的水解作用很微弱。

总糖是许多食品（如麦乳精、果蔬罐头、巧克力、软饮料等）的重要质量指标，是食品生产中常规的检验项目，总糖含量直接影响食品的质量及成本。所以，在食品分析中总糖的测定具有十分重要的意义。

总糖的测定通常是以还原糖的测定方法为基础，常用的方法是直接滴定法，也可用蒽酮比色法等。

1. 原理

样品经处理除去蛋白质等杂质后，加入稀盐酸在加热条件下使蔗糖水解转化为还原糖，再以直接滴定法测定水解后样品中还原糖的总量。

2. 试剂

同蔗糖的测定。

3. 操作步骤

(1) 样品处理　同直接测定法测定还原糖。

(2) 测定　按测定蔗糖的方法水解样品，再按直接测定法测定还原糖含量。

4. 结果计算

$$w=\frac{F}{m\times\frac{50}{V_1}\times\frac{V_2}{100}\times1000}\times100\%$$

式中　w——总糖（以转化糖计）的质量分数，%；

F——10mL碱性酒石酸铜相当于转化糖质量，mg；

m——样品质量，g；

V_1——样品处理液的总体积，mL；

V_2——测定时消耗样品水解液的体积，mL。

5. 说明及注意事项

总糖测定结果一般根据产品质量指标要求，以转化糖或葡萄糖计，碱性酒石酸铜的标定应用相应的糖的标准溶液来进行标定。

五、淀粉测定——酸水解法

淀粉在植物性食品中分布很广，广泛存在于植物的根、茎、叶、种子及水果中。它是一种多糖，是供给人体热量的主要来源。在食品工业中的用途也非常广泛，常作为食品的原辅料。制造面包、糕点、饼干用的面粉，通过掺和纯淀粉，调节面筋浓度和胀润度，在糖果生产中不仅使用大量由淀粉制造的糖浆，也使用原淀粉和变性淀粉，在冷饮中作为稳定剂，在肉类罐头中作为增稠剂，在其他食品中还可作为胶体生成剂、保湿剂、乳化剂、黏合剂等。淀粉含量是某些食品主要的质量指标，也是食品生产管理中的一个常规检验项目。

淀粉测定的方法很多，常用的方法有酸水解法和酶水解法，它是根据淀粉在酸或酶的作用下水解为葡萄糖后，再按测定还原糖的方法进行定量测定。

酸水解法适用于淀粉含量较高，而其他能被水解为还原糖的多糖含量较少的样品。因为酸水解法不仅是淀粉水解，其他多糖如半纤维素和多缩戊糖等也会被水解为具有还原性的木糖、阿拉伯糖等，使得测定结果偏高。因此，对于淀粉含量较低而半纤维素、多缩戊糖和果胶含量较高的样品不适宜用该法。该法操作简单、应用广泛，但选择性和准确性不如酶水解法。

1. 原理

样品经过除去脂肪和可溶性糖类后，用酸将淀粉水解为葡萄糖，按还原糖的测定方法来测定还原糖含量，再折算成淀粉含量。

2. 试剂

乙醚；85%（体积分数）乙醇；6mol/L HCl；400g/L 氢氧化钠；100g/L 氢氧化钠；甲基红指示剂；2g/L 乙醇溶液；精密 pH 试纸；200g/L 醋酸铅溶液；100g/L 硫酸钠溶液；其余试剂同还原糖测定。

3. 操作步骤

（1）样品处理

① 粮食、豆类、糕点、饼干、代乳品等较干燥易磨细的样品。称取 2～5g（含淀粉 0.5g 左右）磨细、过 40 目筛的样品，置于铺有慢速滤纸的漏斗中，用 30mL 乙醚分三次洗去样品中的脂肪，再用 150mL 85%（体积分数）乙醇分次洗涤残渣，以除去可溶性糖类。以 100mL 水洗涤漏斗中的残渣，并全部转移入 250mL 锥形瓶中。

② 蔬菜、水果、各种粮豆含水熟食制品。按 1∶1 加水在组织捣碎机中捣成匀浆（蔬菜、水果需先洗净、晾干、取可食部分）。称取 5～10g 匀浆于 250mL 锥形瓶中，加 30mL。乙醚振摇提取脂肪，用滤纸过滤除去乙醚，再用 30mL 乙醚淋洗 2 次，弃去乙醚。再用 150mL 85%（体积分数）乙醇分次洗涤残渣，以除去可溶性糖类。以 100mL 水洗涤漏斗中的残渣，并全部转移入 250mL 锥形瓶中。

③ 水解。于上述 250mL 锥形瓶中加入 30mL 的 6mol/L HCl，装上冷凝管，于沸水浴中回流 2h，回流完毕，立即置于流动冷水中冷却，待样品水解液冷却后，加入 2 滴甲基红，先用 400g/L 氢氧化钠调至黄色，再用 6mol/L 盐酸调到刚好变为红色。若水解液颜色较深，可用精密 pH 试纸测试，使样品水解液的 pH 约为 7。再加入 20mL 200g/L 醋酸铅，摇匀后放置 10min，以沉淀蛋白质、有机酸、单宁、果胶及其他胶体，再加 20mL 100g/L 硫酸钠溶液，以除去过多的铅，摇匀后用蒸馏水转移至 500mL 容量瓶中，定容。过滤、弃去初滤液，收集滤液供测定用。

④ 测定。按还原糖测定法进行测定，并同时做试剂空白试验。

（2）结果计算

$$w=\frac{(m_1-m_0)\times 0.9}{m\times \frac{V}{500}\times 1000}\times 100\%$$

式中　w——淀粉的质量分数，%；

m——试样质量，g；

m_1——样品水解液中还原糖质量，mg；

m_0——试剂空白中还原糖质量，mg；

V——测定用样品水解液的体积，mL；

500——样液总体积，mL；

0.9——还原糖折算为淀粉的系数。

（3）说明及注意事项

① 样品中脂肪含量较少时，可省去乙醚溶解和洗去脂肪的操作。乙醚也可用石油醚代替。若样品为液体，则采用分液漏斗振摇静置分层，去除乙醚层。

② 淀粉的水解反应：

$$\underset{162}{(C_6H_{10}O_5)_n}+nH_2O=\!=\!=n\underset{180}{(C_6H_{12}O_6)}$$

把葡萄糖含量折算为淀粉含量的换算系数为 162/180=0.9。

六、纤维素的测定

纤维是植物性食品的主要成分之一，广泛存在于各种植物体内，其含量随食品种类的不同而异，尤其在谷类、豆类、水果、蔬菜中含量较高。食品的纤维在化学上不是单一组分的物质，而是包括多种成分的混合物，其组成十分复杂，且随食品的来源、种类而变化。因此，不同的研究者对纤维的解释也有所不同，其定义也就不同。目前，还没有明确的科学的定义。早在19世纪60年代，德国的科学家首次提出了“粗纤维”的概念，用来表示食品中不能被稀酸、稀碱所溶解，不能为人体所消化利用的物质。它仅包括食品中部分纤维素、半纤维素、木质素及少量含氮物质，不能代表食品中纤维的全部内容。到了近代，在研究和评价食品的消化率和品质时，从营养学的观点，提出了食物纤维（膳食纤维）的概念，它是指食品中不能被人体消化酶所消化的多糖类和木质素的总和，包括纤维素、半纤维素、戊聚糖、木质素、果胶、树胶等，至于是否应包括作为添加剂添加的某些多糖（羧甲基纤维素、藻酸丙二醇等）还无定论。食物纤维比粗纤维更能客观、准确地反映食物的可利用率，因此有逐渐取代粗纤维指标的趋势。

纤维是人类膳食中不可缺少的重要物质之一，在维持人体健康、预防疾病方面有着独特的作用，已日益引起人们的重视。人类每天要从食品中摄入一定量（8～12g）纤维才能维持人体正常的生理代谢功能。为保证纤维的正常摄取，一些国家强调增加纤维含量高的谷物、果蔬制品的摄入，同时还开发了许多强化纤维的配方食品。在食品生产和食品开发中，常需要测定纤维的含量，它也是食品成分全分析项目之一，对于食品品质管理和营养价值的评定具有重要意义。

食品中纤维的测定提出最早、应用最广泛的是粗纤维测定法。此外还有中性洗涤纤维法、酸性洗涤纤维法、酶解重量法等分析方法。这些方法各有优、缺点，下面主要介绍两种纤维素的测定方法。

1. 粗纤维的测定（重量法）

（1）原理　在热的稀硫酸作用下，样品中的糖、淀粉、果胶等物质经水解而除去，再用热的氢氧化钾处理，使蛋白质溶解，脂肪皂化而除去。然后用乙醇和乙醚处理以除去单宁、色素及残余的脂肪，所得的残渣即为粗纤维，如其中含有无机物质，可经灰化后扣除。

该法操作简便、迅速，适用于各类食品，是应用最广泛的经典分析法。目前，我国的食品成分表中“纤维”一项的数据都是用此法测定的，但该法测定结果粗糙，重现性差。由于酸碱处理时纤维成分会发生不同程度的降解，使测得值与纤维的实际含量差别很大，这是此法的最大缺点。

（2）试剂及仪器　1.25％硫酸、1.25％氢氧化钾、G_2 垂融坩埚或 G_2 垂融漏斗。

（3）操作步骤

① 取样。

a. 干燥样品：如粮食、豆类等，经磨碎过24目筛，称取均匀的样品5.0g，置于500mL锥形瓶中。

b. 含水分较高的样品：如蔬菜、水果、薯类等，先加水打浆，记录样品质量和加水量，称取相当于5.0g干燥样品的量，加1.25％硫酸适量，充分混合，用亚麻布过滤，残渣移入500mL锥形瓶中。

② 酸处理。于锥形瓶中加入200mL煮沸的1.25％硫酸，装上回流装置，加热使之微沸，回流30min，每隔5min摇动锥形瓶一次，以充分混合瓶内物质，取下锥形瓶，立即用亚麻布过滤，用热水洗涤至洗液不呈酸性（以甲基红为指示剂）。

③ 碱处理。用20mL煮沸的1.25％氢氧化钾溶液将亚麻布上的存留物洗入原锥形瓶中，加热至沸，回流30min。取下锥形瓶，立即用亚麻布过滤，以沸水洗至洗液不呈碱性（以酚酞为指示剂）。

④ 干燥。用水把亚麻布上的残留物洗入100mL烧杯中，然后转移到已干燥至恒重的

G_2 垂融坩埚或 G_2 垂融漏斗中，抽滤，用热水充分洗涤后，抽干，再依次用乙醇、乙醚洗涤一次。将坩埚和内容物在 105℃烘箱中烘干至恒重。

⑤ 灰化。若样品中含有较多无机物质，可用石棉坩埚代替垂融坩埚过滤，烘干称重后，移入 550℃高温炉中灼烧至恒重，置于干燥器内，冷却至室温后称重，灼烧前后的质量之差即为粗纤维的量。

（4）结果计算

$$粗纤维=\frac{G}{m}\times100\%$$

式中　G——残余物的质量（或经高温灼烧后损失的质量），g；

m——样品质量，g。

（5）说明及注意事项

① 此法是 1960 年由 Helnneberg 等首次提出的，一直沿用至今，目前是测定纤维素的标准分析方法。

② 样品中脂肪含量高于 1%时，应先用石油醚脱脂，然后再测定，如脱脂不足，结果将偏高。

③ 酸、碱消化时，如产生大量泡沫，可加入 2 滴硅油或正辛醇消泡。

④ 本法测定结果的准确性取决于操作条件的控制。实验证明，样品的细度、加热回流时间、沸腾的状态及过滤时间等因素都将对测定结果产生影响。样品粒度过大影响消化，结果偏高；粒度过细则会造成过滤困难。沸腾不能过于剧烈，以防止样品脱离液体，附于液面以上的瓶壁上。过滤时间不能太长，一般不超过 10min，否则应适量减少称样量。

⑤ 用亚麻布过滤时，由于其孔径不稳定，结果出入较大，最好采用 200 目尼龙筛过滤，既耐较高温度，孔径又稳定，本身不吸留水分，洗残渣也较容易。

⑥ 恒重要求：烘干小于 0.2mg，灰化小于 0.5mg。

⑦ 在这种方法中，纤维素、半纤维素、木质素等食物纤维成分都发生了不同程度的降解，且残留物中还包含了少量的无机物、蛋白质等成分，故测定结果称为粗纤维。

⑧ 测定粗纤维的方法还有容量法。样品经 2%盐酸回流，除去可溶性糖类、淀粉、果胶等物质，残渣用 80%硫酸溶解，使纤维成分水解为还原糖（主要是葡萄糖），然后按还原糖测定方法测定，再折算为纤维含量。该法操作复杂，一般很少采用。

2. 中性洗涤纤维（NDF）的测定（膳食纤维）

鉴于粗纤维测定方法的诸多缺点，近几十年来各国学者对食物纤维的测定方法进行了广泛的研究，1963 年提出了中性洗涤纤维（NDF）和酸性洗涤纤维（ADF）的观点及相应的测定方法，试图用来代替粗纤维指标。目前，有的国家已把 NDF 和 ADF 列为营养分析的正式指标之一。

（1）原理　样品经热的中性洗涤剂浸煮后，残渣用热蒸馏水充分洗涤，除去样品中游离淀粉、蛋白质、矿物质，然后加入 α-淀粉酶溶液以分解结合态淀粉，再用蒸馏水、丙酮洗涤，以除去残存的脂肪、色素等，残渣经烘干，即为中性洗涤纤维（不溶性膳食纤维）。

本法适用于谷物及其制品、饲料、果蔬等样品，对于蛋白质、淀粉含量高的样品，易形成大量泡沫，黏度大，过滤困难，使此法应用受到限制。本法设备简单、操作容易、准确度高、重现性好。所测结果包括食品中全部的纤维素、半纤维素、木质素，最接近于食品中膳食纤维的真实含量，但不包括水溶性非消化性多糖，这是此法的最大缺点。

(2) 试剂

① 中性洗涤剂溶液。

a. 将 18.61g EDTA 和 6.81g 四硼酸钠（$Na_2B_4O_7 \cdot 10H_2O$）用 250mL 水加热溶解。

b. 将 30g 十二烷基硫酸钠和 10mL2-乙氧基乙醇溶于 200mL 热水中，合并于 a 液中。

c. 把 4.56g 磷酸氢二钠溶于 150mL 热水，并入 a 液中。

d. 用磷酸调节混合液 pH 至 6.9～7.1，最后加水至 1000mL，此液使用期间如有沉淀生成，需在使用前加热到 60℃，使沉淀溶解。

② 十氢化萘（萘烷）。

③ α-淀粉酶溶液。取 0.1mol/L Na_2HPO_4 和 0.1mol/L NaH_2PO_4 溶液各 500mL，混匀，配成磷酸盐缓冲液。称取 12.5mg α-淀粉酶，用上述缓冲溶液溶解并稀释到 250mL。

④ 丙酮。

⑤ 无水亚硫酸钠。

(3) 仪器

① 提取装置。由带冷凝器的 300mL 锥形瓶和可将 100mL 水在 5～10min 内由 25℃升温到沸腾的可调电热板组成。

② 玻璃过滤坩埚（滤板平均孔径 40～90μm）。

③ 抽滤装置由抽滤瓶、抽滤架、真空泵组成。

(4) 操作步骤

① 将样品磨细使之通过 20～40 目筛。精确称取 0.500～1.000g 样品，放入 300mL 锥形瓶中，如果样品中脂肪含量超过 10%，按每克样品用 20mL 石油醚提取 3 次。

② 依次向锥形瓶中加入 100mL 中性洗涤剂、2mL 十氢化萘和 0.05g 无水亚硫酸钠，加热锥形瓶使之在 5～20min 内沸腾，从微沸开始计时，准确微沸 1h。

③ 把洁净的玻璃过滤器在 110℃烘箱内干燥 4h，放入干燥器内冷却至室温，称重。将锥形瓶内全部内容物移入过滤器，抽滤至干，用不少于 300mL 的热水（100℃）分 3～5 次洗涤残渣。

④ 加入 5mL α-淀粉酶溶液，抽滤，以置换残渣中的水，然后塞住玻璃过滤器的底部，加 20mLα-淀粉酶液和几滴甲苯（防腐），置过滤器于（37±2)℃培养箱中保温1h。取出滤器，取下底部的塞子，抽滤，并用不少于 500mL 热水分次洗去酶液，最后用 25mL 丙酮洗涤，抽干滤器。

⑤ 置滤器于 110℃烘箱中干燥过夜，移入干燥器中冷却至室温，称重。

(5) 结果计算

$$\text{中性洗涤纤维(NDF)}=\frac{m_1-m_0}{m}\times 100\%$$

式中 m_0——玻璃过滤器质量，g；

m_1——玻璃过滤器和残渣质量，g；

m——样品质量，g。

(6) 说明及注意事项

① 中性洗涤纤维相当于植物细胞壁，它包括了样品中全部的纤维素、半纤维素、木质素、角质，因为这些成分是膳食纤维中不溶于水的部分，故又称为“不溶性膳食纤维”。由于食品中可溶性膳食纤维（来源于水果的果胶、某些豆类种子中的豆胶、海藻的藻胶、某些

植物的黏性物质等可溶于水，称为水溶性膳食纤维）含量较少，所以中性洗涤纤维接近于食品中膳食纤维的真实含量。

② 这里介绍的是美国谷物化学家协会（AACC）审批的方法。

③ 样品粒度对分析结果影响较大，颗粒过粗时结果偏高，而过细时又易造成滤板孔眼堵塞，使过滤无法进行。一般采用20～30目为宜，过滤困难时，可加入助剂。

④ 十氢化萘作为消泡剂，也可用正辛醇代替，但测定结果精密度不及十氢化萘。

⑤ 测定结果中包含灰分，可灰化后扣除。

⑥ 中性洗涤纤维测定值高于粗纤维测定值，且随食品种类的不同，两者的差异也不同。实验证明，粗纤维测定值占中性洗涤纤维测定值的百分比：谷物为13%～27%；干豆类为35%～52%；果蔬为32%～66%。

第六节　蛋白质和氨基酸的测定

一、概述

不同的食品中蛋白质的含量各不相同，一般来说，动物性食品的蛋白质含量高于植物性食品，测定食品中蛋白质的含量，对于评价食品的营养价值，合理开发利用食品资源，指导生产，优化食品配方，提高产品质量具有重要的意义。

蛋白质是复杂的含氮有机化合物，分子质量很大，主要化学元素为C、H、O、N，在某些蛋白质中还含有P、S、Cu、Fe、I等元素，由于食物中另外两种重要的营养素——碳水化合物、脂肪中只含有C、H、O，不含有氮，所以含氮是蛋白质区别于其他有机化合物的主要标志。不同的蛋白质中氨基酸的构成比例及方式不同，故不同的蛋白质含氮量不同。一般蛋白质含氮量为16%，即1份氮素相当于6.25份蛋白质。此数值称为蛋白质系数，不同种类食品的蛋白质系数有所不同，如玉米、荞麦、青豆、鸡蛋等为6.25；花生为5.46；大米为5.95；大豆及其制品为5.71；小麦粉为5.70；牛乳及其制品为6.38。蛋白质可以被酶、酸或碱水解，水解的中间产物为胨、肽等，最终产物为氨基酸。氨基酸是构成蛋白质的最基本物质。

测定蛋白质的方法可分为两大类：一类是利用蛋白质的共性，即含氮量、肽键和折射率等测定蛋白质含量，另一类是利用蛋白质中特定氨基酸残基、酸性和碱性基团以及芳香基团等测定蛋白质含量。蛋白质测定最常用的方法是凯氏定氮法，它是测定总有机氮的最准确和操作较简便的方法之一，在国内外应用普遍。此外，双缩脲分光光度比色法、染料结合分光光度比色法、酚试剂法等也常用于蛋白质含量测定，由于方法简便快速，多用于生产单位质量控制分析。近年来，国外采用红外检测仪对蛋白质进行快速定量分析。

鉴于食品中氨基酸成分的复杂性，对食品中氨基酸含量的测定在一般的常规检验中多测定样品中的氨基酸总量，通常采用酸碱滴定法来完成。近年来世界上已出现了多种氨基酸分析仪、近红外反射分析仪，可以快速、准确地测出各种氨基酸含量。这里主要介绍凯氏定氮法、分光光度比色快速测定法。

二、蛋白质的测定

新鲜食品中的含氮化合物大多以蛋白质为主体，所以检验食品中蛋白质时，往往测定总氮量，然后乘以蛋白质换算系数，即可得到蛋白质含量。凯氏定氮法可用于所有动物性食品、植物性食品的蛋白质含量测定，但因样品中常含有核酸、生物碱、含氮类脂、卟啉以及含氮色素等非蛋白质的含氮化合物，故通常将测定结果称为粗蛋白质含量。

凯氏定氮法由 Kieldahl 于 1833 年首先提出，经长期改进，迄今已演变成常量法、微量法、改良凯氏定氮法、自动定氮仪法、半微量法等多种方法。

1. 常量凯氏定氮法（GB 5009.5—2016）

（1）原理　将样品与浓硫酸和催化剂一同加热消化，使蛋白质分解，其中碳和氢被氧化为二氧化碳和水逸出，而样品中的有机氮转化为氨，并与硫酸结合成硫酸铵，加碱将消化液碱化，通过水蒸气蒸馏，使氨蒸出，用硼酸吸收形成硼酸铵，再以标准盐酸或硫酸溶液滴定，根据标准酸消耗量可计算出蛋白质的含量。

① 消化。消化反应方程式如下：

$$2NH_2(CH_2)_2COOH+13H_2SO_4 \longrightarrow (NH_4)_2SO_4+6CO_2+12SO_2+16H_2O$$

浓硫酸具有脱水性，使有机物脱水并炭化为碳、氢、氮。

浓硫酸又有氧化性，使炭化后的碳氧化为二氧化碳，硫酸则被还原成二氧化硫：

$$2H_2SO_4+C \xlongequal{\triangle} 2SO_2+2H_2O+CO_2\uparrow$$

二氧化硫使氮还原为氨，本身则被氧化为三氧化硫，氨随之与硫酸作用生成硫酸铵留在酸性溶液中：

$$H_2SO_4+2NH_3 = (NH_4)_2SO_4$$

在消化反应中，为了加速蛋白质的分解，缩短消化时间，常加入如下催化剂。

a. 硫酸钾。加入 K_2SO_4 的目的是为了提高溶液的沸点，加快有机物的分解。硫酸钾与硫酸作用生成硫酸氢钾可提高反应温度，一般纯硫酸的沸点在 340℃左右，而添加硫酸钾后，可使温度提高至 400℃以上，而且随着消化过程中硫酸不断地被分解，水分不断逸出而使硫酸氢钾的浓度逐渐增大，故沸点不断升高，其反应式如下：

$$K_2SO_4+H_2SO_4 = 2KHSO_4$$

$$2KHSO_4 \xlongequal{\triangle} K_2SO_4+H_2O\uparrow+SO_3$$

所以 K_2SO_4 的加入量也不能太大，否则消化体系温度过高，会引起已生成的铵盐发生热分解析出氨而造成损失：

$$(NH_4)_2SO_4 \xrightarrow{\triangle} NH_3\uparrow+(NH_4)HSO_4$$

$$2(NH_4)HSO_4 \xrightarrow{\triangle} 2NH_3\uparrow+2SO_3\uparrow+2H_2O$$

$$2CuSO_4 \xrightarrow{\triangle} Cu_2SO_4+SO_2\uparrow+O_2$$

除 K_2SO_4 外，也可以加入 Na_2SO_4、KCl 等盐类来提高沸点，但效果不如 K_2SO_4。

b. 硫酸铜。$CuSO_4$ 也可起催化剂的作用。凯氏定氮法中可用的催化剂种类很多，除 $CuSO_4$ 外，还有 HgO、Hg、Sn 粉等，但考虑到效果、价格及环境污染等多种因素，应用最广泛的是硫酸铜，有时常加入少量过氧化氢、次氯酸钾等作为氧化剂以加速有机物的氧化分解，$CuSO_4$ 的作用机理如下所示：

$$Cu_2SO_4+2H_2SO_4 \longrightarrow 2CuSO_4+2H_2O+SO_2\uparrow$$

$$C+2CuSO_4 \xrightarrow{\triangle} Cu_2SO_4+SO_2\uparrow+CO_2\uparrow$$

此反应不断进行，待有机物全部被消化完后，不再有硫酸亚铜（Cu_2SO_4 褐色）生成，

溶液呈现清澈的 Cu^{2+} 的蓝绿色。故 $CuSO_4$ 除起催化剂的作用外，还可指示消化终点的到达，以及下一步蒸馏时作为碱性反应的指示剂。

② 蒸馏。在消化完全的样品消化液中加入浓氢氧化钠使呈碱性，此时氨游离出来，加热蒸馏即可释放出氨气，反应方程式如下：

$$2NaOH+(NH_4)_2SO_4 \xlongequal{\triangle} 2NH_3\uparrow+Na_2SO_4+2H_2O$$

③ 吸收与滴定。蒸馏所释放出来的氨，用硼酸溶液进行吸收，硼酸呈微弱酸性（$K_a=5.8\times10^{-10}$），与氨形成强碱弱酸盐，待吸收完全后，再用盐酸标准溶液滴定，吸收及滴定反应方程式如下：

$$2NH_3+4H_3BO_3 = (NH_4)_2B_4O_7+5H_2O$$

$$(NH_4)_2B_4O_7+5H_2O+2HCl = 2NH_4Cl+4H_3BO_3$$

蒸馏释放出来的氨，也可以采用硫酸或盐酸标准溶液吸收，然后再用氢氧化钠标准溶液反滴定吸收液中过剩的硫酸或盐酸，从而计算出总氮量。

（2）适用范围　此法可应用于各类食品中蛋白质含量的测定。

（3）主要仪器　凯氏烧瓶（500mL）、定氮蒸馏装置（见图 5-10）。

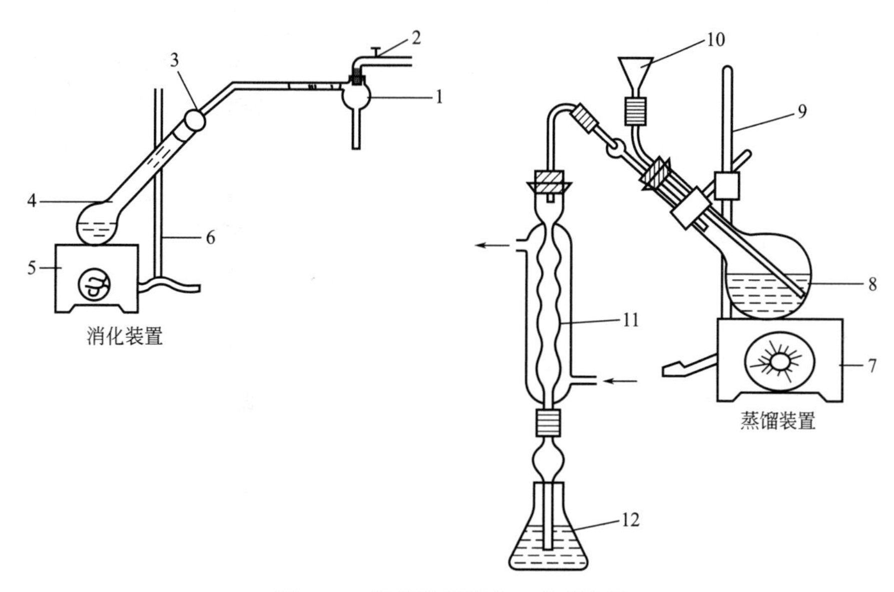

图 5-10　凯氏定氮消化、蒸馏装置

1—水力真空管；2—水龙头；3—倒置的干燥管；4—凯氏烧瓶；5,7—电炉；6,9—铁支架；8—蒸馏烧瓶；10—进样漏斗；11—冷凝管；12—吸收瓶

（4）试剂

① 浓硫酸、硫酸铜、硫酸钾。

② 400g/L 氢氧化钠溶液：称取 40g 氢氧化钠加水溶解后，放冷，并稀释至 100mL。

③ 硫酸标准滴定溶液（0.0500mol/L）或盐酸标准滴定溶液（0.0500mol/L）。

④ 20g/L 硼酸吸收液：称取 20g 硼酸溶解于 1000mL 热水中，摇匀备用。

⑤ 甲基红乙醇溶液（1g/L）：称取 0.1g 甲基红，溶于 95%乙醇中，用 95%乙醇稀释至 100mL。

⑥ 亚甲基蓝乙醇溶液（1g/L）：称取 0.1g 亚甲基蓝，溶于 95%乙醇中，用 95%乙醇稀

释至100mL。

⑦ 溴甲酚绿乙醇溶液（1g/L）：称取0.1g溴甲酚绿，溶于95%乙醇，用95%乙醇稀释至100mL。

⑧ 混合指示液：2份甲基红乙醇溶液与1份亚甲基蓝乙醇溶液临用时混合。也可用1份甲基红乙醇溶液（1g/L）与5份溴甲酚绿乙醇溶液（1g/L）临用时混合。

⑨ 甲基红-溴甲酚绿混合指示剂：5份2g/L溴甲酚绿95%乙醇溶液与1份2g/L甲基红乙醇溶液混合均匀（临用时现混合）。

（5）操作步骤

① 试样处理　称取充分混匀的固体试样0.2～2g、半固体样品2～5g或液体样品10～20g（约相当于30～40mg氮），精确至0.001g，移入干燥的100mL、250mL或500mL定氮瓶中，加入0.5g硫酸铜、10g硫酸钾及20mL硫酸（③），按图5-10安装消化装置，将瓶以45°角斜支于有小孔的石棉网上。小心加热，待内容物全部炭化，泡沫完全停止后，加强火力，并保持瓶内液体微沸，至液体呈蓝绿色并澄清透明后，再继续加热0.5～1h。取下放冷，小心加入20mL水。放冷后，移入100mL容量瓶中，并用少量水洗定氮瓶，洗液并入容量瓶中，再加水至刻度，混匀备用。同时做试剂空白试验。

② 测定　按图5-10装好定氮蒸馏装置，向水蒸气发生器内装水至2/3处，加入数粒玻璃珠，加甲基红乙醇溶液数滴及数毫升硫酸，以保持水呈酸性，加热煮沸水蒸气发生器内的水并保持沸腾。

向接收瓶内加入10.0mL硼酸溶液及1～2滴混合指示液，并使冷凝管的下端插入液面下，根据试样中氮含量，准确吸取2.0～10.0mL试样处理液由小玻璃杯注入反应室，以10mL水洗涤小玻璃杯并使之流入反应室内，随后塞紧棒状玻塞。将10.0mL氢氧化钠溶液倒入小玻璃杯，提起玻塞使其缓缓流入反应室，立即将玻塞盖紧，并加水于小玻璃杯以防漏气。夹紧螺旋夹，开始蒸馏。

蒸馏10min后移动蒸馏液接收瓶，液面离开冷凝管下端，再蒸馏1min。然后用少量水冲洗冷凝管下端外部，取下蒸馏液接收瓶。以硫酸或盐酸标准滴定溶液滴定至终点，其中2份甲基红乙醇溶液与1份亚甲基蓝乙醇溶液指示剂，颜色由紫红色变成灰色，pH 5.4；1份甲基红乙醇溶液与5份溴甲酚绿乙醇溶液指示剂，颜色由酒红色变成绿色，pH5.1。同时作试剂空白。

（6）结果计算

$$X=\frac{c(V_1-V_2)\times 0.0140}{m\times \frac{V_3}{1000}}\times F\times 100$$

式中　X——试样中蛋白质的含量，g/100g；

c——H_2SO_4或HCl标准溶液的浓度，mol/L；

V_1——滴定样品吸收液时消耗H_2SO_4或HCl标准溶液体积，mL；

V_2——滴定空白吸收液时消耗H_2SO_4或HCl标准溶液体积，mL；

m——样品质量，g；

V_3——取消化液的体积，mL，一般为10mL；

F——氮换算为蛋白质的系数。一般食物为6.25；纯乳与纯乳制品为6.38；面粉为5.70；玉米、高粱为6.24；花生为5.46；大米为5.95；大豆及其粗加工制品为 5.71；大豆蛋白制品为 6.25；肉与肉制品为 6.25；大麦、小米、燕麦、裸麦为 5.83；芝麻、向日葵为 5.30；复合配方食品为 6.25。

以重复性条件下获得的两次独立测定结果的算术平均值表示，蛋白质含量≥1g/100g 时，结果保留三位有效数字；蛋白质含量＜1g/100g 时，结果保留两位有效数字。

在重复性条件下获得的两次独立测定结果的绝对差值不得超过算术平均值的 10%。

（7）说明及注意事项

① 所用试剂溶液应用无氨蒸馏水配制。

② 消化时不要用强火，应保持缓沸腾，注意不断转动凯氏烧瓶，以便利用冷凝酸液将黏附在瓶壁上的固体残渣洗下并促进其消化完全。

③ 样品中若含脂肪或糖较多时，消化过程中易产生大量泡沫，为防止泡沫溢出瓶外，在开始消化时应用小火加热，并不断摇动；或者加入少量辛醇或液体石蜡或硅油消泡剂，并同时注意控制热源强度。

④ 当样品消化液不易澄清透明时，可将凯氏烧瓶冷却，加入 30%过氧化氢 2～3mL 后再继续加热消化。

⑤ 若取样量较大，如干试样超过 5g，可按每克试样 5mL 的比例增加硫酸用量。

⑥ 一般消化至透明后，继续消化 30min 即可，但对于含有特别难以氨化的氮化合物的样品，如含赖氨酸、组氨酸、色氨酸、酪氨酸或脯氨酸等时，需适当延长消化时间。有机物如分解完全，消化液呈蓝色或浅绿色，但含铁量多时，呈较深绿色。

⑦ 蒸馏装置不得漏气。蒸馏前若加碱量不足，消化液呈蓝色，不生成氢氧化铜沉淀，此时需再增加氢氧化钠用量。

⑧ 硼酸吸收液的温度不应超过 40℃，否则对氨的吸收作用减弱而造成损失，此时可置于冷水浴中使用。

⑨ 蒸馏完毕后，应先将冷凝管下端提离液面清洗管口，再蒸 1min 后关掉热源，否则可能造成吸收液倒吸。

⑩ 混合指示剂在碱性溶液中呈绿色，在中性溶液中呈灰色，在酸性溶液中呈红色。

2. 微量凯氏定氮法

（1）原理　同常量凯氏定氮法。

（2）仪器　凯氏烧瓶（100mL）、微量凯氏定氮装置（如图 5-11 所示）。

（3）试剂　0.01000mol/L 盐酸标准溶液、其他试剂同常量凯氏定氮法。

（4）操作步骤　样品消化步骤同常量法。

将消化完全的消化液冷却后。完全转入 100mL 容量瓶中，加蒸馏水至刻度，摇匀。按图 5-11 装好微量定氮装置，准确量取消化稀释液 10mL 于反应管内，经漏斗再加入 10mL400g/L 氢氧化钠溶液使呈强碱性，用少量蒸馏水洗漏斗数次，夹好漏斗夹，进行水蒸气蒸馏。冷凝管下端预先插入盛有 10mL 40g/L（或 20g/L）硼酸吸收液的液面下。蒸馏至吸收液中所加的混合指示剂变为绿色开始计时，继续蒸馏 10min 后，将冷凝管尖端提离液面再蒸馏 1min，用蒸馏水冲洗冷凝管尖端后停止蒸馏。

馏出液用 0.01000mol/L HCl 标准溶液滴定至微红色为终点。同时做一空白试验。

（5）结果计算　同常量凯氏定氮法。

（6）说明及注意事项

① 蒸馏前给水蒸气发生器内装水至 2/3 体积处，加甲基橙指示剂数滴及硫酸数毫升，

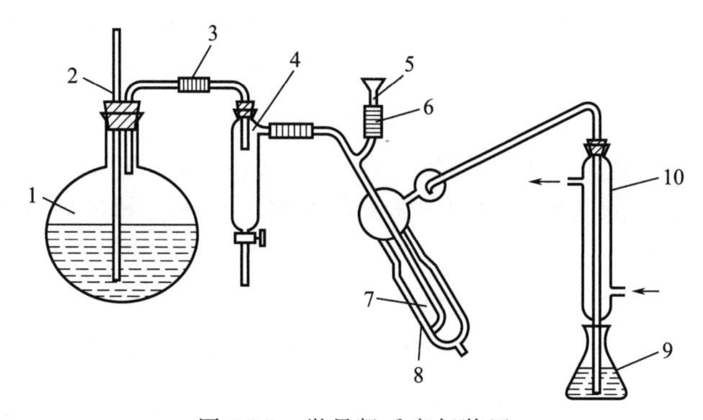

图 5-11　微量凯氏定氮装置

1—水蒸气发生器；2—安全管；3—导管；4—汽水分离器；5—进样口；
6—玻璃珠；7—反应管；8—隔离套；9—吸收瓶；10—冷凝管

以使其始终保持酸性，这样可以避免水中的氨被蒸出而影响测定结果。

② 20g/L 硼酸吸收液每次用量 25mL，用前加入甲基红-溴甲酚绿混合指示剂 2 滴。

③ 在蒸馏时，蒸汽发生要均匀充足。蒸馏过程中不得停火断汽，否则将发将发生倒吸。

④ 加碱要足量，操作要迅速；漏斗应采用水封措施，以免氨由此逸出损失。

三、蛋白质的快速测定法——分光光度比色法（GB 5009.5—2016）

凯氏定氮法是各种测定蛋白质含量方法的基础，经过人们长期的应用和不断的改进，具有应用范围广、灵敏度较高、回收率较好以及可以不用昂贵仪器等优点。但除自动凯氏定氮法外，均操作费时，如遇到高脂肪、高蛋白质的样品消化需要 5h 以上，且在操作中会产生大量有害气体而污染工作环境，影响操作人员的健康。

为了满足生产单位对工艺过程的快速控制分析，尽量减少环境污染和操作简便省时，因此又陆续创立了不少快速测定蛋白质的方法，如双缩脲分光光度比色法、染料结合分光光度比色法、水杨酸比色法、折光法、旋光法及近红外光谱法等。

1. 原理

食品中的蛋白质在催化加热条件下被分解，分解产生的氨与硫酸结合生成硫酸铵，在 pH ＝4.8 的乙酸钠-乙酸缓冲溶液中与乙酰丙酮和甲醛反应生成黄色的 3,5-二乙酰-2,6-二甲基-1,4-二氢吡啶化合物。在波长 400nm 下测定吸光度值，与标准系列比较定量，结果乘以换算系数即为蛋白质含量。

2. 试剂和材料

除非另有规定，本方法中所用试剂均为分析纯，水为 GB/T 6682 规定的三级水。

① 硫酸铜晶体、硫酸钾、硫酸（密度为 1.84g/L，优级纯）、氢氧化钠、对硝基苯酚、乙酸钠、无水乙酸钠、乙酸（优级纯）、37％甲醛、乙酰丙酮。

② 氢氧化钠溶液（300g/L）：称取 30g 氢氧化钠加水溶解后，放冷，并稀释至 100mL。

③ 对硝基苯酚指示剂溶液（1g/L）：称取 0.1g 对硝基苯酚指示剂，溶于 20mL 95％乙醇中，加水稀释至 100mL。

④ 乙酸溶液（1mol/L）：量取 5.8mL 乙酸，加水稀释至 100mL。

⑤ 乙酸钠溶液（1mol/L）：称取 41g 无水乙酸钠或 68g 乙酸钠，加水溶解后并稀释至 500mL。

⑥ 乙酸钠-乙酸缓冲溶液：量取60mL乙酸钠溶液，与40mL乙酸溶液混合，该溶液pH4.8。

⑦ 显色剂：15mL甲醛与7.8mL乙酰丙酮混合，加水稀释至100mL，剧烈振摇混匀（室温下放置稳定3d）。

⑧ 氨氮标准储备溶液（以氮计）（1.0g/L）：称取于105℃干燥2h的硫酸铵0.4720g，加水溶解后移入100mL容量瓶中，并稀释至刻度，混匀，此溶液每毫升相当于1.0mg氮。

⑨ 氨氮标准使用溶液（0.1g/L）：用移液管吸取10.00mL氨氮标准储备液于100mL容量瓶内，加水定容至刻度，混匀，此溶液每毫升相当于0.1mg氮。

3. 仪器和设备

分光光度计、电热恒温水浴锅（100℃±0.5℃）、10mL具塞玻璃比色管、天平（感量为1mg）。

4. 操作步骤

（1）试样消解　称取经粉碎混匀过40目筛的固体试样0.1～0.5g（精确至0.001g）、半固体试样0.2～1g（精确至0.001g）或液体试样1～5g（精确至0.001g），移入干燥的100mL或250mL定氮瓶中，加入0.1g硫酸铜、1g硫酸钾及5mL硫酸，摇匀后于瓶口放一小漏斗，将定氮瓶以45°角斜支于有小孔的石棉网上。缓慢加热，待内容物全部炭化，泡沫完全停止后，加强火力，并保持瓶内液体微沸，至液体呈蓝绿色澄清透明后，再继续加热30min。取下放冷，慢慢加入20mL水，放冷后移入50mL或100mL容量瓶中，并用少量水洗定氮瓶，洗液并入容量瓶中，再加水至刻度，混匀备用。按同一方法做试剂空白试验。

（2）试样溶液的制备　吸取2.00～5.00mL试样或试剂空白消化液于50mL或100mL容量瓶内，加1～2滴对硝基苯酚指示剂溶液，摇匀后滴加氢氧化钠溶液中和至黄色，再滴加乙酸溶液至溶液无色，用水稀释至刻度，混匀。

（3）标准曲线的绘制　吸取0.00mL、0.05mL、0.10mL、0.20mL、0.40mL、0.60mL、0.80mL和1.00mL氨氮标准使用溶液（相当于0.00μg、5.00μg、10.0μg、20.0μg、40.0μg、60.0μg、80.0μg和100.0μg氮），分别置于10mL比色管中。加4.0mL乙酸钠-乙酸缓冲溶液（pH4.8）及4.0mL显色剂，加水稀释至刻度，混匀。置于100℃水浴中加热15min。取出用水冷却至室温后，移入1cm比色皿内，以零管为参比，于波长400nm处测量吸光度值，根据标准各点吸光度值绘制标准曲线或计算线性回归方程。

（4）试样测定　吸取0.50～2.00mL（约相当于氮＜100μg）试样溶液和同量的试剂空白溶液，分别于10mL比色管中。以下按操作（4）“加4mL乙酸钠-乙酸缓冲溶液（pH4.8）及4mL显色剂……”起操作。试样吸光度值与标准曲线比较定量或代入线性回归方程求出含量。

5. 结果计算

试样中蛋白质的含量按下式进行计算。

$$X \frac{c-c_0}{m\times\frac{V_2}{V_1}\times\frac{V_4}{V_3}\times1000\times1000}\times100\times F$$

式中　X——试样中蛋白质的含量，g/100g；

c——试样测定液中氮的含量，μg；

c_0——试剂空白测定液中氮的含量，μg；

V_1——试样消化液定容体积，mL；

V_2——制备试样溶液的消化液体积，mL；

V_3——试样溶液总体积，mL；

V_4——测定用试样溶液体积，mL；

m——试样质量，g；

F——氮换算为蛋白质的系数。一般食物为 6.25；纯乳与纯乳制品为 6.38；面粉为 5.70；玉米、高粱为 6.24；花生为 5.46；大米为 5.95；大豆及其粗加工制品为 5.71；大豆蛋白制品为 6.25；肉与肉制品为 6.25；大麦、小米、燕麦、裸麦为 5.83；芝麻、向日葵为 5.30；复合配方食品为 6.25。

以重复性条件下获得的两次独立测定结果的算术平均值表示，蛋白质含量≥1g/100g时，结果保留三位有效数字；蛋白质含量＜1g/100g时，结果保留两位有效数字。

在重复性条件下获得的两次独立测定结果的绝对差值不得超过算术平均值的10％。

6. 说明及注意事项

① 蛋白质的种类对发色程度的影响不大。

② 标准曲线做完整之后，无需每次再做标准曲线。

③ 含脂肪高的样品应预先用醚抽出弃去。

④ 样品中有不溶性成分存在时，会给比色测定带来困难，可预先将蛋白质抽出后再进行测定。

⑤ 当肽链中含有脯氨酸时，若有多量糖类共存，则显色不好，会使测定值偏低。

四、氨基酸态氮的测定

氨基酸含量一直是某些发酵产品如调味品的质量指标，也是目前许多保健食品的质量指标之一。其含氮量可直接测定，不同于蛋白质的氮，故称氨基酸态氮。

1. 双指示剂甲醛滴定法

（1）原理　氨基酸具有酸性的—COOH和碱性的—NH_2，它们相互作用而使氨基酸成为中性的内盐。当加入甲醛溶液时，—NH_2与甲醛结合，从而使其碱性消失。这样就可以用强碱标准溶液来滴定—COOH，并用间接的方法测定氨基酸总量。

此法简单易行、快速方便，与亚硝酸氮气容量法分析结果相近。在食品发酵工业中常用此法测定发酵液中氨基酸态氮含量的变化，以了解可被微生物利用的氮源的量及利用情况，并以此作为控制发酵生产的指标之一。脯氨酸与甲醛作用时产生不稳定的化合物，使结果偏低；酪氨酸含有酚羧基，滴定时也会消耗一些碱而致使结果偏高；溶液中若有铵存在也可与甲醛反应，往往使结果偏高。

（2）试剂

① 1g/L 百里酚酞乙醇溶液、1g/L 中性红 50％乙醇溶液、0.1mol/L 氢氧化钠标准溶液。

② 40％中性甲醛溶液。以百里酚酞作指示剂，用氢氧化钠将 40％甲醛中和至淡蓝色。

（3）操作步骤　移取含氨基酸约 20～30mg 的样品溶液 2 份，分别置于 250mL 锥形瓶中，各加 50mL 蒸馏水，其中 1 份加入 3 滴中性红指示剂，用 0.1mol/L NaOH 标准溶液滴定至由红变为琥珀色为终点；另 1 份加入 3 滴百里酚酞指示剂及中性甲醛 20mL，摇匀，静置 1min，用 0.1mol/L NaOH 标准溶液滴定至淡蓝色为终点。分别记录 2 次所消耗的碱液的体积（mL）。

（4）结果计算

$$w=\frac{(V_2-V_1)c\times0.014}{m}\times100\%$$

式中　w——氨基酸态氮的质量分数，%；

c——氢氧化钠标准溶液的浓度，mol/L；

V_1——用中性红作指示剂滴定时消耗氢氧化钠标准溶液的体积，mL；

V_2——用百里酚酞作指示剂滴定时消耗氢氧化钠标准溶液的体积，mL；

m——测定用样品溶液相当于样品的质量，g；

0.014——氮的毫摩尔质量，g/mmol。

（5）说明及注意事项

① 此法适用于测定食品中的游离氨基酸。

② 固体样品应先进行粉碎，准确称样后用水萃取，然后测定萃取液，液体试样如酱油、饮料等可直接吸取试样进行测定。萃取可在50℃水浴中进行0.5h即可。

③ 若样品颜色较深，可加适量活性炭脱色后再测定，或用电位滴定法进行测定。

④ 与本法类似的还有单指示剂（百里酚酞）甲醛滴定法，此法用标准碱完全中和—COOH时的pH为8.5～9.5，但分析结果稍偏低，即双指示剂法的结果更准确。

2. 氨基酸自动分析仪法

（1）原理　氨基酸的组成分析，现代广泛地采用离子交换法，并由自动化的仪器来完成。其原理是利用各种氨基酸的酸碱性、极性和分子量等性质，使用阳离子交换树脂在色谱柱上进行分离。当样液加入色谱柱顶端后，采用不同的pH和离子浓度的缓冲溶液即可将它们依次洗脱下来，即先是酸性氨基酸和极性较大的氨基酸，其次是非极性的和芳香性氨基酸，最后是碱性氨基酸；分子量小的比分子量大的先被洗脱下来，洗脱下来的氨基酸可用茚三酮显色，从而定量各种氨基酸。

定量测定的依据是氨基酸和茚三酮反应生成蓝紫色化合物的颜色深浅与各有关氨基酸的含量成正比。但脯氨酸和羟脯氨酸则生成黄棕色化合物，故需在另外波长处定量测定。

阳离子交换树脂是由聚苯乙烯与二乙烯苯经交联再磺化而成。其交联度为8。

氨基酸分析仪有两种，一种是低速型，使用300～400目的离子交换树脂；另一种是高速型，使用直径4～6μm的树脂。不论哪一种在分析组成蛋白质的各种氨基酸时，都用柠檬酸钠缓冲液；完全分离和定量测定40～46种游离氨基酸时，则使用柠檬酸锂缓冲液。但分析后者时，由于所用缓冲液种类多，柱温也要变为三个梯度，因此一般不能用低速型。

（2）仪器　氨基酸自动分析仪。

（3）操作步骤

① 样品处理。测定样品中各种游离氨基酸含量，可以除去脂肪等杂质后，直接上柱进行分析。测定蛋白质的氨基酸组成时样品必须经酸水解，使蛋白质完全变成氨基酸后才能上柱进行分析。

酸水解的方法：称取经干燥的蛋白质样数毫克，加入2mL 5.7mol/L盐酸，置于110℃烘箱内水解24h，然后除去过量的盐酸，加缓冲溶液稀释到一定体积，摇匀。取一定量的水解样品上柱进行分析。

如果样品中含有糖和淀粉、脂肪、核酸、无机盐等杂质，必须将样品预先除去杂质后再进行酸水解处理。去除杂质的方法如下。

去糖和淀粉：把样品用淀粉酶水解，然后用乙醇溶液洗涤，得到蛋白质沉淀物。

去脂肪：先把干燥的样品经研碎后用丙酮或乙醚等有机溶剂离心或过滤抽提，得蛋白质沉淀物。

去核酸：将样品在10% NaCl溶液中，85℃加热6h，然后用热水洗涤，过滤后将固形物用丙酮干燥即可。

去无机盐：样品经水解后含有大量无机盐时还必须用阳离子交换树脂进行去盐处理。其方法是用国产732型树脂，先用1mol/L盐酸洗成H型，然后用水洗成中性，装在一根小柱内。将去除盐酸的水解样品用水溶解之后上柱，并不断用水洗涤，直至洗出液中无氯离子为止（用硝酸银溶液检查）。此时氨基酸全被交换在树脂上，而无机盐类被洗去。最后用2mol/L的氨水溶液把交换的氨基酸洗脱下来。收集洗脱液进行浓缩，蒸干，然后上柱进行分析。

② 样品分析。经过处理后的样品上柱进行分析。上柱的样品量视所用自动分析仪的灵敏度而定。一般为每种氨基酸0.1μmol左右（水解样品干重为0.3mg左右）。对于一些未知蛋白质含量的样品，水解后必须预先测定氨基酸的大致含量后才能分析，否则会出现过多或过少的现象。测定必须在pH5～5.5、100℃下进行，反应时间为10～15min，生成的紫色物质在570nm波长下进行比色测定，而生成的黄色化合物在440nm波长下进行比色测定。做一个氨基酸全分析一般只需1h左右，同时可将几十个样品一道装入仪器，自动按序分析，最后自动计算给出精确的数据。仪器精确度为1%～3%。用阳离子交换柱分离及测定氨基酸所得图谱如图5-12所示。

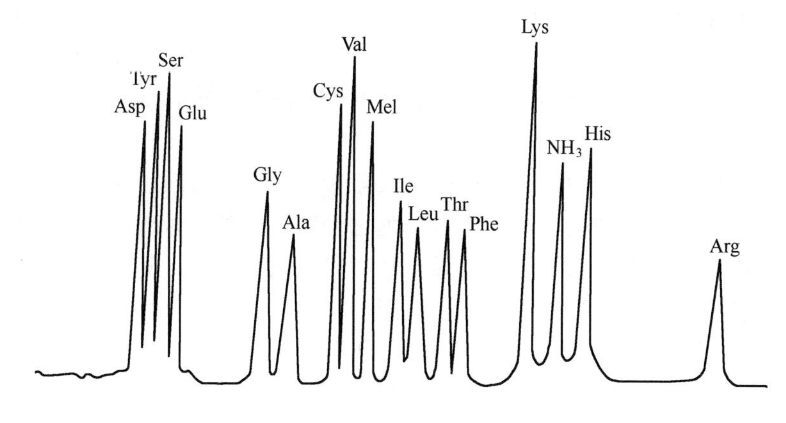

图5-12　自动分析仪氨基酸分离图谱

（4）结果计算　带有数据处理机的仪器，各种氨基酸的定量结果能自动打印出来，否则，可用尺子测量峰高或用峰高乘以半峰宽确定峰面积进而计算出氨基酸的精确含量。另外，根据峰出现的时间可以确定氨基酸的种类。

（5）说明及注意事项

① 显色反应用的茚三酮试剂，随着时间推移发色率会降低，故在较长时间测样过程中应随时采用已知浓度的氨基酸标液上柱测定，以检验其变化情况。

② 近年来出现的采用反相色谱原理制造的氨基酸分析仪，可使蛋白质水解出的17种氨基酸在12min内完成分离，且具有灵敏度高（最小检出量可达1pmol）、重现性好及一机多

用等优点。

第七节　维生素的测定

一、概述

维生素是维持人体正常生理功能必需的一类天然有机化合物，他们的种类很多，目前已经确认的有 30 多种，其中被认为对维持人体健康和促进发育至关重要的有 20 余种，维生素对人体的主要功用是通过作为辅酶的成分调节代谢，需要量极少，但绝对不可缺少，维生素一般在体内不能合成或合成数量较少，不能充分满足机体需要，必须经常由食物来供给。

维生素可分为脂溶性维生素和水溶性维生素，脂溶性维生素有维生素 A、维生素 D、维生素 E、维生素 K 等，水溶性维生素有维生素 C 和维生素 B，在这些维生素中，人体比较容易缺乏而在营养上又较重要的维生素有：维生素 A、维生素 D、维生素 E、维生素 B_1、维生素 B_2、烟酸、维生素 B_6、维生素 C。

维生素检验的方法主要有化学分析法及仪器分析法。仪器分析法中紫外、荧光法是多种维生素的标准分析方法，它们灵敏、快速，有较好的选择性。另外，各种色谱法以其独特的高分离效能，在维生素分析方面占有越来越重要的地位。化学分析法中的比色法、滴定法，具有简便、快速、不需特殊仪器等优点，正为广大基层实验室所普遍采用。

二、维生素 A 的测定——三氯化锑比色法

维生素 A 是由 β-紫罗酮环与不饱和一元醇所组成的一类化合物及其衍生物的总称，包括维生素 A_1 和维生素 A_2。维生素 A_1 即视黄醇，它有多种异构体，维生素 A_2 即 3-脱氢视黄醇，是视黄醇（维生素 A_1）衍生物之一，它也有多种异构体，其化学结构式如下：

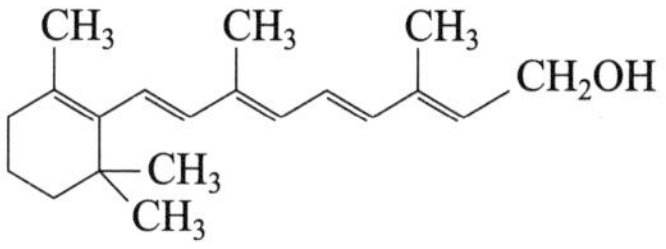

维生素 A_1(视黄醇) 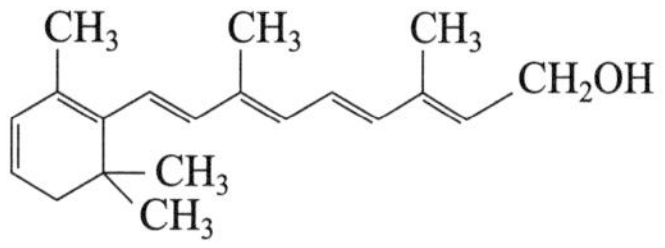　　　　维生素 A_2(3-脱氢视黄醇)

维生素 A_1 还有许多种衍生物，包括视黄醛（维生素 A_1 末端的—CH_2OH 氧化成—CHO）、视黄酸（—CHO进一步被氧化成—COOH）、3-脱氢视黄醛、3-脱氢视黄酸及其各类异构体，它们也都具有维生素 A 的作用，总称为类视黄素。

维生素 A 的测定方法有三氯化锑比色法、紫外分光光度法、荧光法、气相色谱法和高效液相色谱法等，其中比色法应用最为广泛。

1. 原理

维生素 A 在三氯甲烷中与三氯化锑相互作用，产生蓝色物质，其深浅与溶液中所含维生素 A 的含量成正比。该蓝色物质虽不稳定，但在一定时间内可用分光光度计于 620nm 波长处测定其吸光度。

2. 试剂

① 无水硫酸钠（不吸附维生素 A）。

② 乙酸酐。

③ 无水乙醚（不含有过氧化物）。检查方法：取 5mL 乙醚加 1mL 10%碘化钾溶液，振摇 1min，如果含过氧化物则放出游离碘，水层呈黄色；或加入 4 滴 0.5%淀粉溶液，水层呈蓝色；去除过氧化物的方法：重蒸乙醚时，弃去 10%初馏液和 10%残留液。

④ 无水乙醇（不得含有醛类物质）。检查方法：在盛有 2mL 银氨溶液的小试管中，加入 3～5 滴无水乙醇，摇匀，放置冷却后，若有银镜反应则表示乙醇中含有醛。

脱醛方法：取 2g 硝酸银，溶于少量水中。取 4g 氢氧化钠溶于温乙醇中。将两者倾入盛有 1L 乙醇的试剂瓶内，振摇后，暗处放置 2d（不时摇动，促进反应），经过滤，置蒸馏瓶中蒸馏，弃去初馏液 50mL。若乙醇中含醛较多时，可适当增加硝酸银用量。

⑤ 三氯甲烷。应不含分解物，否则会破坏维生素 A。

⑥ 250g/L 三氯化锑-三氯甲烷溶液。用三氯甲烷配制 250g/L 三氯化锑溶液，储于棕色瓶中（注意勿使吸收水分）。

⑦ 50%氢氧化钾溶液。取 50g 氢氧化钾，溶于 50g 水中，混匀。

⑧ 维生素 A 或视黄醇乙酸酯标准液。视黄醇（纯度 85%）或视黄醇乙酸酯（90%）经皂化处理后使用，用脱醛乙醇溶解维生素 A 标准品，使其浓度大约为 1mL 相当于 1mg 视黄醇，临用前用紫外分光光度法标定其准确浓度。

⑨ 酚酞指示剂。用 95%乙醇配制 10g/L 溶液。

3. 仪器和设备

分光光度计、回流冷凝装置。

4. 操作步骤

（1）样品处理　根据样品性质，可采用皂化法或研磨法。

① 皂化法。适用于维生素 A 含量不高的样品，可减少脂溶性物质的干扰，但全部试验过程费时，且易导致维生素 A 损失。

皂化：根据样品中维生素 A 含量的不同，称取 0.5～5g 样品于锥形瓶中，加入 10mL 氢氧化钾及 20～40mL 乙醇，于电热板上回流 30min 至皂化完全为止。

提取：将皂化瓶内混合物移至分液漏斗中，以 30mL 水洗皂化瓶，洗液并入分液漏斗。如有残渣，可用脱脂棉漏斗滤入分液漏斗内。用 50mL 乙醚分两次洗皂化瓶，洗液并入分液漏斗中。振摇并注意放气，静置分层后，水层放入第二个分液漏斗内。皂化瓶再用约 30mL 乙醚分 2 次冲洗，洗液倾入第二个分液漏斗中。振摇后，静置分层，水层放入锥形瓶中，醚层与第一个分液漏斗合并。重复至水液中无维生素 A 为止。

洗涤：用约 30mL 水加入第一个分液漏斗中，轻轻振摇，静置片刻后，放去水层，加 15～20mL 0.5mol/L 氢氧化钾液于分液漏斗中，轻轻振摇后，弃去下层碱液，去除醚溶性酸皂。继续用水洗涤，每次用水约 30mL，直至洗涤液与酚酞指示剂呈无色为止（大约 3 次），醚层液静置 10～20min，小心放出析出的水。

浓缩：将醚层液经过无水硫酸钠滤入锥形瓶中，再用约 25mL 乙醚冲洗分液漏斗和硫酸钠 2 次，洗液并入锥形瓶内。置水浴上蒸馏，收回乙醚。待瓶中剩约 5mL 乙醚时取下，用减压抽气法至干，立即加入一定量的三氯甲烷使溶液中维生素 A 含量在适宜浓度范围内（3～5μg/mL）。

② 研磨法。适用于每克样品维生素 A 含量大于 5～10μg 样品的测定，如动物肝的检测。步骤简单，省时，结果准确。

研磨：精确称 2～5g 样品，放入盛有 3～5 倍样品质量的无水硫酸钠研钵中，研磨至样品中水分完全被吸收，并均质化。

提取小心地将全部均质化样品移入带盖的锥形瓶内，准确加入 50～100mL 乙醚。紧压盖子，用力振摇 2min，使样品中维生素 A 完全溶于乙醚中。使其自行澄清（大约需 1～2h），或离心澄清（因乙醚易挥发，气温高时应在冷水浴中操作。装乙醚的试剂瓶也应事先放入冷水浴中）。

浓缩：取澄清乙醚液 2～5mL 放入比色管中抽气蒸干，立即加入 1mL 三氯甲烷溶解残渣。

（2）测定

① 标准曲线的制备。准确取一定量的维生素 A 标准液于 4～5 个容量瓶中，以三氯甲烷配制标准系列。再取相同数量的比色管顺次取 1mL 三氯甲烷和标准系列使用液 1mL，各管加入乙酸酐 1 滴，制成标准比色管序列。于 620nm 波长处，以三氯甲烷调节吸光度至零点，将其标准比色管序列按顺序移入光路前，迅速加入 9mL 三氯化锑-三氯甲烷溶液，于 6s 内测定吸光度，以吸光度为纵坐标，以维生素 A 含量为横坐标，绘制标准曲线。

② 样品测定。于一比色管中加入 10mL 三氯甲烷，以 1 滴乙酸酐为空白液。另一比色管中加入 1mL 三氯甲烷，其余比色管中分别加入 1mL 样品溶液及 1 滴乙酸酐。其余步骤同标准曲线的制备。

5. 计算

$$x=\frac{c}{m}\times V\times\frac{100}{1000}$$

式中　x——样品中维生素 A 的含量，μg/100g（或国际单位，每国际单位=0.3μg 维生素 A）；

c——由标准曲线上查得样品中维生素 A 的含量，μg/mL；

m——样品质量，g；

V——提取后加三氯甲烷定量的体积，mL；

100——以每百克样品计。

6. 说明及注意事项

① 本法为国家标准方法，适用于食品中维生素 A 的测定。

② 乙醚为溶剂的萃取体系，易发生乳化现象。在提取前，洗涤操作中，不要用力过猛，若发生乳化，可加几滴乙醇消除乳化。

③ 所用氯仿中不应含有水分，因三氯化锑遇水会出现沉淀，干扰比色测定。故在每 1mL 氯仿中应加入乙酸酐 1 滴，以保证脱水。

④ 由于三氯化锑与维生素 A 所产生的蓝色物质很不稳定，通常 6s 以后便开始褪色，因此要求反应在比色皿中进行，产生蓝色后立即读取吸光度值。

⑤ 如果样品中含 β-胡萝卜素（如奶粉、禽蛋等食品）干扰测定，可将浓缩蒸干的样品用正己烷溶解，以氧化铝为吸附剂，丙酮-己烷混合液为洗脱剂进行柱层析。

⑥ 三氯化锑腐蚀性强，不能沾在手上，三氯化锑遇水生成白色沉淀，因此用过的仪器要先用稀盐酸浸泡后再进行清洗。

三、维生素 D 的测定——高效液相色谱法（GB 5009.82—2016）

1. 原理

试样中的维生素 D_2 或维生素 D_3 经氢氧化钾乙醇溶液皂化（含淀粉试样先用淀粉酶酶

解)、提取、净化、浓缩后，用正相高效液相色谱半制备，反相高效液相色谱 C18 柱色谱分离，经紫外或二极管阵列检测器检测，内标法（或外标法）定量。如测定维生素 D_2，可用维生素 D_3 作内标；如测定维生素 D_3，可用维生素 D_2 作内标。

2. 试剂和材料

除非另有说明，本方法所用试剂均为分析纯。水为 GB/T 6682 规定的一级水。

① 试剂。无水乙醇（C_2H_5OH）：色谱纯，经检验不含醛类物质。抗坏血酸（$C_6H_8O_6$）。2,6-二叔丁基对甲酚（$C_{15}H_{24}O$）：简称 BHT。氢氧化钾（KOH）。正己烷（$C_4H_{10}O$）。石油醚（$C_5H_{12}O_2$）：沸程为 30～60℃。无水硫酸钠（Na_2SO_4）。试纸（pH 范围 1～14）。甲醇：色谱纯。淀粉酶：活力单位≥100U/mg。

② 试剂配制

a. 氢氧化钾溶液：50g 氢氧化钾，加入 50mL 水溶解，冷却后储存于聚乙烯瓶中，临用前配制。

b. 正己烷-环己烷溶液（1+1)：量取 8mL 异丙醇加入到 992mL 正己烷中，混匀，超声脱气，备用。

c. 甲醇-水溶液（95＋1)：量取 50mL 水加入到 950mL 甲醇中，混匀，超声脱气，备用。

③ 标准品

a. 维生素 D_2 标准品：钙化醇（$C_{28}H_{44}O$，CAS 号为 50-14-6)，纯度＞98%，或经国家认证并授予标准物质证书的标准物质。

b. 维生素 D_3 标准品：胆钙化醇（$C_{27}H_{44}O$，CAS 号为 511-28-4)，纯度＞98%，或经国家认证并授予标准物质证书的标准物质。

④ 标准溶液配制

a. 维生素 D_2 标准储备溶液。准确称取维生素 D_2 标准品 10.0mg，用色谱纯无水乙醇溶解并定容至 100mL，使其浓度约为 100μg/mL，转移至棕色试剂瓶中，于－20℃冰箱中密封保存，有效期 3 个月。临用前用紫外分光光度法校正其浓度。

b. 维化素 D_3 标准储备溶液。准确称取维生素 D_3 标准品 10.0mg，用色谱纯无水乙醇溶解并定容至 100mL，使其浓度约为 100μg/mL，转移至 100mL 的棕色试剂瓶中，于－20℃冰箱中密封保存，有效期 3 个月。临用前用紫外分光光度法校正其浓度。

c. 维生素 D_2 标准中间使用液。准确吸取维生素 D_2 标准储备溶液 10.00mL，用流动相稀释并定容至 100mL，浓度约为 10.0μg/mL，有效期 1 个月，准确浓度按校正后的浓度折算。

d. 维生素 D_3 标准中间使用液。准确吸取维生素 D_3 标准储备溶液 10.00mL，用流动相稀释并定容至 100mL 的棕色容量瓶中，浓度约为 10.0μg/mL，有效期 3 个月，准确浓度按校正后的浓度折算。

e. 维生素 D_2 标准使用液。准确吸取维生素 D_2 标准中间使用液 10.00mL 用流动相稀释并定容至 100mL 的棕色容量瓶中，浓度约为 1.00μg/mL，准确浓度按校正后的浓度折算。

f. 维生素 D_3 标准使用液。准确吸取维生素 D_3 标准中间使用液 10.00mL，用流动相稀释并定容至 100mL 的棕色容量瓶中，浓度约为 1.00μg/mL，准确浓度按校正后的浓度折算。

g. 标准系列溶液的配制。当用维生素 D_2 作内标测定维生素 D_3 时，分别准确吸取维生素 D_3 标准中间使用液 0.50mL、1.00mL、2.00mL、4.00mL、6.00mL、10.00mL 于

100mL 棕色容量瓶中，各加入维生素 D_2 内标溶液 5.00mL，用甲醇定容至刻度混匀。此标准系列工作液浓度分别为 0.05μg/mL、0.10μg/mL、0.20μg/mL、0.40μg/mL、0.60μg/mL、1.00μg/mL。

当用维生素 D_3 作内标测定维生素 D_2 时，分别准确吸取维生素 D_2 标准中间使用液 0.50mL、1.00mL、2.00mL、4.00mL、6.00mL、10.00mL 于 100mL 棕色容量瓶中，各加入维生素 D_3 内标溶液 5.00mL，用甲醇定容至刻度，混匀。此标准系列工作液浓度分别为 0.05μg/mL、0.10μg/mL、0.20μg/mL、0.40μg/mL、0.60μg/mL、1.00μg/mL。

3. 仪器和设备

注：使用的所有器皿不得含有氧化性物质。分液漏斗活塞玻璃表面不得涂油。

分析天平：感量为 0.1mg。磁力搅拌器：带加热、控温功能。旋转蒸发仪。氮吹仪。紫外分光光度计。萃取净化振荡器。半制备正相高效液相色谱仪：带紫外或二极管阵列检测器，进样器配 500μL 定量环。反相高效液相色谱分析仪：带紫外或二极管阵列检测器，进样器配 100μL 定量环。

4. 操作步骤

① 试样制备。将一定数量的样品按要求经过缩分、粉碎、均质后，储存于样品瓶中，避光冷藏，尽快测定。

② 试样处理。处理过程应避免紫外光照，尽可能避光操作。如样品中只含有维生素 D_3，可用维生素 D_2 作内标；如只含有维生素 D_2，可用维生素 D_3 作内标；否则，用外标法定量，但需要验证回收率能满足检测要求。

a. 不含淀粉样品。称取 5～10g（准确至 0.01g）经均质处理的固体试样或 50g（准确至 0.01g）液体样品于 150mL 平底烧瓶中，固体试样需加入 20～30mL 温水，加入 1.00mL 内标使用溶液（如测定维生素 D_2，用维生素 D_3 作内标；如测定维生素 D_3，用维生素 D_2 作内标），再加入 1.0g 抗坏血酸和 0.1gBHT，混匀。加入 30mL 无水乙醇，加入 10～20mL 氢氧化钾溶液，边加边振摇，混匀后于恒温磁力搅拌器上 80℃ 回流皂化 30min，皂化后立即用冷水冷却至室温。注：一般皂化时间为 30min，如皂化液冷却后，液面有浮油，需要加入适量氢氧化钾乙醇溶液，并适当延长皂化时间。

b. 含淀粉样品。称取 5～10g（准确至 0.01g）经均质处理的固体试样或 50g（精确至 0.01g）液体样品于 150mL 平底烧瓶中，固体试样需加入约 20mL 温水，加入 1.00mL 内标使用溶液（如测定维生素 D_2，用维生素 D_3 作内标；如测定维生素 D_3，用维生素 D_2 作内标）和 1g 淀粉酶，放入 60℃ 恒温水浴振荡 30min，向酶解液中加入 1.0g 抗坏血酸和 0.1gBHT，混匀。加入 30mL 无水乙醇，10～20mL 氢氧化钾溶液，边加边振摇，混匀后于恒温磁力搅拌器上 80℃ 回流皂化 30min，皂化后立即用冷水冷却至室温。

c. 提取。将皂化液用 30mL 水转入 250mL 的分液漏斗中，加入 50mL 石油醚，振荡萃取 5min，将下层溶液转移至另一 250mL 的分液漏斗中，加入 50mL 的石油醚再次萃取，合并醚层。

d. 洗涤。用约 150mL 水洗涤醚层，约需重复 3 次，直至将醚层洗至中性（可用 pH 试纸检测下层溶液 pH 值），去除下层水相。

e. 浓缩。将洗涤后的醚层经无水硫酸钠（约 3g）滤入 250mL 旋转蒸发瓶或氮气浓缩管中，用约 15mL 石油醚冲洗分液漏斗及无水硫酸钠 2 次，并入蒸发瓶内，并将其接在旋转蒸发器或气体浓缩仪上，于 40℃ 水浴中减压蒸馏或气流浓缩，待瓶中醚剩下约 2mL 时，取下蒸发瓶，氮气吹干，用正己烷定容至 2mL，0.22μm 有机系滤膜过滤供半制备正相高效液相色谱系统半制备，净化待测液。

③ 测定条件

a. 维生素 D 待测液的净化。

b. 半制备正相高效液相色谱参考条件

色谱柱：硅胶柱，柱长 250mm，内径 4.6mm，粒径 5μm，或具同等性能的色谱柱。

流动相：环己烷＋正己烷（1＋1），并按体积分数 0.8%加入异丙醇。

流速：1mL/min；波长：264nm；柱温：35℃±1℃；进样体积：500μL。

c. 半制备正相高效液相色谱系统适用性试验。取约 1.00mL 维生素 D_2 和 D_3 标准中间使用液于 10mL 具塞试管中，在 40℃±2℃的氮吹仪上吹干。残渣用 10mL 正己烷振荡溶解。取该溶液 100μL 注入液相色谱仪中测定，确定维生素 D 保留时间。然后将 500μL 待测液注入液相色谱仪中，根据维生素 D 标准溶液保留时间收集维生素 D 馏分于试管中。将试管置于 40℃水浴氮气吹干，取出准确加入 1.0mL 甲醇，残渣振荡溶解，即为维生素 D 测定液。

d. 反相液相色谱参考条件

色谱柱：C18 柱，柱长 250mm，柱内径 4.6mm，粒径 5μm，或具同等性能的色谱柱。

流动相：甲醇＋水＝95＋5；流速：1mL/min；检测波长：264nm；柱温：35℃±1℃；进样量：100μL。

④ 标准曲线的制作。分别将维生素 D_2 或维生素 D_3 标准系列工作液注入反相液相色谱仪中，得到维生素 D_2 和维生素 D_3 峰面积。以两者峰面积比为纵坐标，以维生素 D_2 或维生素 D_3 标准工作液浓度为横坐标分别绘制维生素 D_2 或维生素 D_3 标准曲线。

⑤ 样品测定。吸取维生素 D 测定液 100μL 注入反相液相色谱仪中，得到待测物与内标物的峰面积比值，根据标准曲线得到待测液中维生素 D_2（或维生素 D_3）的浓度。

5. 结果计算

试样中维生素 D_2（或维生素 D_3）的含量按下式计算：

$$X=\frac{\rho \times V \times f \times 100}{m}$$

式中 X——试样中维生素 D_2（或维生素 D_3）的含量，μg/100g；

ρ——根据标准曲线计算得到的试样中维生素 D_2（或维生素 D_3）的浓度，μg/mL；

V——正己烷定容体积，mL；

f——待测液稀释过程的稀释倍数；

100——试样中量以每 100 克计算的换算系数；

m——试样的称样量，g。

计算结果保留三位有效数字。

6. 精密度

在重复性条件下获得的两次独立测定结果的绝对差值不得超过算术平均值的 15%。

7. 说明

当取样量为 10g 时，维生素 D_2 或维生素 D_3 的检出限为 0.7μg/100g，定量限为 2μg/100g。

四、维生素 E 的测定——比色法

食品中维生素 E 的测定方法有比色法、荧光法、气相色谱法和液相色谱法。比色法操作简单，灵敏度较高，但对维生素 E 没有特异的反应，需要采取一些方法消除干扰。荧光法特异性强、干扰少，灵敏、快速、简便。高效液相色谱法具有简便、分辨率高等优点，可在短时间内完成同系物的分离定量，是目前测定维生素 E 最好的分析方法。

1. 原理

维生素 E 能将高价铁离子还原为低价铁离子，低价铁离子与 α,α'-联吡啶发生颜色反应，可以进行比色测定。

2. 试剂

① 乙醚。同比色法测定维生素 A 中试剂③。

② 甲醇。

③ 无水乙醇。同比色法测定维生素 A 中试剂④。

④ 20g/L 氢氧化钾溶液。

⑤ 2mol/L 氢氧化钾甲醇溶液。

⑥ 0.5% α,α'-联吡啶无水乙醇溶液。

⑦ 0.2%三氯化铁无水乙醇溶液。新鲜配制。

⑧ 吸附剂 FloridinXS。在 50g 吸附剂中加入 100mL 盐酸，置沸水浴上 1h，放置室温，倾出酸液。再加入 100mL 盐酸，搅拌均匀，30min 后将酸弃去，用水洗至中性。然后，用乙醇和苯相继洗涤，在室温下晾干备用。

⑨ 维生素 E 标准溶液。α-生育酚（298nm）、γ-生育酚（294nm）、δ-生育酚（298nm），纯度皆为 95%。用乙醇分别溶解以上三种维生素 E 标准品，使其浓度大约为 1mg/mL。临用前以紫外分光光度法分别标定其准确浓度。用无水乙醇稀释成浓度为 5μg/mL 的标准使用液。

3. 操作步骤

（1）样品处理

① 皂化。取 1g 脂肪提取液于脂肪瓶中，加入 2mL 2mol/L 氢氧化钾甲醇溶液。连接回流冷凝管，在氮气流中于 72～74℃温度下皂化数分钟。皂化液用 8mL 甲醇稀释，并移入分液漏斗中，加 10mL 水。后用乙醚萃取 3 次，每次 30～50mL。合并乙醚液，用 200mL 水分三次洗涤，再用 2%氢氧化钾洗涤一次，最后用水洗至中性。将乙醚提取液经过无水硫酸钠柱或漏斗脱水，在二氧化碳气流中，减压蒸发至干，遂用 5mL 苯溶解。

② 纯化。取处理好的吸附剂装满 1.2cm×30cm 的分离柱，用苯润湿。将上述样液倾入柱中，用苯淋洗至洗出液容积为 25mL。若柱层上出现微蓝绿色带，为类胡萝卜素；出现暗蓝色带，为维生素 A。如果没有类胡萝卜素存在，可直接用 25mL 苯溶解残渣。

（2）样品测定　取适量样液（1～2mL）于 25mL 比色管中。加入 0.2%三氯化铁乙醇溶液 1mL，摇匀。加 0.5% α,α'-联吡啶的乙醇溶液 1mL，用无水乙醇定容。摇匀，放置 10min 后于 520nm 波长处读取吸光度值，同时做空白试验。

（3）标准曲线的绘制　根据样液浓度，分别吸取一定量的维生素 E 标准使用液配制成标准系列，按样品测定步骤读取吸光度值，绘制标准曲线。

4. **计算结果**

同维生素 A 的测定。1 国际单位维生素 E 相当于 1.1mg α-维生素 E。

5. **说明及注意事项**

① 维生素 E 在碱性条件下与空气接触易被氧化，因此在皂化时，用氮气流保护，也可加入焦性没食子酸作为抗氧化剂，防止维生素 E 的氧化。

② 此方法的反应没有特异性，当有其他还原性物质存在时，同样能与 Fe^{3+} 反应生成 Fe^{2+}，使测定结果偏高，故处理前应将它们除去。

③ 也可采用 4,7-二苯基-1,10-菲啰啉作为发色剂，其灵敏度比 α,α′-联吡啶高 2.4 倍。

④ 维生素 E 的各种异构体与试剂的反应速率、呈色强度各不相同，如 δ-维生素 E 的显色强度比 α-维生素 E 强 30%。当样品中的维生素 E 主要是 α-维生素 E，其他异构体含量很低时，此法测得的总维生素 E 量与真值相近，若样品中 α-维生素 E 少，而其他异构体含量较多时，用本法测定结果与真值往往有差异。特别是会有大量 δ-维生素 E 时，测得值比真值偏高。

⑤ 由于光能促进维生素 E 氧化，因此应尽可能避光操作。

五、维生素 C 的测定——2,4-二硝基苯肼比色法

维生素 C 是一种己糖醛基酸，有抗坏血病的作用，所以又称作抗坏血酸。维生素 C 广泛存在于植物组织中，新鲜的水果、蔬菜，特别是枣、辣椒、苦瓜、柿子、猕猴桃、柑橘等食品中含量尤为丰富。

维生素 C 具有较强的还原性，对光敏感，氧化后的产物称为脱氢抗坏血酸，仍然具有生理活性，进一步水解则生成 2,3-二酮古乐糖酸，失去生理作用。在食品中这三种形式均有存在，但主要是前两者，因此许多国家的食品成分表均以抗坏血酸和脱氢抗坏血酸的总量表示。

测定维生素 C 的方法有 2,6-二氯靛酚滴定法、2,4-二硝基苯肼比色法、荧光法及高效液相色谱法。2,6-二氯靛酚滴定法测定的是还原型抗坏血酸，该法简便，也较灵敏，但特异性差，样品中的其他还原性物质（如 Fe^{2+}、Sn^{2+}、Cu^{2+} 等）会干扰测定，使测定值偏高，对深色样液滴定终点不易辨别。2,4-二硝基苯肼比色法和荧光法测得的是抗坏血酸和脱氧抗坏血酸的总量。高效液相色谱法可以同时测得抗坏血酸和脱氢抗坏血酸的含量，具有干扰少，准确度高，重现性好，灵敏、简便，快速等优点，是上述几种方法中最先进、可靠的方法。

1. **原理**

总抗坏血酸包括还原型、脱氢型和二酮古乐糖酸，样品中还原型抗坏血酸经活性炭氧化为脱氢抗坏血酸，再与 2,4-二硝基苯肼作用生成红色的脎，根据脎在硫酸溶液中的含量与总抗坏血酸含量成正比，在 520nm 处进行比色定量。

2. **试剂**

① 4.5mol/L H_2SO_4。谨慎地加 250mL 硫酸（相对密度 1.84）于 700mL 水中，冷却后用水稀释至 1000mL。

② 硫酸（9+1）。谨慎地加 900mL 硫酸（相对密度 1.84）于 100mL 水中。

③ 20g/L 2,4-二硝基苯肼溶液。溶解 2.0g 2,4-二硝基苯肼于 100mL 4.5mol/L 硫酸溶液中，过滤。不用时存于冰箱内，每次用前必须过滤。

④ 20g/L 草酸溶液。溶解 20g 草酸（$H_2C_2O_4$）于 700mL 水中，稀释至 1000mL。

⑤ 10g/L 草酸溶液。稀释 500mL 20g/L 草酸溶液到 1000mL。

⑥ 10g/L 硫脲溶液。溶解 5g 硫脲于 500mL 10g/L 草酸溶液中。

⑦ 20g/L 硫脲溶液。溶解 10g 硫脲于 500mL 10g/L 草酸溶液中。

⑧ 1mol/L HCl。取 100mL 盐酸，加入水中，并稀释至 1200mL。

⑨ 抗坏血酸标准溶液。溶解 100mg 纯抗坏血酸于 100mL 10g/L 草酸中，配成每毫升相当于 1mg 抗坏血酸。

⑩ 活性炭。将 100g 活性炭加到 750mL 1mol/L 盐酸中回流 1～2h，过滤，用水洗数次，至滤液中无铁离子（Fe^{3+}）为止后置于 110℃烘箱中烘干。

检验铁离子方法：利用普鲁士蓝反应。将 2g/L 亚铁氰化钾与盐酸（1＋99）等量混合，将上述洗出滤液滴入，如有铁离子则产生蓝色沉淀。

3. 仪器和设备

恒温箱（37±0.5)℃、可见-紫外分光光度计、组织捣碎机。

4. 操作步骤

（1）样品的制备

① 鲜样的制备。称 100g 鲜样和 100mL 20g/L 草酸溶液，倒入捣碎机中打成匀浆，取 10～40g 匀浆（含 1～2mg 抗坏血酸）倒入 100mL 容量瓶中，用 10g/L 草酸溶液稀释至刻度，混匀。

② 干样制备。称 1～4g 干样（含 1～2mg 抗坏血酸）放入乳钵内，加入 10g/L 草酸溶液磨成匀浆，倒入 100mL 容量瓶内，用 10g/L 草酸溶液稀释至刻度，混匀。

将①和②液过滤，滤液备用。不易过滤的样品可用离心机沉淀后，倾出上清液，过滤，备用。

（2）氧化处理　取 25mL 上述滤液，加入 2g 活性炭振摇 1min，过滤，弃去最初数毫升滤液。取 10mL 此氧化提取液加入 10mL 20g/L 硫脲溶液，混匀。

（3）呈色反应

① 于三个试管中各加入 4mL 经氧化的样品稀释液。一个试管作为空白，在其余试管中加入 1.0mL 20g/L 2,4-二硝基苯肼溶液，将所有试管放入（37±5)℃恒温箱或水浴中，保温 3h。

② 3h 后取出，除空白管外，将所有试管放入冰水中。空白管取出后使其冷到室温。然后加入 1.0mL 20g/L 2,4-二硝基苯肼溶液，在室温中放置 10～15min 后放入冰水内。其余步骤同样品。

（4）硫酸（9＋1）处理　当试管放入冰水后，向每一试管中加入 5mL 硫酸（9＋1），滴加时间至少需要 1min，需边加边摇动试管。将试管自冰水中取出，在室温放置 30min 后比色。

（5）比色　用 1cm 比色皿，以空白液调零点，于 520nm 波长测吸光度值。

（6）标准曲线绘制

① 加 2g 活性炭于 50mL 标准溶液中，摇动 1min，过滤。

② 取 10mL 滤液放入 500mL 容量瓶中，加 5.0g 硫脲，用 10g/L 草酸溶液稀释至刻度，抗坏血酸浓度为 20μg/mL。

③ 取 5mL、10mL、20mL、25mL、40mL、50mL、60mL 稀释液，分别放入 7 个 100mL 容量瓶中，用 10g/L 硫脲溶液稀释至刻度，使最后稀释液中抗坏血酸的浓度分别为

1μg/L、2μg/L、4μg/L、6μg/L、8μg/L、10μg/L、12μg/L。

④ 按样品测定步骤形成脎并比色。

⑤ 以吸光度值为纵坐标，以抗坏血酸浓度（μg/mL）为横坐标绘制标准曲线。

5. 计算

$$x=\frac{cV}{m}\times F\times \frac{100}{1000}$$

式中 x——总抗坏血酸含量，mg/100g；

c——由标准曲线查得或由回归方程算得“样品氧化液”中总抗坏血酸的浓度，μg/mL；

V——试样用 10g/L 草酸溶液定容的体积，mL；

F——样品氧化处理过程中的稀释倍数；

m——试样质量，g。

6. 说明及注意事项

① 本法为国家标准方法，适用于蔬菜、水果及其制品中总抗坏血酸的测定。

② 活性炭对抗坏血酸的氧化作用，是基于其表面吸附的氧进行界面反应，加入量过低，氧化不充分，测定结果偏低；加入量过高，对抗坏血酸有吸附作用，使结果也偏低。

③ 硫脲可防止抗坏血酸继续氧化，同时促进脎的形成。最后溶液中硫脲的浓度要一致，否则影响测定结果。

④ 试管从冰浴中取出后，因糖类的存在造成显色不稳定，颜色会逐渐加深，30s 后影响将减小，故在加入 85%硫酸后 0.5min 准时比色。

⑤ 测定波长一般为 495～540nm，样品杂质多时在 540nm 较合适，但灵敏度较最大吸收波长（520nm）下的灵敏度降低 30%。

【阅读材料】

常见食物的酸碱性你知道吗?

一些食物因吃起来酸，人们就错误地把它们当成了酸性食物，如山楂、西红柿、醋等，其实这些东西正是典型的碱性食物。

某些干果（椰子肉、杏干、栗）产生碱性灰分，而其他（如花生、核桃）产生酸性灰分。玉米和小扁豆则是酸性食品。

碱性食物主要分为：蔬菜、水果类、海藻类、坚果类、发过芽的谷类、豆类。要避免或减少以下酸性食物的摄取：淀粉类；动物性食物；甜食；精制加工食品（如白面包等）；油炸食物或奶油类；豆类（如花生等）。

注意：加糖或者炸过的食物，碱性会变成酸性。

酸性食物		碱性食物	
强酸性	弱酸性	强碱性	弱碱性
牛肉、猪肉、鸡肉、金枪鱼、牡蛎、比目鱼、奶酪、米、麦、面包、酒类、花生、核桃、香肠、糖果、饼干、啤酒等	火腿、鸡蛋、龙虾、章鱼、鱿鱼、荞麦、奶油、鳗鱼、河鱼、巧克力、葱、空心粉、炸豆腐等	茶、白菜、柿子、黄瓜、胡萝卜、菠菜、卷心菜、生菜、芋头、海带、柑橘类、无花果、西瓜、葡萄、葡萄干、草莓、板栗、咖啡、葡萄酒等	豌豆、大豆、绿豆、竹笋、马铃薯、香菇、蘑菇、油菜、南瓜、豆腐、芹菜、番薯、莲藕、洋葱、茄子、萝卜、牛奶、苹果、梨、香蕉、樱桃等

思　考　题

1. 干燥法测定水分的过程中最容易引起误差的地方是哪些？如何避免？
2. 水分测定的过程中应怎样进行恒量操作。
3. 对于难灰化的样品可采取什么措施加速灰化？
4. 如何选用灰化容器、确定取样量、样品灰化测定中，如何确定灰化温度和灰化时间？
5. 550℃灼烧法与乙酸镁法测定灰分有何主要异同？为什么说550℃灼烧法较乙酸镁法测定灰分结果准确？乙酸镁法中 $Mg(Ac)_2$、C_2H_5OH 的作用是什么？
6. 对于颜色较深的样品，在测定其总酸度时应如何保证测定结果的准确度？
7. 什么是有效酸度？用电位法进行 pH 测定应注意哪些问题？
8. 哪些食品适合用酸水解法测定其脂肪？为什么？如何减少其测定误差？
9. 脂肪测定中使用的抽提剂乙醚有何要求？为什么不能含过氧化物？如何提纯乙醚？
10. 还原糖测定的原理如何？用直接滴定法测定还原糖为什么样液要进行预测定？怎样提高测定结果的准确度？
11. 测定食品中蔗糖为什么要进行水解？如何进行水解？
12. 如何正确配制和标定碱性酒石酸铜溶液及高锰酸钾标准溶液？
13. 为什么说用凯氏定氮法测定出食品中的蛋白质含量为粗蛋白含量？
14. 在消化过程中加入的硫酸铜、硫酸钾试剂有何作用？样品消化过程中内容物的颜色发生什么变化？为什么？
15. 样品经消化进行蒸馏之前为什么要加入氢氧化钠？这时溶液的颜色会发生什么变化？为什么？如果没有变化，说明了什么问题？应采取什么措施？
16. 蛋白质蒸馏装置的水蒸气发生器中的水为何要用硫酸调成酸性？
17. 蛋白质测定的结果计算为什么要乘上蛋白质系数？
18. 胡萝卜素提取液浓缩条件是什么，为什么？
19. 在维生素 E 的测定中如何制备标准曲线？
20. 维生素 A 及维生素 C 的测定中样品处理及提取有何不同之处？为什么？

第六章 食品矿物质的测定

【学习目标】

1. 了解食品中矿物质元素的分类和作用；了解营养元素钙、铁、锌和有害元素铅、砷、镉等矿物质元素的测定原理和方法。

2. 掌握分光光度法、原子吸收光谱法等分析方法的原理和仪器使用。

第一节 概 述

一、食品中元素的分类及作用

食品中所包含的金属和非金属元素大约有 80 种，它们可分为三类：一类是组成人体生命主要、必需的，食品中含量很高的常量元素，如碳、氢、氧、钾、钠、钙等；第二类为营养必需的微量元素，目前已被确证是动物或人类生理所必需的微量元素有 14 种，它们是铁、碘、铜、锌、锰、钴、钼、硒、铬、镍、锡、硅、氟和钒等，正常情况下，人体仅需要极少量或只能耐受极小剂量的微量元素，否则将出现毒性作用；第三类是对人体有害的元素，如铅、砷、镉等。为了保障人体健康、确保饮食安全，对食品中于人体需要和有害的元素进行监测是十分必需的。

二、食品中元素测定的方法

1. 食品中元素的分离与浓缩

食品中的元素常与有机物质结合在一起，在测定其含量之前，必须先采用灰化、消化等办法破坏有机物质，释放出被测组分及其他共存元素。一方面，这些共存元素常常干扰测定；另一方面，待测的元素含量通常很低。因此，在样品分析中，进行分离和浓缩，以除去干扰元素、富集待测元素是非常必要的。通常采用离子交换及螯合溶剂萃取的方法进行分离和浓缩。

离子交换法是利用离子交换树脂与溶液中的离子之间所发生的交换反应来进行分离的方法，可适用于带相反电荷的离子之间和带相同电荷或性质相近的离子之间的分离，在食品分析中，可对元素进行富集和纯化。

螯合溶剂萃取法是将金属离子先与螯合剂生成金属螯合物，然后利用与水不相溶的有机溶剂同试液一起振荡，金属螯合物进入有机相，另一些组分仍留在水相中，从而达到分离、浓缩的目的。

2. 食品中元素测定的方法

食品中元素的测定方法，主要有可见分光光度法、原子吸收分光光度法、极谱法、离子选择电极法和荧光分光光度法等。

可见分光光度法因设备简单、价廉，灵敏度较高而得到广泛应用。

原子吸收分光光度法由于选择性好、灵敏度高、测定简便快速，可同时测定多种元素的优点，得到了迅速发展和推广应用，现可分析70种以上元素。

凡在滴汞电极上可起氧化还原反应的物质，包括金属离子、金属络合物、阴离子和有机化合物，都可用极谱法测定。某些不起氧化还原反应的物质，也可设法应用间接法测定，因而极谱法的应用范围很广。该法最适宜的测定浓度是10^{-4}～10^{-2}mol/L，相对误差一般为±2%，可同时测定4～5种物质（如Cu、Cd、Ni、Zn、Mn等），分析所需样品量也很少。

离子选择性电极对微量元素进行测定的优点是简便快速。因为电极对欲测离子有一定选择性，一般常可避免烦琐的分离步骤。对有颜色、浑浊液和黏稠液，也可直接进行测量。电极响应快，测定所需试样量少。与其他仪器分析比较起来，所需仪器设备较为简单。对于一些用其他方法难以测定的某些离子，如氟离子等，用此法可以得到满意的结果。

原子荧光光谱分析是20世纪60年代提出并发展起来的新型光谱分析技术，它具有原子吸收和原子发射光谱两种技术的优势，并克服了它们某些方面的缺点，具有分析灵敏度高、干扰少、线性范围宽、可多元素同时分析等特点，是一种优良的痕量分析技术。

第二节　食品中营养元素的测定

一、钙的测定

1. 火焰原子吸收光谱法（GB 5009.92—2016）

（1）原理　试样经湿消化后，导入原子吸收分光光度计中，经火焰原子化后，吸收422.7nm的共振线，其吸收量与含量成正比，与标准系列比较定量。

（2）试剂　硝酸（HNO_3），高氯酸（$HClO_4$），盐酸（HCl），氧化镧（La_2O_3）。

（3）试剂配制

① 硝酸溶液（5+95）：量取50mL硝酸，加入950mL水，混匀。

② 硝酸溶液（1+1）：量取500mL硝酸，与500mL水混合均匀。

③ 盐酸溶液（1+1）：量取500mL盐酸，与500mL水混合均匀。

④ 镧溶液（20g/L）：称取23.45g氧化镧，先用少量水湿润后再加入75mL盐酸溶液（1+1）溶解，转入1000mL容量瓶中，加水定容至刻度，混匀。

⑤ 钙标准储备液（1000mg/L）：准确称取2.4963g（精确至0.0001g）碳酸钙，加盐酸溶液（1+1）溶解，移入1000mL容量瓶中，加水定容至刻度，混匀。

⑥ 钙标准中间液（100mg/L）：准确吸取钙标准储备液（1000mg/L）10mL于100mL容量瓶中，加硝酸溶液（5+95）至刻度，混匀。

⑦ 钙标准系列溶液：分别吸取钙标准中间液（100mg/L）0mL、0.500mL、1.00mL、2.00mL、4.00mL、6.00mL于100mL容量瓶中，另在各容量瓶中加入5mL镧溶液（20g/L），最后加硝酸溶液（5+95）定容至刻度，混匀。此钙标准系列溶液中钙的质量浓度分别为0mg/L、0.500mg/L、1.00mg/L、2.00mg/L、4.00mg/L和6.00mg/L。

（4）仪器　原子吸收光谱仪：配火焰原子化器，钙空心阴极灯。

（5）操作步骤

① 试样消化。准确称取固体试样0.2～3g（精确至0.001g）或准确移取液体试样0.500～5.00mL于带刻度消化管中，加入10mL硝酸、0.5mL高氯酸，在可调式电热炉上消解（参考条件：120℃/0.5～1h、升至180℃/2～4h、升至200～220℃）。若消化液呈棕褐

色，再加硝酸，消解至冒白烟，消化液呈无色透明或略带黄色。取出消化管，冷却后用水定容至25mL，再根据实际测定需要稀释，并在稀释液中加入一定体积的镧溶液（20g/L），使其在最终稀释液中的浓度为1g/L，混匀备用，此为试样待测液。同时做试剂空白试验。亦可采用锥形瓶，于可调式电热板上，按上述操作方法进行湿法消解。

② 测定。见表6-1，测定操作参数。

表6-1 火焰原子吸收光谱法参考条件

元素	波长/nm	狭缝/nm	灯电流/mA	燃烧头高度/mm	空气流量/(L/min)	乙炔流量/(L/min)
钙	422.7	1.3	5～16	3	9	2

将钙标准系列溶液按浓度由低到高的顺序分别导入火焰原子化器，测定吸光度值，以标准系列溶液中钙的质量浓度为横坐标，相应的吸光度值为纵坐标，制作标准曲线。在与测定标准溶液相同的实验条件下，将空白溶液和试样待测液分别导入原子化器，测定相应的吸光度值，与标准系列比较定量。

（6）结果计算

$$X=\frac{(\rho-\rho_0)\times f\times V}{m}$$

式中 X——试样中钙的含量，mg/kg或mg/L；

ρ——试样待测液中钙的质量浓度，mg/L；

ρ_0——空白溶液中钙的质量浓度，mg/L；

f——试样消化液的稀释倍数；

V——试样消化液的定容体积，mL；

m——试样质量或移取体积，g或mL。

当钙含量≥10.0mg/kg或10.0mg/L时，计算结果保留三位有效数字；当钙含量＜10.0mg/kg或10.0mg/L时，计算结果保留两位有效数字。

2. EDTA滴定法（GB 5009.92—2016）

（1）原理　在适当的pH范围内，钙与EDTA（乙二胺四乙酸二钠）形成金属络合物。以EDTA滴定，在达到当量点时，溶液呈现游离指示剂的颜色。根据EDTA用量，计算钙的含量。

（2）试剂　氢氧化钾（KOH），硫化钠（Na_2S），柠檬酸钠（$Na_3C_6H_5O_7 \cdot 2H_2O$），乙二胺四乙酸二钠（EDTA），盐酸（HCl）：优级纯，钙红指示剂，硝酸（HNO_3）：优级纯，高氯酸（$HClO_4$）：优级纯。

（3）试剂配制

① 氢氧化钾溶液（1.25mol/L）：称取70.13g氢氧化钾，用水稀释至1000mL，混匀。

② 硫化钠溶液（10g/L）：称取1g硫化钠，用水稀释至100mL，混匀。

③ 柠檬酸钠溶液（0.05moL/L）：称取14.7g柠檬酸钠，用水稀释至1000mL，混匀。

④ EDTA溶液：称取4.5g EDTA，用水稀释至1000mL，混匀，贮存于聚乙烯瓶中，4℃保存。使用时稀释10倍即可。

⑤ 钙红指示剂：称取0.1g钙红指示剂，用水稀释至100mL，混匀。

⑥ 盐酸溶液（1+1）：量取500mL盐酸，与500mL水混合均匀。

⑦ 钙标准储备液（100.0mg/L）：准确称取0.2496g（精确至0.0001g）碳酸钙，加盐

酸溶液（1+1）溶解，移入1000mL容量瓶中，加水定容至刻度，混匀。

（4）仪器

① 玻璃仪器：高型烧杯（250mL）；微量滴定管（1mL或2mL）；碱式滴定管（50mL）；刻度吸管（0.5～1mL）。

② 电热板：1000～3000W。

（5）操作步骤

① 试样消化：同火焰原子吸收光谱法中试样消化。

② 测定

a. 滴定度（T）的测定。吸取0.500mL钙标准储备液（100.0mg/L）于试管中，加1滴硫化钠溶液（10g/L）和0.1mL柠檬酸钠溶液（0.05mol/L），加1.5mL氢氧化钾溶液（1.25mol/L），加3滴钙红指示剂，立即以稀释10倍的EDTA溶液滴定，至指示剂由紫红色变蓝色为止，记录所消耗的稀释10倍的EDTA溶液的体积。根据滴定结果计算出每毫升稀释10倍的EDTA溶液相当于钙的毫克数，即滴定度（T）。

b. 试样及空白滴定。分别吸取0.100～1.00mL（根据钙的含量而定）试样消化液及空白液于试管中，加1滴硫化钠溶液（10g/L）和0.1mL柠檬酸钠溶液（0.05mol/L），加1.5mL氢氧化钾溶液（1.25mol/L），加3滴钙红指示剂，立即以稀释10倍的EDTA溶液滴定，至指示剂由紫红色变蓝色为止，记录所消耗的稀释10倍的EDTA溶液的体积。

（6）结果计算

$$X=\frac{T\times(V_1-V_0)\times V_2\times 1000}{m\times V_3}$$

式中　X——试样中钙的含量，mg/kg或mg/L；

T——EDTA滴定度，mg/mL；

V_1——滴定试样溶液时所消耗的稀释10倍的EDTA溶液的体积，mL；

V_0——滴定空白溶液时所消耗的稀释10倍的EDTA溶液的体积，mL；

V_2——试样消化液的定容体积，mL；

1000——换算系数；

m——试样质量或移取体积，g或mL；

V_3——滴定用试样待测液的体积，mL。

计算结果保留三位有效数字。

二、铁的测定——邻二氮菲法

1. 原理

在pH=2～9的溶液中，二价铁离子能与邻二氮菲生成稳定的橙红色络合物，在510nm有最大吸收，其吸光度与铁的含量成正比，故可比色测定。

2. 试剂

① 10%盐酸羟胺（$NH_2OH\cdot HCl$）溶液。

② 0.12%邻二氮菲水溶液（新鲜配制）。

③ 10%醋酸钠溶液。

④ 1mol/L盐酸溶液。

⑤ 铁标准溶液。准确称取0.4979g硫酸亚铁（$FeSO_4\cdot 7H_2O$）溶于100mL水中，加

入 5mL 浓硫酸微热，溶解即滴加 2%高锰酸钾溶液，至最后一滴红色不褪色为止，用水定容至 1000mL，摇匀，得标准储备液，此液每毫升含 Fe^{3+} 100μg。取铁标准储备液 10mL 于 100mL 容量瓶中，加水至刻度，混匀，得标准使用液，此液每毫升含 Fe^{3+} 10μg。

3. 操作步骤

（1）样品处理　称取均匀样品 10.0g，干法灰化后，加入 2mL 1∶1 盐酸，在水浴上蒸干，再加入 5mL 蒸馏水，加热煮沸后移入 100mL 容量瓶中，以水定容，混匀。

（2）标准曲线的绘制　吸取 10μg/mL 铁标准溶液（标准溶液吸取量可根据样品含铁量高低来确定）0.0mL、1.0mL、2.0mL、3.0mL、4.0mL、5.0mL，分别置于 50mL 容量瓶中，加入 1mol/L 盐酸溶液 1mL、10%盐酸羟胺 1mL、0.12%邻二氮菲 1mL，然后加入 10%醋酸钠 5mL，用水稀释至刻度，摇匀，以不加铁的试剂空白溶液作参比液，在 510nm 波长处用 1cm 比色皿测吸光度，绘制标准曲线。

（3）样品测定　准确吸取样液 5～10mL（视含铁量高低而定）于 50mL 容量瓶中，以下按标准曲线绘制测定吸光度，在标准曲线上查出相对应的含铁量（μg）。

4. 结果计算

$$w_{铁}=\frac{m_{铁}\times 10^{-6}}{m\times\frac{V_1}{V_2}}$$

式中　$w_{铁}$——试样中铁的质量分数；

$m_{铁}$——从标准曲线上查得测定用样液中的铁含量，μg；

V_1——测定用样液体积，mL；

V_2——样液总体积，mL；

m——样品质量，g。

三、锌的测定——二硫腙比色法

1. 原理

样品经消化后，在 pH=4.0～5.5 时，锌离子与二硫腙形成紫红色络合物，溶于四氯化碳中，加入硫代硫酸钠，可防止铜、汞、铅、铋、银和镉等离子干扰，与标准系列比较定量。

2. 试剂

（1）乙酸-乙酸钠缓冲溶液　取等量 2mol/L 浓度的乙酸溶液和乙酸钠溶液混合，此溶液的 pH 为 4.7 左右。用 0.01%二硫腙-四氯化碳溶液提取数次，每次 10mL，除去其中的锌，直至四氯化碳层绿色不变为止。弃去四氯化碳层，再用四氯化碳提取缓冲溶液中的二硫腙，至溶剂层无色，弃去四氯化碳。

（2）硫代硫酸钠溶液（25%）　用 2mol/L 乙酸调节 pH 至 4.0～5.5，以下按试剂①步骤用 0.01%二硫腙-四氯化碳溶液处理。

（3）二硫腙-四氯化碳溶液　0.001%。

（4）锌标准溶液　精密称取 0.1000g 锌，加入 10mL 2mol/L 盐酸，溶解后移入 1000mL 容量瓶中，加水至刻度。吸取此溶液 1.0mL 于 100mL 容量瓶中，加入 1mL 2mol/L 盐酸，以水稀释至刻度，即每毫升相当 1μg 锌。

3. 仪器

分光光度计。

4. 操作步骤

准确吸取5.0～10.0mL定容的消化液和相同量的试剂空白液，分别置于125mL分液漏斗中，加水至10mL。吸取0.0mL、1.0mL、2.0mL、3.0mL、4.0mL、5.0mL锌标准溶液（相当0μg、1μg、2μg、3μg、4μg、5μg锌），分别置于125mL分液漏斗中，各加水至10mL。

于上述分液漏斗中各加入1滴甲基橙指示液，用氨水调至由红色变黄色，再各加5mL乙酸-乙酸钠缓冲液及1mL 25%硫代硫酸钠溶液，混匀后，加10.0mL0.001%二硫腙-四氯化碳溶液，剧烈振摇4min，静置分层，收集溶剂相于1cm比色皿中，以空白液调节零点，于530nm处测吸光度，绘制标准曲线，查出样品消化液及试剂空白液中锌含量。

5. 结果计算

$$w=\frac{(m_1-m_0)\times 10^{-6}}{m\times(V_2/V_1)}$$

式中　w——样品中锌的质量分数；

V_2——测定用样品消化液的体积，mL；

V_1——样品消化液总体积，mL；

m——样品的质量，g；

m_1——测定用样品消化液中锌的质量，μg；

m_0——试剂空白液中锌的质量，μg。

第三节　食品中有害元素的测定

一、铅的测定

1. 石墨炉原子吸收光谱法（GB 5009.12—2017）

（1）原理　试样消解处理后，经石墨炉原子化，在283.3nm处测定吸光度。在一定浓度范围内铅的吸光度值与铅含量成正比，与标准系列比较定量。

（2）试剂　硝酸（HNO_3），高氯酸（$HClO_4$），磷酸二氢铵（$NH_4H_2PO_4$），硝酸钯［$Pd(NO_3)_2$］

（3）试剂配制

① 硝酸溶液（5+95）：量取50mL硝酸，缓慢加入到950mL水中，混匀。

② 硝酸溶液（1+9）：量取50mL硝酸，缓慢加入到450mL水中，混匀。

③ 磷酸二氢铵-硝酸钯溶液：称取0.02g硝酸钯，加少量硝酸溶液（1+9）溶解后，再加入2g磷酸二氢铵，溶解后用硝酸溶液（5+95）定容至100mL，混匀。

④ 铅标准储备液（1000mg/L）：准确称取1.5985g（精确至0.0001g）硝酸铅，用少量硝酸溶液（1+9）溶解，移入1000mL容量瓶，加水至刻度，混匀。

⑤ 铅标准中间液（1.00mg/L）：准确吸取铅标准储备液（1000mg/L）1.00mL于1000mL容量瓶中，加硝酸溶液（5+95）至刻度，混匀。

⑥ 铅标准系列溶液：分别吸取铅标准中间液（1.00mg/L）0mL、0.500mL、1.00mL、2.00mL、3.00mL和4.00mL于100mL容量瓶中，加硝酸溶液（5+95）至刻度，混匀。

此铅标准系列溶液的质量浓度分别为0μg/L、5.00μg/L、10.0μg/L、20.0μg/L、30.0μg/L和40.0μg/L。

(4) 仪器　原子吸收光谱仪：配石墨炉原子化器，附铅空心阴极灯。

(5) 操作步骤

① 试样前处理

a. 湿法消解。称取固体试样0.2～3g（精确至0.001g）或准确移取液体试样0.500～5.00mL于带刻度消化管中，加入10mL，硝酸和0.5mL高氯酸，在可调式电热炉上消解（参考条件：120℃/0.5～1h；升至180℃/2～4h、升至200～220℃）。若消化液呈棕褐色，再加少量硝酸，消解至冒白烟，消化液呈五色透明或略带黄色，取出消化管，冷却后用水定容至10mL，混匀备用。同时做试剂空白试验。亦可采用锥形瓶，于可调式电热板上，按上述操作方法进行湿法消解。

b. 微波消解。称取固体试样0.2～0.8g（精确至0.001g）或准确移取液体试样0.500～3.00mL于微波消解罐中，加入5mL硝酸，按照微波消解的操作步骤消解试样，消解条件参考GB 5009.12附录A。冷却后取出消解罐，在电热板上于140～160℃赶酸至1mL左右。消解罐放冷后，将消化液转移至10mL容量瓶中，用少量水洗涤消解罐2～3次，合并洗涤液于容量瓶中并用水定容至刻度，混匀备用。同时做试剂空白试验。

② 测定

a. 仪器参数：见表6-2。

表6-2　石墨炉原子吸收光谱法仪器参考条件

元素	波长/nm	狭缝/nm	灯电流/mA	干燥	灰化	原子化
铅	283.3	0.5	8～12	85～120℃/40～50s	750℃/20～30s	2300℃/4～5s

b. 标准曲线的制作。按质量浓度由低到高的顺序分别将10μL铅标准系列溶液和5μL磷酸二氢铵-硝酸钯溶液（可根据所使用的仪器确定最佳进样量）同时注入石墨炉，原子化后测其吸光度值，以质量浓度为横坐标，吸光度值为纵坐标，制作标准曲线。

c. 试样溶液的测定。在与测定标准溶液相同的实验条件下，将10μL空白溶液或试样溶液与5μL磷酸二氢铵-硝酸钯溶液（可根据所使用的仪器确定最佳进样量）同时注入石墨炉，原子化后测其吸光度值，与标准系列比较定量。

(6) 结果计算

$$X=\frac{(\rho-\rho_0)\times V}{m\times 1000}$$

式中　X——试样中铅的含量，mg/kg或mg/L；

ρ——试样溶液中铅的质量浓度，μg/L；

ρ_0——空白溶液中铅的质量浓度，μg/L；

V——试样消化液的定容体积，mL；

m——试样称样量或移取体积，g或mL；

1000——换算系数。

当铅含量≥1.00mg/kg（或mg/L）时，计算结果保留三位有效数字；当铅含量<1.00mg/kg（或mg/L）时，计算结果保留两位有效数字。

2. 分光光度法（二硫腙比色法）

(1) 原理　样品经消化后，在pH=8.5～9.0时，铅离子与二硫腙生成红色络合物，溶于三氯甲烷，加入柠檬酸铵、氰化钾和盐酸羟胺等，防止铜、铁、锌等离子干扰，与标准系列比较定量。

（2）试剂

① 1+1 氨水、盐酸（1+1）、酚红指示液（1g/L）、氰化钾溶液（100g/L）、三氯甲烷（不应含氧化物）、硝酸（1+99）、硝酸-硫酸混合液（4+1）。

② 盐酸羟胺溶液（200g/L）。称取 20g 盐酸羟胺，加水溶解至 50mL，加 2 滴酚红指示液，加氨水（1+1）调 pH 至 8.5～9.0（由黄变红，再多加 2 滴），用二硫腙-三氯甲烷溶液提取至三氯甲烷层绿色不变为止，再用三氯甲烷洗两次，弃去三氯甲烷层，水层加盐酸（1+1）呈酸性，加水至 100mL。

③ 柠檬酸铵溶液（200g/L）。称取 50g 柠檬酸铵，溶于 100mL 水中，加 2 滴酚红指示液，加氨水（1+1）调 pH 至 8.5～9.0，用二硫腙-三氯甲烷溶液提取数次，每次 10～20mL，至三氯甲烷层绿色不变为止，弃去三氯甲烷层，再用三氯甲烷洗两次，每次 5mL，弃去三氯甲烷层，加水稀释至 250mL。

④ 淀粉指示液。称取 0.5g 可溶性淀粉，加 5mL 水摇匀后，慢慢倒入 100mL 沸水中，随倒随搅拌，煮沸，放冷备用。临用时配制。

⑤ 二硫腙-三氯甲烷溶液（0.5g/L）。称取精制过的二硫腙 0.5g，加 1L 三氯甲烷溶解，保存于冰箱中。

⑥ 二硫腙使用液。吸取 1.0mL 二硫腙溶液，加三氯甲烷至 10mL，混匀。用 1cm 比色皿，以三氯甲烷调节零点，于波长 510nm 处测吸光度（A），用下式算出配制 100mL 二硫腙使用液（70%透光度）所需二硫腙溶液的体积（V）。

$$V=\frac{10\times(2-\lg 70)}{A}=\frac{1.55}{A}$$

⑦ 铅标准溶液。精密称取 0.1598g 硝酸铅，加 10mL 硝酸（1+99），全部溶解后，移入 100mL 容量瓶中，加水稀释至刻度。此溶液每毫升相当于 1.0mg 铅。

⑧ 铅标准使用液。吸取 1.0mL 铅标准溶液，置于 100mL 容量瓶中，加水稀释至刻度。此溶液每毫升相当于 10.0μg 铅。

（3）仪器　分光光度计。

（4）操作步骤

① 样品预处理　在采样和制备过程中，应注意不使样品污染。

粮食、豆类去杂物后，磨碎，过 20 目筛，储于塑料瓶中，保存备用。

蔬菜、水果、鱼类、肉类及蛋类等水分含量高的鲜样，用食品加工机或匀浆机打成匀浆，储于塑料瓶中，保存备用。

② 样品消化（灰化法）

a. 粮食及其他含水分少的食品。称取 5.00g 样品，置于石英或瓷坩埚中；加热至炭化，然后移入马弗炉中，500℃灰化 3h，放冷，取出坩埚，加硝酸（1+1），润湿灰分，用小火蒸干，在 500℃灼烧 1h，放冷，取出坩埚。加 1mL 硝酸（1+1），加热，使灰分溶解，移入 50mL 容量瓶中，用水洗涤坩埚，洗液并入容量瓶中，加水至刻度，混匀备用。

b. 含水分多的食品或液体样品。称取 5.0g 或吸取 5.00mL 样品，置于蒸发皿中，先在水浴上蒸干，再按①自“加热至炭化”起依法操作。

③ 测定　吸取 10.0mL 消化后的定容溶液和同量的试剂空白液，分别置于 125mL 分液

漏斗中，各加水至20mL。

吸取0.00mL、0.10mL、0.20mL、0.30mL、0.40mL、0.50mL铅标准使用液（相当0μg、1μg、2μg、3μg、4μg、5μg铅），分别置于125mL分液漏斗中，各加硝酸（1+99）至20mL。

于样品消化液、试剂空白液和铅标准液中各加2mL柠檬酸铵溶液（20g/L）、1mL盐酸羟胺溶液（200g/L）和2滴酚红指示液，用氨水（1+1）调至红色，再各加2mL氰化钾溶液（100g/L），混匀。各加5.0mL二硫腙使用液，剧烈振摇1min，静置分层后，三氯甲烷层经脱脂棉滤入1cm比色皿中，以三氯甲烷调节零点，于波长510nm处测吸光度，各点减去空白液管吸光度值后，绘制标准曲线或计算一元回归方程，样品与标准曲线比较。

（5）结果计算

$$w=\frac{(m_1-m_0)\times10^{-6}}{m\times(V_2/V_1)}$$

式中 w——样品中铅的质量分数；

m_1——测定用样品消化液中铅的质量，μg；

m_0——试剂空白液中铅的质量，μg；

m——样品质量，g；

V_1——样品消化液的总体积，mL；

V_2——测定用样品消化液体积，mL。

二、砷的测定——硼氢化物还原比色法

1. 原理

样品经消化，其中砷以五价形式存在。当溶液中氢离子浓度大于1.0mol/L时，加入碘化钾-硫脲并结合加热，能将五价砷还原为三价砷。在酸性条件下，硼氢化钾将三价砷还原为负三价，形成砷化氢气体，导入吸收液中呈黄色，黄色深浅与溶液中砷含量成正比。与标准系列比较定量。

2. 试剂

（1）碘化钾（500g/L）+硫脲溶液（50g/L）：1+1。

（2）400g/L和100g/L氢氧化钠溶液。

（3）1+1硫酸。

（4）吸收液

① 硝酸银溶液（8g/L）。称取4.07g硝酸银于500mL烧杯中，加入适量水溶解后加入30mL硝酸，加水至500mL，储于棕色瓶中。

② 聚乙烯醇溶液（4g/L）。称取0.4g聚乙烯醇（聚合度为1500～1800）于小烧杯中，加入100mL水，沸水浴中加热，搅拌至溶解，保温10min，取出放冷备用。

③ 取①液和②液各一份，加入两份体积的乙醇（95%），混匀作为吸收液。使用时现配。

（5）硼氢化钾片　将硼氢化钾与氯化钠按1∶4质量比混合磨细，充分混匀后在压片机上制成直径10mm、厚4mm的片剂，每片为0.5g。避免在潮湿天气时压片。

（6）乙酸铅（100g/L）棉花　将脱脂棉泡于乙酸铅溶液（100g/L）中，数分钟后挤去多余溶液，摊开棉花，80℃烘干后储于广口玻璃瓶中。

（7）柠檬酸（1.0mol/L）-柠檬酸铵（1.0mol/L）　称取192g柠檬酸、243g柠檬酸铵，加水溶解后稀释至1000mL。

（8）砷标准储备液　精确称取经105℃干燥1h并置于干燥器中冷却至室温的三氧化二砷0.1320g于100mL烧杯中，加入10mL氢氧化钠溶液（2.5mol/L），待溶解后加入5mL高氯酸、5mL硫酸，置电热板上加热至冒白烟，冷却后，转入1000mL容量瓶中，用水稀释定容至刻度，此液每毫升含砷（五价）0.100mg。

（9）砷标准应用液　吸取砷标准储备液1.00mL置于100mL的容量瓶中，用水稀释至刻度，该溶液每毫升含砷（五价）1.00μg。

（10）甲基红指示剂　2g/L。称取0.1g甲基红溶解于50mL乙醇（95%）中。

3. 仪器

可见分光光度计、砷化氢装置。

4. 操作步骤

（1）样品处理

① 粮食类食品。称取5.00g样品于250mL的锥形瓶中，放入5.0mL高氯酸、20mL硝酸、2.5mL硫酸（1+1），放置数小时后（或过夜），置电热板上加热，若溶液变成棕色，应补加硝酸使有机物分解完全，取下放冷，加15mL水，再加热至冒白烟，取下，以20mL水分数次将消化液定量转入100mL砷化氢发生瓶中。同时做空白消化。

② 蔬菜、水果类。称取10.00～20.00g样品于250mL的锥形瓶中，放入3.0mL高氯酸、20mL硝酸、2.5mL硫酸（1+1）。以下按①操作。

③ 动物性食品（海产品除外）。称取5.00～10.00g样品于250mL的锥形瓶中，以下按①操作。

④ 海产品。称取0.100～1.00g样品于250mL的锥形瓶中，放入2.0mL高氯酸、10mL硝酸、2.5mL硫酸（1+1）。以下按①操作。

⑤ 含乙二醇或二氧化碳的饮料。吸取10mL样品于250mL的锥形瓶中，低温加热除去乙醇或二氧化碳后加入2.0mL高氯酸、10mL硝酸、2.5mL硫酸（1+1）。以下按①操作。

⑥ 酱油类食品。吸取5.0～10.0mL代表性样品于250mL的锥形瓶中，加入5mL高氯酸、20mL硝酸、2.5mL硫酸（1+1）。以下按①操作。

（2）标准系列的制备　于6只100mL砷化氢发生瓶中，依次加入砷标准使用液0.00mL、0.25mL、0.50mL、1.00mL、2.00mL、3.00mL（相当于砷0.00μg、0.25μg、0.50μg、1.00μg、2.00μg、3.00μg），分别加水至3mL，再加2.0mL硫酸（1+1）。

（3）样品及标准的测定　于样品及标准砷化氢发生瓶中，分别加入0.1g抗坏血酸，2.0mL碘化钾（500g/L）-硫脲溶液（50g/L），置沸水浴中加热5min（此时瓶内温度不得超过80℃），取出放冷，加入甲基红指示剂（2g/L）1滴，加入约3.5mL氢氧化钠溶液（400g/L），以氢氧化钠溶液（100g/L）调至溶液刚呈黄色，加入1.5mL柠檬酸（1.0mol/L）-柠檬酸铵（1.0mol/L），加水至40mL，加入一粒硼氢化钾片剂，立即通过塞有乙酸铅棉花的导管与盛有4.0mL吸收液的吸收管相连接，不时摇动砷化氢发生瓶，反应5min后再加入一粒硼氢化钾片剂，继续反应5min。取下吸收管，用1cm比色皿，在400nm波长，以标准管空白液管调吸光度为零，测定各管吸光度。将标准系列各管砷含量对吸光度绘制标准曲线或计算回归方程。

5. 结果计算

$$w=\frac{m_1\times10^{-6}}{m}$$

式中　w——样品中砷的质量分数；

m_1——测定用消化液从标准曲线查得的含砷的质量，μg；

m——样品质量，g。

三、镉的测定——分光光度法

1. 原理

样品经消化后，在碱性溶液中，镉离子与6-溴苯并噻唑偶氮萘酚形成红色络合物，溶于三氯甲烷，与标准系列比较定量。

2. 试剂

① 三氯甲烷、二甲基甲酰胺、混合酸（硝酸-高氯酸，3＋1）、酒石酸钾钠溶液（400g/L）、氢氧化钠溶液（200g/L）、柠檬酸钠溶液（250g/L）。

② 镉试剂。称取38.4mg 6-溴苯并噻唑偶氮萘酚溶于50mL二甲基甲酰胺中，储于棕色瓶中。

③ 镉标准溶液。准确称取1.0000g金属镉（99.99%），溶于20mL盐酸（5＋7）中，加入2滴硝酸后，移入1000mL容量瓶中，以水稀释至刻度，混匀，储于聚乙烯瓶中。此溶液每毫升相当于1.0mg镉。

④ 镉标准使用液。吸取10.0mL镉标准溶液，置于100mL容量瓶中，以盐酸（1＋11）稀释至刻度，混匀。如此多次稀释至每毫升相当于1.0μg镉。

3. 仪器

分光光度计。

4. 操作步骤

（1）样品消化　称取5.00～10.00g样品，置于150mL锥形瓶中，加入15～20mL混合酸（如在室温放置过夜，则次日易于消化），小火加热，待泡沫消失后，可慢慢加大火力，必要时再加少量硝酸，直至溶液澄清无色或微带黄色，冷却至室温。

取与消化样品相同量的混合酸、硝酸按同一操作方法做试剂空白实验。

（2）测定　将消化好的样液及试剂空白液用20mL水分数次洗入125mL分液漏斗中，以氢氧化钠溶液（200g/L）调节至pH＝7左右。取0.0mL、0.5mL、1.0mL、3.0mL、5.0mL、7.0mL、10.0mL镉标准使用液（相当于0.0μg、0.5μg、1.0μg、3.0μg、5.0μg、7.0μg、10.0μg镉），分别置于125mL分液漏斗中，再各加水至20mL。用氢氧化钠溶液（200g/L）调节至pH＝7左右。于样品消化液、试剂空白液及标准液中依次加入3mL柠檬酸钠溶液（250g/L）、4mL酒石酸钾钠溶液（400g/L）及1mL氢氧化钠溶液（200g/L），混匀。再各加5.0mL三氯甲烷及0.2mL镉试剂，立即振摇2min，静置分层后，将三氯甲烷层经脱脂棉滤入试管中，以三氯甲烷调节零点，于1cm比色皿在波长585nm处测吸光度。

5. 结果计算

$$w=\frac{(m_1-m_0)\times10^{-6}}{m}$$

式中　w——样品中镉的质量分数；

m_1——测定用样品液中镉的质量，μg；

m_0——试剂空白液中镉的质量，μg；

m——样品质量，g。

【阅读材料】

让你美丽动人的微量元素

它们是占我们身体总量万分之一以下的微不足道者。但是量微不可小看，无论多了、少了，它们都要发脾气，让我们病痛。所以，须得小心为上，谨慎相处。

锌——促进大脑发育、维持性能力。

如果你有以下情况，可能锌缺乏：对什么都没有食欲，吃什么都不香，味觉减退，跟着会有口腔溃疡反复发作、甚至引起肝脾肿大。视力下降、毛发枯燥，痤疮、粉刺较多，也与锌元素缺乏有关。

如果你有以下情况，可能锌过多：锌会抑制铁的吸收，如果铁摄入正常却发生缺铁性贫血，就是锌在起坏作用；血脂高是另一项锌过多的可能。

含锌食物：海牡蛎含锌最丰富，每100g海牡蛎肉含锌超过100mg，其他食物以每100g为单位，肉类、肝脏、蛋类含锌2～5mg，鱼及一般海产品含锌1.5mg，奶和奶制品含锌0.3～1.5mg，谷类和豆类含锌1.5～2.0mg。

铁——促进造血。

如果你有以下情况，可能铁缺乏：面色晦暗无光、皮肤萎黄，这是贫血最直接的影响，跟着因为全身供血不足会引起注意力不集中、容易疲劳、运动时感到气短、抵抗力下降、易感染。

如果你有以下情况，可能铁过多：血液化验报告铁蛋白浓度过高。过剩的铁会促进自由基形成，损害动脉壁细胞，损伤心肌。血液中铁蛋白浓度每上升1%，心脏病发作的危险性就会提高4%。当血液中铁蛋白浓度达200mg/L时，心脏病发病率会高出3倍。

含铁食物：常用食品中紫菜含铁量较多，以100g为单位紫菜含铁46.8mg，虾皮含铁16.5mg，海蜇皮含铁17.6mg，黑芝麻含铁26.3mg，黑木耳含铁11.9mg。

碘——调节体内热代谢。

如果你有以下情况，可能碘缺乏：成年人发生甲状腺肿，胎儿和婴幼儿出现全身发育不良、身体矮小、智力低下。

如果你有以下情况，可能碘过多：很少会有碘过量，除非误服碘剂，出现厌食、恶心、乏力、头晕、失眠。

含碘食物：现在食盐普遍加碘，如果每天吃盐5g，可摄入碘180μg，就能保证人体对碘的生理需要量。含碘量最高的是海带，每个月吃一两次就可以满足身体需要。

思　考　题

1. 为什么食品中微量矿物质元素测定前要进行分离与浓缩？怎样进行？
2. 钙的常用测定方法有哪些？测定原理是什么？
3. 钙的常用测定方法有哪些？测定原理是什么？
4. 铁的常用测定方法有哪些？测定原理是什么？
5. 说明二硫腙比色测定食品中微量元素的原理，测定中会有哪些干扰？如何消除？
6. 简述分光光度法测定砷的原理和操作要点。

第七章　食品添加剂的测定

【学习目标】

1. 了解常用食品防腐剂的影响，掌握苯甲酸、山梨酸（钾）的测定原理及操作技术。
2. 了解护色剂的作用，掌握测定硝酸盐、亚硝酸盐的原理和方法。
3. 了解漂白剂的作用，掌握测定亚硫酸盐（二氧化硫）的原理和方法。
4. 了解着色剂的分类、影响，掌握食品中食用合成食素的测定方法。
5. 了解 BHA、BHT 的作用，掌握其测定方法。

为了改善食品的品质及色、香、味，各类食品添加剂被广泛用于食品加工中。《中华人民共和国食品卫生法》对食品添加剂的定义是："为改善食品的品质和色、香、味，以及为防腐和加工工艺的需要而加入食品中的化学合成或天然物质。"从上述定义可知：添加剂是出于技术目的而有意识加到食品中的物质。显然它不包括食品中的污染物。当前食品添加剂已经进入到粮油、肉禽、果蔬加工等各个领域，也是烹饪行业必备的配料，并已进入家庭的一日三餐。如方便面中含有的 BHA（叔丁基羟基茴香醚）、BHT（二丁基羟基甲苯）抗氧化剂，味精、肌苷酸等风味剂，磷酸盐等品质改良剂。酱油中的防腐剂苯甲酸钠、食用色素。饮料中含有酸味剂如柠檬酸、甜味剂如甜菊苷等。为此食品中添加剂的测定已成为食品分析中的重要内容。

食品添加剂的种类繁多，我国较为常用的有 300 多种。

食品添加剂的分类可按其来源、功能等划分。按来源分为天然食品添加剂和化学合成添加剂。按其功能和用途，可将食品添加剂分为 22 类。它们是：①酸度调节剂，②抗结剂，③消泡剂，④抗氧化剂，⑤漂白剂，⑥膨松剂，⑦胶姆糖基础剂，⑧着色剂，⑨护色剂，⑩乳化剂，⑪酶制剂，⑫增味剂，⑬面粉处理剂，⑭被膜剂，⑮水分保持剂，⑯营养强化剂，⑰防腐剂，⑱凝固剂，⑲甜味剂，⑳增稠剂，㉑香料，㉒其他。

当你津津有味地品尝着美味食品的时候，是否想到绝大多数食品都含有各类不同的添加剂？食品中为什么要加入添加剂？加入添加剂的食品是否安全？如何进行质量监督？相信通过本章内容的学习将不无裨益。

第一节　防腐剂的测定

一、概述

食品在存放加工和销售过程中，因微生物的作用，会导致其腐败、变质而不能食用。为延长食品的保存时间，一方面可通过物理方法控制微生物的生存条件，如温度、水分、pH 等，以杀灭或抑制微生物的活动。另一方面还可用化学方法保存，即使用食品防腐剂提高食品的保藏期。防腐剂由于使用方便、高效、投资少而被广泛采用。

防腐剂有广义和狭义之分，狭义的防腐剂主要指山梨酸、苯甲酸等直接加入食品中的化学物质；广义的防腐剂除包括狭义的防腐剂外，还包括通常被认为是调料而具有防腐作用的食盐、醋、蔗糖、二氧化碳等以及那些不直接加入食品，而在食品储藏过程中应用的消毒剂和防霉剂等。

防腐剂可分为有机防腐剂和无机防腐剂。有机防腐剂有苯甲酸及其盐类、山梨酸及其盐类、对羟基苯甲酸酯类、丙酸及其盐类等。无机防腐剂有二氧化硫及亚硫酸盐类、亚硝酸盐类等。

防腐剂是人为添加的化学物质，在具有杀死或抑制微生物的同时，也不可避免地对人体产生副作用。表 7-1 列举了几种我国允许使用的防腐剂。

表 7-1　常用食品防腐剂（食品安全国家标准《食品添加剂使用标准》GB 2760—2014）

名称	使用范围	最大用量/(g/kg)
苯甲酸	水果干类、腐乳类、面包和糕点类、果冻、葡萄酒	不得检出
	醋、酱油、酱及酱制品、液体复合调味品、风味冰及冰棍类	1.0
	果酒	0.8
	碳酸饮料	0.2
山梨酸	水果干类、腐乳类、熟制豆类、糖果、料酒及制品、啤酒及麦芽饮料	不得检出
	腌制蔬菜、面包、糕点、醋、酱油、复合调味品	1.0
	风味冰及冰棍类、蜜饯凉果、碳酸饮料、茶、咖啡、植物饮料	0.5
脱氢乙酸	风味冰及冰棍类、水果干类、蜜饯凉果、糖果、饼干、醋、酱油、酱及酱制品、碳酸饮料、葡萄酒、啤酒及麦芽饮料	不得检出
	腌制蔬菜	1.0
	面包、糕点、月饼、酱卤肉制品类、复合调味品	0.5

目前我国食品加工业多使用苯甲酸及其钠盐和山梨酸及山梨酸钾，苯甲酸在 pH=5.0、山梨酸在 pH=8.0 以下，对霉菌、酵母和好气性细菌具有较好的抑制作用。故本节主要介绍这两种防腐剂的测定方法。

二、山梨酸（钾）的测定

1. 理化性质

山梨酸俗名花楸酸，化学名称为 2,4-己二烯酸。山梨酸及其钾盐作为酸性防腐剂，在酸性介质中对霉菌、酵母菌、好气性细菌有良好的抑制作用，可与这些微生物酶系统中的巯基结合使之失活。但对厌氧的芽孢杆菌、乳酸菌无效。山梨酸是一种不饱和脂肪酸，在肌体内可参与正常的新陈代谢，对人体无毒性，是目前被认为最安全的一类食品防腐剂。

2. 分离方法

称取 100g 样品，加 200mL 水于组织捣碎机中捣成匀浆。称取匀浆 100g，加水 200mL 继续捣 1min，称取 10g 于 250mL 容量瓶中定容，摇匀，过滤备用。

3. 山梨酸（钾）的测定

山梨酸（钾）的测定方法有气相色谱法、高效液相色谱法、分光光度法等。下面介绍分光光度法。

（1）测定原理　提取样品中山梨酸及其盐类，经硫酸-重铬酸钾氧化成丙二醛，再与硫代巴比妥酸形成红色化合物，其颜色深浅与丙二醛含量成正比，可于 530nm 处比色定量。

（2）试剂

① 重铬酸钾-硫酸溶液。1/60mol/L 重铬酸钾与 0.15mol/L 硫酸以 1∶1 混合备用。

② 硫代巴比妥酸溶液。准确称取 0.5g 硫代巴比妥酸于 100mL 容量瓶中，加 20mL 水，加 10mL 1mol/L 氢氧化钠溶液，摇匀溶解后再加 1mol/L 盐酸 1mL，以水定容（临用时配制，6h 内使用）。

③ 山梨酸钾标准溶液。准确称取 250mg 山梨酸钾于 250mL 容量瓶中，用蒸馏水溶解并定容（本溶液山梨酸含量为 1mg/mL，使用时再稀释为 0.1mg/mL）。

（3）仪器　分光光度计、组织捣碎机、10mL 比色管。

（4）操作步骤

① 标准曲线绘制。吸取 0.0mL、2.0mL、4.0mL、6.0mL、8.0mL、10.0mL 山梨酸钾标准溶液于 250mL 容量瓶中，用水定容，分别吸取 2.0mL 于相应的 10mL 比色管中，加 2mL 重铬酸钾硫酸溶液，于 100℃水浴中加热 7min，立即加入 2.0mL 硫代巴比妥酸，继续加热 10min，立刻用冷水冷却，于 530nm 处测吸光度，绘制标准曲线。

② 试样测定。吸取试样处理液 2mL 于 10mL 比色管中，按标准曲线绘制操作，于 530nm 处测吸光度，以标准曲线定量。

（5）结果计算

$$w_1=\frac{m_1\times 250\times 10^{-3}}{m\times 2.00}$$

$$w_2=\frac{w_1}{1.34}$$

式中　w_1——山梨酸钾的质量分数；

w_2——山梨酸的质量分数；

m_1——试液中含山梨酸钾的质量，mg；

m——称取匀浆相当于试样质量，g；

1.34——山梨酸与山梨酸钾之间的换算系数；

250——250mL 总体积。

三、苯甲酸的测定

1. 理化性质

苯甲酸俗称安息香酸，是最常用的防腐剂之一。因对其安全性尚有争议，此前已有苯甲酸引起叠加（蓄积）中毒的报道，故有逐步被山梨酸盐类防腐剂取代的趋势，在我国由于山梨酸盐类防腐剂的价格比苯甲酸类防腐剂要贵很多，一般多用于出口食品或婴幼儿食品，普通酸性食品则以苯甲酸（钠）应用为主。

2. 分离与富集过程

称取 2.50g 事先混合均匀的样品，置于 25mL 带塞量筒中，加 0.5mL 盐酸（1+1）酸化，用 15mL、10mL 乙醚提取两次，每次振摇 1min，静置分层后将上层乙醚提取液吸入另一个 25mL 带塞量筒中，合并乙醚提取液。用 3mL 氯化钠酸性溶液（40g/L）洗涤两次，静置 15min，用滴管将乙醚层通过无水硫酸钠滤入 25mL 容量瓶中，用乙醚洗量筒及硫酸钠层，洗液并入容量瓶。加乙醚至刻度，混匀。准确吸取 5mL 乙醚提取液于 5mL 带塞刻度试管中，置 40℃水浴上挥干，加入 2mL 石油醚-乙醚（3+1）混合溶剂溶解残渣，备用。

苯甲酸（钠）的测定有气相色谱法、紫外分光光度法、高效液相色谱法和容量法等。气相色谱法和高效液相色谱法灵敏度高，分析结果准确，随着仪器的普及，被广泛采用，下面介绍这两种方法。

1. 气相色谱法

（1）测定原理　样品酸化后，用乙醚提取苯甲酸，用附氢火焰离子化检测器的气相色谱仪进行分离测定，与标准系列比较定量。

（2）试剂

a. 乙醚。不含过氧化物。

b. 石油醚。沸程 30～60℃。

c. 盐酸（1+1）。

d. 无水硫酸钠。

e. 氯化钠酸性溶液（40g/L）。于氯化钠溶液（40g/L）中加少量盐酸（1+1）酸化。

f. 苯甲酸标准溶液。准确称取苯甲酸 0.2000g，置于 100mL 容量瓶中，用石油醚-乙醚（3+1）混合溶剂溶解并稀释至刻度（此溶液每毫升相当于 2.0mg 苯甲酸）。

g. 苯甲酸标准使用液。吸取适量的苯甲酸标准溶液，以石油醚-乙醚（3+1）混合溶剂稀释至每毫升相当于 50μg、100μg、150μg、200μg、250μg 苯甲酸。

（3）仪器　气相色谱仪，具有氢火焰离子化检测器。

（4）操作方法

① 色谱参考条件

a. 色谱柱：玻璃柱，内径 3mm，长 2m，内装涂以 5%DEGS+1% H_3PO_4 固定液的 60～80 目 Chromosorb WAW。

b. 气流速度：载气为氮气，50mL/min（氮气和空气、氢气之比按各仪器型号不同，选择各自的最佳比例条件）。

c. 温度：进样口 230℃；检测器 230℃；柱温 170℃。

② 测定：进样 2μL 标准系列中各浓度标准使用液于气相色谱仪中，可测得不同浓度苯甲酸的峰高，以浓度为横坐标，相应的峰高为纵坐标，绘制标准曲线。同时进样 2μL 样品溶液，测得峰高与标准曲线比较定量。

（5）结果计算

$$w=\frac{m_1\times10^{-6}}{m\times(5.00/25.00)\times(V_2/V_1)\times1000}$$

式中　w——样品中苯甲酸的质量分数；

m_1——测定用样品液中苯甲酸的质量，μg；

V_1——加入石油醚-乙醚（3+1）混合溶剂的体积，mL；

V_2——测定时进样的体积，μL；

m——样品的质量，g；

5.00——测定时乙醚提取液的体积，mL；

25.00——样品乙醚提取液的总体积，mL。

2. 高效液相色谱法

（1）测定原理　试样加温除去二氧化碳和乙醇，调节 pH 至近中性，过滤后进高效液相色谱仪，经反相色谱分离后，根据保留时间和峰面积进行定性和定量。

（2）试剂

① 甲醇：经 0.5μm 滤膜过滤。

② 氨水（1+1）。

③ 乙酸铵溶液（0.02mol/L）：称取 1.54g 乙酸铵，加水至 1000mL 溶解，经 0.45μm 滤膜过滤。

④ 碳酸氢钠溶液：20g/L。

⑤ 苯甲酸标准贮备溶液：准确称取 0.1000g 苯甲酸，加碳酸氢钠溶液（20g/L）5mL，加热溶解，移入 100mL 容量瓶中，加水定容至刻度，苯甲酸含量为 1mg/mL，作为贮备溶液。

⑥ 苯甲酸标准使用溶液：吸取苯甲酸标准贮备溶液 10.0mL，放入 100mL 容量瓶中，加水至刻度，经 0.45μm 滤膜过滤，该溶液每毫升相当于 0.10mg 的苯甲酸。

（3）仪器　高效液相色谱仪（带紫外检测器）。

（4）操作方法

① 试样处理

a. 汽水：称取 5.00～10.0g 试样，放入小烧杯中，微温搅拌除去二氧化碳，用氨水（1+1）调 pH 约为 7。加水定容至 10～20mL，经 0.45μm 滤膜过滤。

b. 果汁类：称取 5.00～10.0g 试样，用氨水（1+1）调 pH 约为 7，加水定容至适当的体积，离心沉淀，上清液经 0.45μm 滤膜过滤。

c. 配制酒类：称取 10.0g 试样，放入小烧杯中，水浴加热除去乙醇，用氨水（1+1）调 pH 约为 7，加水定容至适当体积，经 0.45μm 滤膜过滤。

② 高效液相色谱参考条件

色谱柱：YWG-C_{18}　4.6mm×250mm，10μm 不锈钢柱。

流动相：甲醇-乙酸铵溶液（0.02mol/L）（5+95）。

流速：1mL/min。

进样量：10μL。

检测器：紫外检测器，230nm 波长，0.2AUFS。

③ 测定　根据保留时间定性，外标峰面积法定量。

（5）结果计算

$$w=\frac{m'\times10^{-3}}{m\times(V_2/V_1)}$$

式中　w——试样中苯甲酸的质量分数；

m'——进样体积中苯甲酸的质量，mg；

V_2——进样体积，mL；

V_1——试样稀释液总体积，mL；

m——试样质量，g。

第二节　护色剂的测定

一、亚硝酸盐与硝酸盐的性质

护色剂又称呈色剂或发色剂，是食品加工中为使肉与肉制品呈现良好的色泽而适当加入的化学物质。最常使用的护色剂是硝酸盐和亚硝酸盐。硝酸盐在亚硝基化菌的作用下还原成亚硝酸盐，并在肌肉中乳酸的作用下生成亚硝酸。亚硝酸不稳定，分解产生亚硝基，并与肌红蛋白反应生成亮红色的亚硝基红蛋白，使肉制品呈现良好的色泽。

亚硝酸钠除了发色外，还是很好的防腐剂，尤其是对肉毒梭状芽孢杆菌在 pH=6 时有显著的抑制作用。

亚硝酸盐毒性较强，摄入量大可使亚铁血红蛋白（二价铁）变成高铁血红蛋白（三价铁），失去输氧能力，引起肠还原性青紫症。尤其是亚硝酸盐可与胺类物质生成强致癌物亚硝胺。权衡利弊，各国都在保证安全和产品质量的前提下严格控制其使用。我国目前批准使用的护色剂有硝酸钠（钾）和亚硝酸钠（钾），常用于香肠、火腿、午餐肉罐头等。

二、亚硝酸盐的测定——盐酸萘乙二胺法（格里斯试剂比色法）

1. 测定原理

样品经沉淀蛋白质、除去脂肪后，在弱酸条件下亚硝酸盐与对氨基苯磺酸重氮化，再与 *N*-1-萘基乙二胺偶合形成紫红色染料，与标准比较定量。

2. 试剂

（1）亚铁氰化钾溶液　称取 106.0g 亚铁氰化钾 [$K_4Fe(CN)_6 \cdot 3H_2O$] 用水溶解，并稀释至 1000mL。

（2）乙酸锌溶液　称取 220.0g 乙酸锌 [$Zn(CH_3COO)_2 \cdot 2H_2O$]，加 30mL 冰醋酸溶于水，并稀释至 1000mL。

（3）饱和硼砂溶液　称取 5.0g 硼酸钠（$Na_2B_4O_7 \cdot 10H_2O$），溶于 100mL 热水中，冷却后备用。

（4）对氨基苯磺酸溶液（4g/L）　称取 0.4g 对氨基苯磺酸，溶于 100mL 20%盐酸中，置棕色瓶中混匀，避光保存。

（5）盐酸萘乙二胺溶液（2g/L）　称取 0.2g 盐酸萘乙二胺，溶解于 100mL 水中，混匀后，置棕色瓶中，避光保存。

（6）亚硝酸钠标准储备溶液　准确称取 0.1000g 于硅胶干燥器中干燥 24h 的亚硝酸钠，加水溶解移入 500mL 容量瓶中，加水稀释至刻度，混匀。此溶液每毫升相当于 200μg 的亚硝酸钠。

（7）亚硝酸钠标准使用液　临用前，吸取亚硝酸钠标准储备溶液 5.00mL，置于 200mL 容量瓶中，加水稀释至刻度，此溶液每毫升相当于 5.0μg 的亚硝酸钠。

3. 仪器

小型绞肉机、分光光度计。

4. 操作步骤

（1）样品处理　称取 5.0g 经绞碎混匀的样品，置于 50mL 烧杯中，加 12.5mL 饱和硼砂溶液，搅拌均匀，以 70℃左右的水约 300mL 将试样洗入 500mL 容量瓶中，于沸水浴中加热 15min，取出后冷却至室温，然后一面转动，一面加入 5mL 亚铁氰化钾溶液，摇匀，再加入 5mL 乙酸锌溶液，以沉淀蛋白质。加水至刻度，摇匀，放置 0.5h，除去上层脂肪，清液用滤纸过滤，弃去初滤液 30mL，滤液备用。

（2）测定　吸取 40.0mL 上述滤液于 50mL 带塞比色管中，另吸取 0.00mL、0.20mL、0.40mL、0.60mL、0.80mL、1.00mL、1.50mL、2.00mL、2.50mL 亚硝酸钠标准使用液（相当于 0μg、1μg、2μg、3μg、4μg、5μg、7.5μg、10μg、12.5μg 亚硝酸钠），分别置于

50mL带塞比色管中，于标准管与试样管中分别加入2mL对氨基苯磺酸溶液（4g/L），混匀，静置3～5min后各加入1mL盐酸萘乙二胺溶液（2g/L），加水至刻度，混匀，静置15min，用2cm比色皿，以空白液调节零点，于波长538nm处测吸光度，绘制标准曲线比较，同时做试剂空白。

5. **结果计算**

$$w=\frac{m'\times 10^{-6}}{m\times (V_2/V_1)}$$

式中 w——样品中亚硝酸盐的质量分数；

m——样品质量，g；

m'——测定用样液中含亚硝酸盐的质量，μg；

V_1——样品处理液总体积，mL；

V_2——测定用样液体积，mL。

三、硝酸盐的测定——镉柱法

1. **测定原理**

样品经沉淀蛋白质、除去脂肪后，溶液通过镉柱，使其中的硝酸根离子还原成亚硝酸根离子，在弱酸性条件下，亚硝酸根与对氨基苯磺酸重氮化后，再与盐酸萘乙二胺偶合形成红色染料，测得亚硝酸盐总量，由总量减去亚硝酸盐含量即得硝酸盐含量。

2. **试剂**

（1）氨缓冲溶液（pH=9.6～9.7） 量取20mL盐酸，加50mL水，混匀后加50mL氨水，再加水稀释至1000mL，混匀。

（2）稀氨缓冲液 量取50mL氨缓冲溶液，加水稀释至500mL，混匀。

（3）盐酸溶液（0.1mol/L）。

（4）硝酸钠标准溶液 准确称取0.1232g于110～120℃干燥至恒重的硝酸钠，加水溶解，移入500mL容量瓶中，并稀释至刻度。此溶液每毫升相当于200μg亚硝酸钠。

（5）硝酸钠标准使用液 临用时吸取硝酸钠标准溶液2.50mL，置于100mL容量瓶中，加水稀释至刻度。此溶液每毫升相当于5μg亚硝酸钠。

（6）亚硝酸钠标准使用液 见亚硝酸盐测定（盐酸萘乙二胺法）。

3. **仪器（镉柱）**

（1）海绵状镉的制备 投入足够的锌皮或锌棒于500mL硫酸镉溶液（200g/L）中，经3～4h，当其中的镉全部被锌置换后，用玻璃棒轻轻刮下，取出残余锌棒，使镉沉底，倾去上层清液，以水用倾泻法多次洗涤，然后移入组织捣碎机中，加500mL水，捣碎约2s，用水将金属细粒洗至标准筛上，取20～40目之间的部分。

（2）镉柱的装填 如图7-1所示。用水装满镉柱玻璃管，并装入2cm高的玻璃棉做垫，将玻璃棉压向柱底时，应将其中所包含的空气全部排出，在轻轻敲击下加入海绵状镉至8～10cm高，上面用1cm高的玻璃棉覆盖，上置一储液漏斗，末端要穿过橡皮塞与镉柱玻璃管紧密连接。

如无上述镉柱玻璃管时，可以以25mL酸式滴定管代用。

当镉柱填装好后，先用25mL盐酸（0.1mol/L）洗涤，再以水洗两次，每次25mL，镉柱不用时用水封盖，随时都要保持水平面在镉层之上，不得使镉层中夹有气泡。

镉柱每次使用完毕后，应先以 25mL 盐酸（0.1mol/L）洗涤，再以水洗两次，每次 25mL，最后用水封盖镉柱。

（3）镉柱还原效率的测定　吸取 20mL 硝酸钠标准使用液，加入 5mL 稀氨缓冲液，混匀后，吸取 20mL 于 50mL 烧杯中，加 5mL 氨缓冲溶液，混合后注入储液漏斗中，使流经镉柱还原，以原烧杯收集流出液，当储液漏斗中的溶液流完后，再加 5mL 水置换柱内留存的溶液。

将全部收集液如前再经镉柱还原一次，第二次流出液收集于 100mL 容量瓶中，继以水流经镉柱洗涤三次，每次 20mL，洗液一并收集于同一容量瓶中，加水至刻度，混匀。

取 10.0mL 还原后的溶液（相当 10μg 亚硝酸钠）于 50mL 比色管中，加入 2mL 对氨基苯磺酸溶液（4g/L），混匀，静置 3～5min 后各加入 1mL 盐酸萘乙二胺溶液（2g/L），加水至刻度，混匀，静置 15min，用 2cm 比色皿，以空白液调节零点，于波长 538nm 处测吸光度，绘制标准曲线比较，同时做试剂空白。根据标准曲线计算测得结果，与加入量一致，还原效率应大于 98%为符合要求。

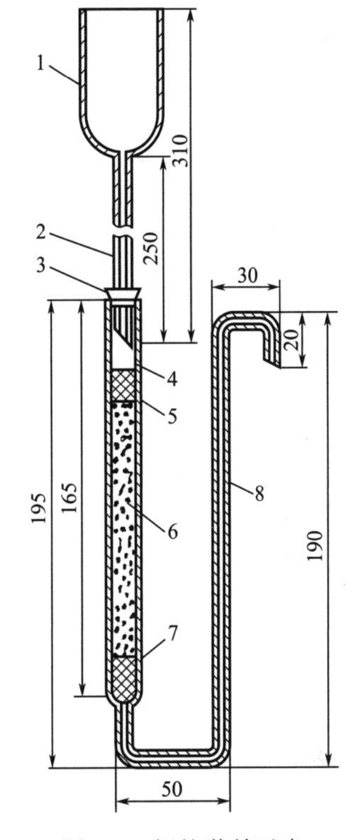

图 7-1　镉柱装填示意

1—储液漏斗，内径 35mm，外径 37mm；2—进液毛细管，内径 4mm，外径 6mm；3—橡皮塞；4—镉柱玻璃管，内径 12mm，外径 16mm；5，7—玻璃棉；6—海绵状镉；8—出液毛细管，内径 2mm，外径 8mm

（4）计算式

$$X=\frac{m}{10}\times 100\%$$

式中　X——还原效率；

m——测得亚硝酸盐的质量，μg；

10——测定用溶液相当亚硝酸盐的质量，μg。

4. 操作步骤

（1）试样处理　见亚硝酸盐测定（盐酸萘乙二胺法）。

（2）测定　先以 25mL 稀氨缓冲液冲洗镉柱，流速控制在 3～5mL/min（以滴定管代替的可控制在 2～3mL/min）。

吸取 20mL 处理过的样液于 50mL 烧杯中，加 5mL 氨缓冲溶液，混合后注入储液漏斗，使流经镉柱还原，以原烧杯收集流出液，当储液漏斗中的样液流完后，再加 5mL 水置换柱内留存的样液。

将全部收集液如前再经镉柱还原一次，第二次流出液收集于 100mL 容量瓶中，继以水流经镉柱洗涤三次，每次 20mL，洗液一并收集于同一容量瓶中，加水至刻度，混匀。

亚硝酸钠总量的测定：吸取 10～20mL 还原后的样液于 50mL 比色管中，另吸取 0.00mL、0.20mL、0.40mL、0.60mL、0.80mL、1.00mL、1.50mL、2.00mL、2.50mL 亚硝酸钠标准使用液（相当于 0μg、1μg、2μg、3μg、4μg、5μg、7.5μg、10μg、12.5μg 亚硝酸钠），分别置于 50mL 带塞比色管中，于标准管与试样管中分别加入 2mL 对氨基苯磺酸溶液（4g/L），混匀，静置 3～5min 后各加入 1mL 盐酸萘乙二胺溶液（2g/L），加水至刻度，混匀，静置15min，用2cm比色皿，以空白液调节零点，于波长538nm处测吸光度，绘制标准曲线比较，同时做试剂空白。

5. 结果计算

$$w=\left[\frac{m_1\times10^{-6}}{m\times\frac{V_1}{V_2}\times\frac{V_4}{V_3}}-\frac{m_2\times10^{-6}}{m\times\frac{V_6}{V_5}}\right]\times1.232$$

式中 w——试样中硝酸盐的质量分数；

m——试样的质量，g；

m_1——经镉粉还原后测得的亚硝酸钠的质量，μg；

m_2——直接测得的亚硝酸钠的质量，μg；

1.232——亚硝酸钠换算成硝酸钠的系数；

V_1——测得的总亚硝酸钠的试样处理液总体积，mL；

V_2——测得的总亚硝酸钠的测定用样液体积，mL；

V_3——经镉柱还原后样液总体积，mL；

V_4——经镉柱还原后样液的测定用样液体积，mL；

V_5——直接测亚硝酸钠的试样处理液总体积，mL；

V_6——直接测亚硝酸钠的试样处理液的测定用样液体积，mL。

第三节　抗氧化剂的测定

一、概述

日常生活中常遇到这样的情形：含油脂的食品会酸败、褐变、变味儿，而导致食品不能食用。其原因是食品在储存过程中，发生了一系列化学、生物变化，尤其是氧化反应，即在酶或某些金属的催化作用下，食品中所含易于氧化的成分与空气中的氧反应，生成醛、酮、醛酸、酮酸等一系列哈败物质。因此为防止或延缓食品成分的氧化变质，在其加工过程中要加入一定的抗氧化剂保护食品的质量。

抗氧化剂可按其溶解性和来源分类。按溶解性分类有油溶性与水溶性两类：油溶性的如丁基羟基茴香醚（BHA）、二丁基羟基甲苯（BHT）、叔丁基对苯二酚（TBHQ）、没食子酸丙酯（PG）等；水溶性的有异抗坏血酸及其盐类等。按来源分类可分为天然与人工合成两类。天然的如DL-α-生育酚、茶多酚等；人工合成的有叔丁基羟基茴香醚等。近年来由于人们对化学合成品的疑虑，使得天然抗氧化剂受到越来越多的重视，如经由微生物发酵制成的异抗坏血酸的用量上升很快；茶多酚是我国近年开发的天然抗氧化剂，在国内外颇受欢迎，其抗氧活性约比维生素E高20倍，且具一定的抑菌作用。但目前而言天然抗氧化剂仍处于研发阶段，真正应用不多。无论是天然还是人工抗氧化剂都不是十全十美，因食品的性质、加工方法不同，一种抗氧化剂很难适合各种各样的食品要求。

各国允许使用的抗氧化剂的品种有所不同，美国24种，德国12种，日、英11种，我国15种。表7-2列出了部分抗氧化剂的使用标准（GB 2760—2014）。

表 7-2　部分抗氧化剂的使用标准

<table>
<tr><th>名　称</th><th>使用范围</th><th>最大使用量/(g/kg)</th></tr>
<tr><td>丁基羟基茴香醚(叔丁基-4-羟基茴香醚)(BHA)</td><td rowspan="3">食用油脂、油炸食品、干鱼制品、饼干、方便面、速煮米、果仁罐头、腌腊肉制品</td><td rowspan="2">0.2</td></tr>
<tr><td>二丁基羟基甲苯(2,6-二叔丁基对甲酚)(BHT)</td></tr>
<tr><td>没食子酸丙酯(PG)</td><td>0.1</td></tr>
<tr><td rowspan="4">D-异抗坏血酸钠</td><td>果蔬罐头、肉类罐头、果酱、冷冻鱼</td><td>1.0</td></tr>
<tr><td>啤酒</td><td>0.04</td></tr>
<tr><td>葡萄酒、果蔬汁饮料类</td><td>0.15</td></tr>
<tr><td>肉制品</td><td>0.50</td></tr>
</table>

二、丁基羟基茴香醚（BHA）和二丁基羟基甲苯（BHT）的测定——分光光度法

1. 测定原理

样品通过水蒸气蒸馏，使 BHT 分离，用甲醇吸收，遇邻联二茴香胺与亚硝酸钠溶液生成橙红色物质，用三氯甲烷提取，与标准比较定量。

2. 试剂

（1）无水氯化钙。

（2）甲醇。

（3）三氯甲烷。

（4）亚硝酸钠溶液（3g/L）　避光保存。

（5）邻联二茴香胺溶液　称取 125mg 邻联二茴香胺于 50mL 棕色容量瓶中，加 25mL 甲醇，振摇使全部溶解，加 50mg 活性炭，振摇 5min，过滤，取 20mL 滤液，置于另一 50mL 棕色容量瓶中，加盐酸（1+11）至刻度。临用时现配并避光保存。

（6）BHT 标准溶液　准确称取 0.050g BHT，用少量甲醇溶解，移入 100mL 棕色容量瓶中，并稀释至刻度，避光保存。此溶液每毫升相当于 0.50mg BHT。

（7）BHT 标准使用液　临用时吸取 1.0mL BHT 标准溶液，置于 50mL 棕色容量瓶中，用甲醇稀释至刻度，混匀，避光保存。此溶液每毫升相当于 10.0μg BHT。

3. 仪器

水蒸气蒸馏装置、甘油浴、分光光度计。

4. 操作步骤

（1）样品处理　称取 2～5g 样品（约含 0.40mg BHT）于 100mL 蒸馏烧瓶中，加 16g 无水氯化钙粉末及 10mL 水，当甘油浴温度达到 165℃恒温时，将蒸馏烧瓶浸入甘油浴中，连接好水蒸气发生装置及冷凝管，冷凝管下端浸入盛有 50mL 甲醇的 200mL 容量瓶中，进行蒸馏，蒸馏速度为 1.5～2mL/min，在 50～60min 内收集约 100mL 馏出液（连同原盛有的甲醇共约 150mL，蒸气压不可太高，以免油滴带出），以温热的甲醇分次洗涤冷凝管，洗液并入容量瓶中并稀释至刻度。

（2）测定　准确吸取 25mL 上述处理后的样品溶液，移入用黑纸（布）包扎的 100mL 分液漏斗中，另准确吸取 0.0mL、1.0mL、2.0mL、3.0mL、4.0mL、5.0mL BHT 标准使用液（相当于 0μg、10μg、20μg、30μg、40μg、50μg BHT），分别置于黑纸（布）包扎的

60mL 分液漏斗，加入甲醇（50%）至 25mL。分别加入 5mL 邻联二茴香胺溶液，混匀，再各加 2mL 亚硝酸钠溶液（3g/L），振摇 1min，放置 10min，再各加 10mL 三氯甲烷，剧烈振摇 1min，静置 3min 后，将三氯甲烷层分入黑纸（布）包扎的 10mL 比色管中，管中预先放入 2mL 甲醇，混匀。用 1cm 比色皿，以三氯甲烷调节零点，于波长 520nm 处测吸光度，绘制标准曲线比较。

5. **结果计算**

$$w=\frac{m'\times 10^{-6}}{m\times (V_2/V_1)}$$

式中　w——样品中 BHT 的含量，g/kg；

m'——测定用样液中 BHT 的质量，μg；

m——样品质量，g；

V_1——蒸馏后样液总体积，mL；

V_2——测定用吸取样液的体积，mL。

6. **说明及注意事项**

在重复性条件下获得的两次独立测定结果的绝对差值不得超过算术平均值的 10%。

三、没食子酸丙酯（PG）的测定

1. **原理**

试样经石油醚溶解，用乙酸铵水溶液提取后，没食子酸丙酯（PG）与亚铁酒石酸盐起颜色反应，在波长 540nm 处测定吸光度，与标准比较定量。测定试样相当于 2g 时，最低检出浓度为 25mg/kg。

2. **仪器**

分光光度计。

3. **试剂**

（1）石油醚　沸程 30～60℃。

（2）乙酸铵溶液（100g/L 及 16.7g/L）。

（3）显色剂　称取 0.100g 硫酸亚铁（$FeSO_4 \cdot 7H_2O$）和 0.500g 酒石酸钾钠（$NaKC_4H_4O_6 \cdot 4H_2O$），加水溶解，稀释至 100mL，临用前配制。

（4）PG 标准溶液　准确称取 0.0100g PG 溶于水中，移入 200mL 容量瓶中，并用水稀释至刻度。此溶液每毫升含 50.0μg PG。

4. **操作步骤**

（1）试样处理　称取 10.00g 试样，用 100mL 石油醚溶解，移入 250mL 分液漏斗中，加 20mL 乙酸铵溶液（16.7g/L），振摇 2min，静置分层，将水层放入 125mL 分液漏斗中（如乳化，连同乳化层一起放下），石油醚层再用 20mL 乙酸铵溶液（16.7g/L）重复提取两次，合并水层。石油醚层用水振摇洗涤两次，每次 15mL，水洗涤并入同一 125mL 分液漏斗中，振摇静置。将水层通过干燥滤纸滤入 100mL 容量瓶中，用少量水洗涤滤纸，加 2.5mL 乙酸铵溶液（100g/L），加水至刻度，摇匀。将此溶液用滤纸过滤，弃去初滤液的 20mL，收集滤液供比色测定用。

（2）测定　吸取 20.0mL 上述处理后的试样提取液于 25mL 具塞比色管中，加入 1mL 显色剂，加 4mL 水，摇匀。另准确吸取 0.0mL、1.0mL、2.0mL、4.0mL、6.0mL、

8.0mL、10.0mL PG 标准溶液（相当于 0μg、50μg、100μg、200μg、300μg、400μg、500μg PG），分别置于 25mL 具塞比色管中，加入 2.5mL 乙酸铵溶液（100g/L），准确加水至 24mL，加入 1mL 显色剂，摇匀。用 1cm 比色皿，以空白液调节零点，在波长 540nm 处测定吸光度，绘制标准曲线比较。

5. 结果计算

$$w=\frac{m'\times 10^{-6}}{m\times (V_2/V_1)}$$

式中　w——试样中 PG 的质量分数；

m'——滴定用样液中 PG 的质量，μg；

m——试样质量，g；

V_1——提取后样液总体积，mL；

V_2——滴定用吸取样液的体积，mL。

计算结果表示到小数点后两位。

6. 说明及注意事项

在重复性条件下获得的两次独立测定结果的绝对差值不得超过算术平均值的 10%。

第四节　漂白剂和着色剂的测定

一、漂白剂概述

在食品生产加工过程中，为使食品保持其特有的色泽，常加入漂白剂。漂白剂是破坏或抑制食品的发色因素，使食品褪色或使免于褐变的物质。食品中常用的漂白剂大都属于亚硫酸及其盐类，通过其所产生的二氧化硫的还原作用使之褪色，同时还有抑菌及抗氧化等作用，广泛应用于食品的漂白与保藏。

根据食品添加剂的使用标准，漂白剂的使用不应对食品的品质、营养价值及保存期产生不良影响。二氧化硫和亚硫酸盐本身无营养价值，也不是食品的必需成分，而且还有一定的腐蚀性，少量摄取时，经体内代谢成硫酸盐，从尿排出体外，一天摄取 4～6g 可损害肠胃，造成剧烈腹泻。因此对其使用量有严格的限制。如国家标准规定：残留量以 SO_2 计，竹笋、蘑菇残留量不得超过 25mg/kg；饼干、食糖、罐头不得超过 50mg/kg；赤砂糖及其他不得超过 100mg/kg。

二、硫酸盐（二氧化硫）的测定

测定二氧化硫和亚硫酸盐的方法有：盐酸副玫瑰苯胺分光光度法、中和滴定法、蒸馏法、高效液相色谱法和极谱法等。本节介绍盐酸副玫瑰苯胺分光光度法。

1. 原理

亚硫酸盐与四氯汞钠反应生成稳定的络合物，再与甲醛及盐酸副玫瑰苯胺作用生成紫红色络合物，与标准系列比较定量。

2. 试剂

（1）四氯汞钠吸收液　称取 13.6g 氯化汞及 6.0g 氯化钠，溶于水中并稀释至 1000mL，放置过夜，过滤后备用。

(2) 氨基磺酸铵溶液(12g/L) 称取1.2g氨基磺酸铵于50mL烧杯中，用水转入100mL容量瓶中，定容。

(3) 甲醛溶液(2g/L) 吸取0.55mL无聚合沉淀的甲醛(36%)，加水定容至100mL，混匀。

(4) 淀粉指示液 称取1g可溶性淀粉，用少许水调成糊状，缓缓倾入100mL沸水中，随加随搅拌，煮沸，放冷备用。该指示液临时现配。

(5) 亚铁氰化钾溶液 称取10.6g亚铁氰化钾[$K_4Fe(CN)_6 \cdot 3H_2O$]，加水溶解并稀释至100mL。

(6) 乙酸锌溶液 称取22g乙酸锌[$Zn(CH_3COO)_2 \cdot 2HO$]溶于少量水中，加入3mL冰醋酸，加水稀释至100mL。

(7) 盐酸副玫瑰苯胺溶液 称取0.1g盐酸副玫瑰苯胺($C_{19}H_{18}N_2Cl \cdot 4H_2O$)于研钵中，加少量水研磨使溶解并稀释至100mL。取出20mL，置于100mL容量瓶中，加盐酸(1+1)，充分摇匀后使溶液由红变黄，如不变黄再滴加少量盐酸至出现黄色，再加水稀释至刻度，混匀备用(如无盐酸副玫瑰苯胺可用盐酸品红代替)。

盐酸副玫瑰苯胺的精制方法：称取20g盐酸副玫瑰苯胺于400mL水中，用50mL盐酸(1+5)酸化，徐徐搅拌，加4～5g活性炭，加热煮沸2min。将混合物倒入大漏斗中，过滤(用保温漏斗趁热过滤)。滤液放置过夜，出现结晶，然后再用布氏漏斗抽滤，将结晶再悬浮于1000mL乙醚-乙醇(10∶1)的混合液中，振摇3～5min，以布氏漏斗抽滤，再用乙醚反复洗涤至醚层不带色为止，于硫酸干燥器中干燥，研细后储于棕色瓶中保存。

(8) 碘溶液$c\left(\frac{1}{2}I_2\right)=0.100$mol/L。称取12.7g碘用水定容至100mL，混匀。

(9) 硫代硫酸钠标准溶液0.1000mol/L。

(10) 二氧化硫标准溶液。

① 配制。称取0.5g亚硫酸氢钠，溶于200mL四氯汞钠吸收液中，放置过夜，上清液用定量滤纸过滤备用。

② 标定。吸取10.0mL亚硫酸氢钠-四氯汞钠溶液于250mL碘量瓶中，加100mL水，准确加入20.00mL碘溶液(0.05mol/L)、5mL冰醋酸，摇匀，放置于暗处2min后迅速以0.1000mol/L硫代硫酸钠标准溶液滴定至淡黄色，加0.5mL淀粉指示液，继续滴定至无色。另取100mL水，准确加入0.05mol/L碘溶液20.0mL、5mL冰醋酸，按同一方法作试剂空白试验。按下式计算二氧化硫标准溶液的浓度：

$$\rho=\frac{(V_2-V_1)c\times 32.03}{10.00}$$

式中 ρ——二氧化硫标准溶液的浓度，mg/mL；

V_1——测定用亚硫酸氢钠-四氯汞钠溶液消耗硫代硫酸钠标准溶液的体积，mL；

V_2——试剂空白消耗硫代硫酸钠标准溶液的体积，mL；

c——硫代硫酸钠标准溶液的浓度，mol/L；

32.03——与每毫升硫代硫酸钠(0.1000mol/L)标准溶液相当的二氧化硫的质量，mg。

(11) 二氧化硫使用液(临用前将二氧化硫标准溶液以四氯汞钠吸收液稀释成每毫升相当于2μg二氧化硫)。

(12) 氢氧化钠溶液(20g/L)。

（13）硫酸（1+71）。

3. 仪器

分光光度计。

4. 操作步骤

（1）样品处理

① 水溶性固体样品。如白砂糖等可称取约 10.00g 均匀样品（样品量可视二氧化硫含量而定），以少量水溶解，置于 100mL 容量瓶中，加入 4mL 氢氧化钠溶液（20g/L），5min 后加入 4mL 硫酸（1+71），然后加入 20mL 四氯汞钠吸收液，以水稀释至刻度。

② 其他固体样品。如饼干、粉丝等可称取 5.0～10.0g 研磨均匀的样品，以少量水湿润并移入 100mL 容量瓶中，然后加入 20mL 四氯汞钠吸收液浸泡 4h 以上，若上层溶液不澄清可加入亚铁氰化钾溶液及乙酸锌溶液各 2.5mL，最后用水稀释至 100mL 刻度，过滤后备用。

③ 液体样品。如葡萄酒等可直接吸取 5.0～10.0mL 样品，置于 100mL 容量瓶中，以少量水稀释，加 20mL 四氯汞钠吸收液摇匀，最后加水至刻度混匀，必要时过滤备用。

（2）测定　吸取 0.5～5.0mL 上述样品处理液于 25mL 带塞比色管中。另吸取 0.00mL、0.20mL、0.40mL、0.60mL、0.80mL、1.00mL、1.50mL、2.00mL 二氧化硫标准使用液（相当于 0.0μg、0.4μg、0.8μg、1.2μg、1.6μg、2.0μg、3.0μg、4.0μg 二氧化硫）分别置于 25mL 带塞比色管中。于样品及标准管中各加入四氯汞钠吸收液至 10mL，然后再加入 1mL 氨基磺酸铵溶液（12g/L）、1mL 甲醛溶液（2g/L）及 1mL 盐酸副玫瑰苯胺溶液摇匀，放置 20min。用 1cm 比色皿，以空白液调节零点，于波长 550nm 处测吸光度，绘制标准曲线比较。

5. 结果计算

$$w=\frac{m'\times 100\times 10^{-6}}{mV}$$

式中　w——样品中二氧化硫的质量分数；

m'——测定用样液中二氧化硫的含量，μg；

m——样品质量，g；

V——测定用样液的体积，mL。

6. 说明及注意事项

在重复性条件下两次独立测定结果的绝对差值不得超过算术平均值的 10%。

三、着色剂概述

着色剂是使食品着色和改善食品色泽的物质，或称食用色素。食用色素按其来源可分为食用天然色素和食用合成色素两大类。

1. 食用天然色素

食用天然色素是从有色的动、植物体内提取，经进一步分离精制而成。但其有效成分含量低，且因原料来源困难，故价格很高，目前，国内外使用的食用色素绝大多数都是食用合成色素。

2. 食用合成色素

合成色素因其着色力强、易于调色，在食品加工过程中稳定性能好和价格低廉等优点，在食用色素中占主要地位。合成色素多以煤焦油为起始原料，且在合成过程中可能受铅、砷等有害物质污染，因此在使用的安全性上，其争论要比其他类的食品添加剂更为突出和尖锐。各国对合成色素的研究、开发和使用都极为谨慎。我国许可使用的合成色素有9种：苋菜红、胭脂红、诱惑红、新红、柠檬黄、日落黄、靛蓝、亮蓝、赤藓红。前六种为偶氮类化合物，占绝大多数。表7-3列举了几种常用食品着色剂的使用卫生标准。

表7-3　常用食品着色剂的使用卫生标准

名　　称	使用范围	最大使用量/(g/kg)
苋菜红	果汁(味)饮料类、碳酸饮料、配制酒、糖果、糕点上彩装、青梅、山楂制品、渍制小菜	0.05
胭脂红	豆奶饮料	0.025
	红肠肠衣	0.025
	虾(味)片	0.05
	糖果包衣	0.10
	冰激凌	0.025
赤藓红	调味酱	0.05
新红	果汁(味)饮料类、碳酸饮料、配制酒、糖果、糕点上彩装、青梅	0.05
柠檬黄	果汁(味)饮料类、碳酸饮料、配制酒、糖果、糕点上彩装、西瓜酱罐头、青梅、虾(味)片、渍制小菜、红绿丝	0.10
日落黄	果汁(味)饮料类、碳酸饮料、配制酒、糖果、糕点上彩装、西瓜酱罐头、青梅、乳酸菌饮料、植物蛋白饮料、虾(味)片	0.10
亮蓝	果汁(味)饮料类、碳酸饮料、配制酒、糖果、糕点上彩装、染色樱桃罐头(系装饰用)、青梅、虾(味)片、冰激凌	0.025
靛蓝	渍制小菜	0.01
红花黄	果汁(味)饮料类、碳酸饮料、配制酒、糖果、糕点上彩装、红绿丝、罐头、青梅、冰激凌、冰棍、果冻、蜜饯	0.20
紫胶红(虫胶红)	果蔬汁饮料类、碳酸饮料、配制酒、糖果、果酱、调味酱	0.50
中绿素铜钠盐	配制酒、糖果、青豌豆罐头、果冻、冰棍、冰激凌、糕点上彩装、雪糕、饼干	0.50
越橘红	果汁(味)饮料类、冰激凌	正常生产需要

四、食用合成色素的测定——高效液相色谱法

1. 原理

食品中人工合成着色剂用聚酰胺吸附法或液-液分配法提取，制成水溶液，注入高效液相色谱仪，经反相色谱分离，根据保留时间定性，与峰面积比较进行定量。

2. 试剂

① 正己烷。

② 盐酸。

③ 乙酸。

④ 甲醇。经滤膜（0.5μm）过滤。

⑤ 聚酰胺粉（尼龙6）。过200目筛。

⑥ 乙酸铵溶液（0.02mol/L）。称取1.54g乙酸铵，加水至1000mL溶解，经滤膜（0.45μm）过滤。

⑦ 氨水。取2mL氨水，加水至100mL混匀。

⑧ 氨水-乙酸铵溶液（0.02mol/L）。取氨水 0.5mL 加乙酸铵溶液（0.02mol/L）至 1000mL 混匀。

⑨ 甲醇-甲酸溶液（6＋4）。取甲醇 60mL、甲酸 40mL 混匀。

⑩ 柠檬酸溶液。取 20g 柠檬酸（$C_6H_8O_7 \cdot H_2O$）加水至 100mL，溶解混匀。

⑪ 无水乙醇-氨水-水溶液（7＋2＋1）。取无水乙醇 70mL、氨水 20mL、水 10mL 混匀。

⑫ 三正辛胺正丁醇溶液（5%）。取三正辛胺 5mL，加正丁醇至 100mL 混匀。

⑬ 饱和硫酸钠溶液。

⑭ 硫酸钠溶液（2g/L）。

⑮ pH＝6 的水。水加柠檬酸溶液调 pH＝6。

⑯ 合成着色剂标准溶液。准确称取按其纯度折算为 100%质量的柠檬黄、日落黄、苋菜红、胭脂红、新红、赤藓红、亮蓝、靛蓝各 0.100g，置于 100mL 容量瓶中，加 pH 为 6 的水至刻度，配成水溶液（1.00mg/mL）。

⑰ 合成着色剂标准使用液。临用时上述溶液加水稀释 20 倍，经 0.45μm 滤膜过滤。配成每毫升相当 50.0μg 的合成着色剂。

3. 仪器

高效液相色谱仪（带紫外检测器，254nm 波长）。

4. 操作步骤

（1）样品处理

① 橘子汁、果味水、果子露汽水等。称取 20.0～40.0g 放入 100mL 烧杯中。含二氧化碳样品加热驱除二氧化碳。

② 配制酒类。称取 20.0～40.0g 放入 100mL 烧杯中，加入小碎瓷片数片，加热驱除乙醇。

③ 硬糖、蜜饯类、淀粉软糖等。称取 5.00～10.00g 粉碎样品，放入 100mL 小烧杯中，加水 30mL，温热溶解，若样品溶液 pH 较高，用柠檬酸溶液调 pH 至 6 左右。

④ 巧克力豆及着色糖衣制品。称取 5.00～10.00g 试样放入 100mL 小烧杯中，用水反复洗涤色素，至巧克力豆无色素为止，合并色素漂洗液为样品溶液。

（2）色素提取

① 聚酰胺吸附法。样品溶液加柠檬酸溶液调 pH 至 6，加热至 60℃，将 1g 聚酰胺粉加少许水调成粥状，倒入样品溶液中，搅拌片刻，以 G_3 垂融漏斗抽滤，用 60℃pH＝4 的水洗涤 3～5 次，然后用甲醇-甲酸混合溶液洗涤 3～5 次（含赤藓红的样品用液-液分配法处理），再用水洗至中性，用乙醇-氨水-水混合溶液解吸 3～5 次，每次 5mL，收集解吸液，加乙酸中和，蒸发至近干，加水溶解，定容至 5mL。经滤膜（0.45μm）过滤，取 10μL 进高效液相色谱仪。

② 液-液分配法（适用于含赤藓红的样品）。将制备好的样品溶液放入分液漏斗中，加 2mL 盐酸、三正辛胺正丁醇溶液（5%）10～20mL，振摇提取，分取有机相，重复提取，直到有机相无色，合并有机相，用饱和硫酸钠溶液洗两次，每次 10mL，分取有机相放蒸发皿中，水浴加热浓缩至 10mL，转移至分液漏斗中，加 60mL 正己烷，混匀，加氨水提取 2～3 次，每次 5mL，合并氨水溶液层（含水溶性酸性色素），用正己烷洗 2 次，氨水层加乙酸调成中性，水浴加热蒸发近干，加水定容至 5mL。经滤膜（0.45μm）过滤，取 10μL 进高效液相色谱仪。

（3）高效液相色谱参考条件

柱：YWG-C_{18} 10μm，不锈钢柱 4.6mm（内径）×250mm。

流动相：甲醇-0.02mol/L 乙酸铵溶液（pH＝4）。

梯度洗脱：甲醇：20％～35％，3％/min；35％～98％，9％/min；98％继续 6min。

流速：1mL/min。

紫外检测器，254nm 波长。

（4）测定　取相同体积样液和合成着色剂标准使用液分别注入高效液相色谱仪，根据保留时间定性，外标峰面积法定量。

5. 结果计算

$$w=\frac{m_1\times10^{-6}}{m\times\frac{V_2}{V_1}}$$

式中　w——样品中着色剂的质量分数；

m_1——样液中着色剂的质量，μg；

V_2——进样体积，mL；

V_1——样品稀释总体积，mL；

m——样品质量，g。

6. 说明及注意事项

在重复性条件下的两次独立测定结果的绝对差值不得超过算术平均值的 10％。

【阅读材料】

从苏丹红看食品添加剂

2005 年 2 月下旬，英国食品标准局发出全球食物安全警告，宣布近 400 种食品受致癌工业染料“苏丹红”1 号色素污染而必须回收。这是英国自疯牛病以来最大规模的食品回收行动，并由此引发出一场全球性的食品安全恐慌。我国也在全国展开全面抽检，并在 20d 左右从五类调味休闲食品（辣椒酱、辣椒油、辣萝卜、酱菜、腐乳）中分别检出苏丹红 1 号和苏丹红 4 号，另在广州和漯河分别查获制造苏丹红的原料工厂。民以食为天，食以净为本。在诸多关于食品添加剂的加工黑幕被揭穿以后，人们对食品添加剂已经到了谈虎色变的地步。

食品添加剂是指“为改善食品品质和色、香、味，以及为防腐和加工工艺的需要而加入食品中的化学合成或者天然物质”。近年来，由于各种化学物质对食品的污染已成为社会性问题，人们对食品加工过程中所应当使用的添加剂也担心起来。有些食品生产厂家为迎合消费者的心理，竟在广告或标签的醒目处印有“本产品不含防腐剂、色素”，甚至还有的以“本产品绝对不含任何食品添加剂”，来标榜自己的产品安全无害。其实，大可不必，因为食品添加剂并未禁止使用。

我国食品添加剂的范围及作用包括以下几个方面：一是为了改进食品风味，提高感官性能，引起食欲。如松软绵甜的面包和糕点就是添加剂发酵粉的作用；二是为了防止腐败变质，确保食用者的安全与健康，减少食品中毒的现象；三是满足生产工艺的需要，例如制作豆腐必须使用凝固剂；四是为了提高食品的营养价值，如氨基酸、维生素、矿物质等强化剂。

对于食品添加剂，专家指出“剂量决定危害”。过量地摄入防腐剂有可能会使人患上癌症，虽然在短期内一般不会有很明显的病状产生，但是一旦致癌物质进入食物链，循环反复、长期累积，不仅影响食用者本身健康，对下一代的健康也有不小的危害。摄入过量色素则会造成人体毒素沉积，对神经系统、消化系统等都会造成伤害。

思　考　题

1. 什么是食品添加剂？中国允许使用的食品添加剂有几种？本章主要介绍了几种？
2. 什么是防腐剂？常用的防腐剂有哪些？
3. 如何用紫外分光光度法测苯甲酸的含量？
4. 简述硫代巴比妥酸分光光度法测定山梨酸（钾）的原理、方法。
5. 简述盐酸萘乙二胺比色法测定亚硝酸盐的原理、操作步骤。
6. 抗氧化剂添加到食品中有什么作用？常用的抗氧化剂有哪些？
7. 一般采用什么方法对常用的抗氧化剂进行测定？
8. 简述 BHA 和 BHT 的分光光度法测定原理、操作技术要求。
9. 如何对含有 PG 的食品进行试样处理？
10. 常用的漂白剂有哪些？硫酸盐的测定可采用哪些方法？
11. 怎样用高效液相色谱法完成合成色素的测定？

第八章　食品中有害有毒物质的测定

【学习目标】

1. 了解食品中残留农药、兽药的影响及危害。
2. 了解食品中几种常见毒素的种类及危害。
3. 掌握有机磷、氨基甲酸酯类、拟除虫菊酯类农药、抗生素、己烯雌酚的测定方法。
4. 掌握贝类毒素、黄曲霉毒素的测定方法。

20世纪80年代末以来，由于一系列食品原材料的化学污染、疯牛病的爆发、口蹄疫疾病的出现和自然毒素的影响，以及畜牧业中抗生素的应用、基因工程技术的应用，使食品安全问题为全世界所关注。

食品中有毒有害物质的危害主要集中在以下几个方面：化学性危害、生物毒素、微生物性危害等。随着现代社会的快速发展在给人们带来丰富、高产的农产品的同时，农产品种植养殖生长过程中使用农药、化肥、兽药等给食用这些农产品的人类健康造成危害。据试验，用含有滴滴涕1.0mg/kg以上的饲料喂养乳牛，其分泌的乳汁即可检出滴滴涕的残留。这说明，农药可以通过食物链由土壤进入食物，再进入动物，而最后富集到人体组织中去。为了预防和治疗家畜和养殖鱼患病而大量投入抗生素、磺胺类等化学药物，往往造成药物残留于食品动物组织中，国内外发生的因兽药残留不安全引起的消费者中毒事件，增加了消费者对所食用畜产品的担忧和关注。

毒素是目前极为重视的安全问题。毒素主要表现在天然毒素，如贝类毒素和真菌毒素。贝类毒素不易被加热所破坏，所以其危害性是相当大的。我国浙江、福建、广东等地曾多次发生贝类中毒事件，中毒症状主要表现为突然发病、唇舌麻木、肢端麻痹、头晕恶心、胸闷乏力等，部分病人伴有低烧，重症者则昏迷，呼吸困难，最后因呼吸衰竭窒息而死亡。黄曲霉毒素常发生在花生、坚果等粮油类食品及其制品中，近年来我国频繁出现“毒大米”事件，即为黄曲霉毒素污染事件。

综上所述，对食品中的有害有毒物质的分析检验，可为人们寻找污染源，找出一条有效的治理方案提供依据。

对食品中的有害有毒物质，有时须迅速进行鉴别，以便采取针对性的防治措施，所以本章除讲述食品中有害有毒物质的定量分析方法外，还将介绍一些定性分析方法。由于食品中常见的有毒有害物质通常都是微量存在，一般的化学分析方法灵敏度达不到，目前较多的使用仪器分析方法。

第一节　农　　药

一、概述

1. 农药和农药的残留

农药是指用于预防、消灭或者控制危害农业、林业的病、虫、草及其他有害生物，以及有目的地调节植物、昆虫生长的药物的通称。

目前，全世界实际生产和使用的农药品种有上千种，其中绝大部分为化学合成农药。农药按用途可分为杀虫剂、杀菌剂、除草剂、杀螨剂、植物生长调节剂、昆虫不育剂和杀鼠药等；按化学成分可分为有机磷类、氨基甲酸酯类、有机氯类、拟除虫菊酯类、苯氧乙酸类、有机锡类等；按其毒性可分为高毒、中毒、低毒三类；按杀虫效率可分为高效、中效、低效三类；按农药在植物体内残留时间的长短可分为高残留、中残留和低残留三类。

农药残留是指农药使用后残存于生物体、食品（农副产品）和环境中的微量农药原体、有毒代谢物、降解物和杂质的总称。残存数量称为残留量，表示单位为 mg/kg（食品或食品农作物）。当农药过量或长期施用时，导致食物中农药残存数量超过最大残留限量（MRL）时，将对人和动物产生不良影响，或通过食物链对生态系统中其他生物造成毒害。

我国是世界上农药生产和消费大国，近些年虽然已使用一些高效低毒的农药，例如氨基甲酸酯类、拟除虫菊酯类等，但农业生产中农药施用不当仍可污染食品，从而导致农药残留进入人体，引起食物中毒。

2. 食品中农药残留毒性与限量

由于大量使用有机农药，我国农药中毒人数越来越多，1994 年我国农药中毒人数已超过 10 万人，其中生产性中毒和非生产性中毒比例为 1∶1，非生产性中毒除了误食农药外，大部分是由于食物农药残留而引起的。食品中农药残留毒性对人体的危害是多方面的，与农药的种类、摄入量、摄入方式、作用时间等因素有关。例如：通过食品摄入超量的有机磷类和氨基甲酸酯类农药后，能迅速抑制胆碱酯酶而阻断胆碱能传递，引起一系列神经症状；某些有机磷农药能对人产生迟发性神经毒性，中毒者常常在急性中毒后 7～20d 出现肢体麻痹和运动失调，精神障碍等症状。

继 FAO/WHO 和世界其他国家对食品中农药的最大残留量（MRL）作出规定之后，我国也相继出台了一系列标准（见表 8-1）。这些标准的制定对指导农业生产合理使用农药，减少食品中农药残留，维持生态平衡等起了重要作用。

表 8-1　我国食品中农药的最大残留量（MRL）限制标准/(mg/kg)

食品	滴滴涕	六六六	甲胺磷	马拉硫磷	对硫磷	敌敌畏	辛硫磷	溴氰菊酯	多菌灵	三唑酮(粉锈宁)
成品粮食	0.2	0.3	0.1	3.0	0.1	0.1	0.05	—	0.5	0.5
蔬菜水果	0.1	0.2	×	×	×	0.2	0.05	0.2～0.5	0.5	0.2
肉类	0.2	0.4	—	—	—	—	—	—	—	—
蛋	1.0	1.0	—	—	—	—	—	—	—	—
鱼类	1.0	2.0	—	—	—	—	—	—	—	—
植物油	—	—	—	×	0.1	×	—	—	—	—

注：×为不能检出，—为标准未定。

二、有机磷农药残留的测定

1. 定性检验——速测卡法

本检验方法已经国家标准委员会通过，上升为国家标准快速检验方法 GB/T 5009.199—2003。

（1）原理　胆碱酯酶可催化靛酚乙酸酯（红色）水解为乙酸与靛酚（蓝色），有机磷类或氨基甲酸酯类农药对胆碱酯酶有抑制作用，使催化、水解、变色的过程发生改变，由此可判断出样品中是否含有有机磷类或氨基甲酸酯类农药的存在。

（2）试剂

① 固化有胆碱酯酶和靛酚乙酸酯试剂的纸片（速测卡）。

② pH=7.5缓冲溶液。分别取15.0g磷酸氢二钠（$Na_2HPO_4 \cdot 12H_2O$）与1.59g无水磷酸二氢钾（KH_2PO_4），用500mL蒸馏水溶解。

（3）仪器　常量天平，有条件时配备37℃±2℃恒温装置。

（4）操作步骤

① 整体测定法

a. 选取有代表性的蔬菜样品，擦去表面泥土，剪成$1cm^2$左右的碎片，取5g放入带盖瓶中，加入10mL缓冲溶液，振摇50次，静置2min以上。

b. 取一片速测卡，用白色药片蘸取提取液，放置10min以上进行预反应，有条件时在37℃恒温装置中放置10min。预反应后的药片表面必须保持湿润。

c. 将速测卡对折，用手捏3min或用恒温装置恒温3min，使红色药片与白色药片叠合反应。

d. 每批测定应设一个缓冲液的空白对照卡。

② 表面测定法（粗筛法）

a. 擦去蔬菜表面泥土，滴2～3滴缓冲溶液在蔬菜表面，用另一片蔬菜在滴液处轻轻摩擦。

b. 取一片速测卡，将蔬菜上的液滴滴在白色药片上。

c. 放置10min以上进行预反应，有条件时在37℃恒温装置中放置10min。预反应后的药片表面必须保持湿润。

d. 将速测卡对折，用手捏3min或用恒温装置恒温3min，使红色药片与白色药片叠合反应。

e. 每批测定应设一个缓冲液的空白对照卡。

（5）结果判定　结果以酶被有机磷或氨基甲酸酯类农药抑制（为阳性）、未抑制（为阴性）表示。与空白对照卡比较，白色药片不变色或略有浅蓝色均为阳性结果。白色药片变为天蓝色或与空白对照卡相同，为阴性结果。对阳性结果的样品，可用其他分析方法进一步确定具体农药品种和含量。

（6）说明及注意事项　韭菜、生姜、葱、蒜、辣椒、胡萝卜等蔬菜中，含有破坏酶活性或使蓝色产物褪色的物质，处理这类样品时，不要剪得太碎，浸提时间不要太长，必要时可采取整株蔬菜浸提的方法。

2. 定量检验

这里只介绍用气相色谱法检测有机磷类农药的残留量。参考NY/T 761—2008。

（1）原理　样品中有机磷类农药经乙腈提取，提取溶液经净化、浓缩后，用双塔自动进样器同时注入气相色谱的两个进样口，样品中组分经不同极性的两根毛细管柱分离，火焰光度检测器（FPD）检测。当含有机磷样品于检测器中的富氢火焰上燃烧时，以HPO碎片的形式，放射出波长为526nm的特征光，这种光通过滤光片选择后，由光电倍增管接收，转换成电信号，经微电流放大器放大后，由记录仪记录下色谱峰。通过比较样品的峰高和标准品的峰高，计算出样品中有机磷农药的残留量。

（2）仪器和试剂

① 仪器。旋涡混合器、匀浆机、氮吹仪、气相色谱仪（带有双火焰光度检测器、双塔

自动进样器、双毛细管进样口)。

② 试剂。乙腈；丙酮，重蒸；氯化钠，140℃烘烤4h；滤膜，0.2μm；铝箔；另外方法所用试剂，凡未指明规格者均为分析纯；水为蒸馏水。农药标准品：敌敌畏99%，速灭磷顺式60%，反式40%，久效磷99%，甲拌磷98%，巴胺磷99%，二嗪农98%，乙嘧硫磷97%，甲基嘧啶硫磷99%，甲基对硫磷99%，稻瘟净99%，水胺硫磷99%，氧化喹硫磷99%，稻丰散99.6%，甲喹硫磷99.6%，克线磷99.9%，乙硫磷95%，乐果99.0%，喹硫磷98.2%，对硫磷99.0%，杀螟硫磷98.5%。

(3) 操作步骤

① 农药标准溶液配制。准确称取一定量某农药标准品，用丙酮稀释，逐一配制成浓度为1000mg/L的单一农药标准储备液，储存在−18℃以下冰箱中。使用时根据各农药在对应检测器上的响应值，吸取适量的标准储备液，用丙酮稀释配制成所需的标准工作液。

② 试样制备。取不少于1000g蔬菜水果样品，取可食部分，用干净纱布轻轻擦去样品表面的附着物，采用对角线分割法，取对角部分，将其切碎，充分混匀放入食品加工器粉碎，制成待测样，放入分装容器中备用。

③ 提取。准确称取25.0g试样放入匀浆机中，加入50.0mL乙腈，在匀浆机中高速匀浆2min后用滤纸过滤，滤液收集到装有5～7g氯化钠的100mL具塞量筒中，收集滤液40～50mL，盖上塞子，剧烈振荡1min，在室温下静置10min，使乙腈相和水相分层。

④ 净化。从100mL具塞量筒中吸取10.00mL乙腈溶液，放入150mL烧杯中，将烧杯放在80℃水浴锅上加热，杯内缓缓通入氮气或空气流，蒸发近干，加入2.0mL丙酮，盖上铝箔待测。

(4) 测定

色谱参考条件

a. 预柱。1.0m，0.53mm内径，脱活石英毛细管柱。

b. 色谱柱。A柱：50%聚苯基甲基硅氧烷柱（DB-17或HP-50^{+}），30m×0.53mm×1.0μm；B柱：100%聚甲基硅氧烷柱（DB-1或HP-1），30m×0.53mm×1.50μm。

c. 温度。进样口温度，220℃；检测器温度，250℃；柱温，150℃（保持2min）8℃/min 250℃（保持12min）。

d. 气体及流量。载气：氮气，纯度≥99.999%，流速为10mL/min；燃气：氢气，纯度≥99.999%，流速为75mL/min；助燃气：空气，流速为100mL/min。

e. 进样方式。不分流进样。样品一式两份，由双塔自动进样器同时进样。

f. 色谱分析。由自动进样器吸取1.0μL标准混合溶液（或净化后的样品）注入色谱仪中，以双柱保留时间定性，以分析柱B获得的样品溶液峰面积与标准溶液峰面积比较定量。

(5) 计算

$$w=\frac{V_1AV_3}{V_2A_sm}\times\psi$$

式中　w——样品中被测农药残留量，mg/kg；

ψ——标准溶液中农药的含量，mg/L；

A——样品中被测农药的峰面积；

A_s——农药标准溶液中被测农药的峰面积；

V_1——提取溶剂总体积；

V_2——吸取出用于检测的提取溶液的体积；

V_3——样品定容体积；

m——样品的质量。

计算结果保留三位有效数字。

三、氨基甲酸酯类农药残留的测定

1. 定性检验

氨基甲酸酯类农药残留的检验同样可用前面介绍的速测卡法。

2. 定量检验

氨基甲酸酯类农药用得较多的是甲萘威（西维因），因为它低毒及广谱性，所以使用面较广。

（1）原理　含有甲萘威的食品经提取、弗罗里硅土净化后，浓缩，定容作为测定溶液。取一定量注入高效液相色谱仪，经分离用紫外 280nm 检测器检测，与标准系列比较定量。

（2）试剂　甲萘威标准溶液：准确称取甲萘威标准品，用甲醇溶解并配制成 10.0mg/mL 的标准储备液，储存于冰箱中，使用时用甲醇稀释成 10μg/mL 的标准溶液。

（3）操作步骤

① 提取。称取 20.00g 经粉碎过 20 目筛的粮食试样于 250mL 具塞锥形瓶中，准确加入 50mL 苯，浸泡过夜，次日振荡提取 1h，提取液过滤。

② 净化。取直径 1.5cm 层析柱，先装脱脂棉少许（柱两头装 2cm 高的无水硫酸钠，中间装 6g 弗罗里硅土），装好的柱先用 20mL 二氯甲烷预淋，弃去预淋液，然后将 5～10mL 样品提取液倒入层析柱，用 70mL 二氯甲烷少量多次淋洗，收集全部淋洗液，用 K-D 浓缩器进行浓缩至近干（水浴温度 30℃），然后用甲醇溶解残余物，并定容至 5mL。定容后用 0.5μm 滤纸借助于注射器过滤，取 10μL 过滤注入高效色谱仪进行分离、检测。

（4）测定

① 色谱参考条件

色谱柱：不锈钢柱，BONAPAKC_{18} 3.9mm×30cm。

检测器：紫外检测器，波长 280μm，灵敏度 0.01～0.02。

流动相：乙腈-水（55+45，体积比）混合溶剂，流速 1mL/min。

温度：柱温，检测器均为室温。

② 测定。吸取 10μL 标准溶液及样品液注入色谱仪，以保留时间定性，用标准曲线法定量。

（5）计算

$$甲萘威含量=\frac{A\times 1000}{m_1\times\frac{V_2}{V_1}\times 1000}(\mathrm{mg/kg})$$

式中　A——从标准曲线求出样液中甲萘威的含量，μg；

V_1——样液定容的体积，mL；

V_2——注入色谱的体积，mL；

m_1——样品的质量，g。

四、拟除虫菊酯类农药残留的测定

1. 定性检验

在拟除虫菊酯农药中溴氰菊酯应用较多，因此下面介绍溴氰菊酯的两种定性检验法。

（1）碱性对硝基苯甲醛法

① 原理。溴氰菊酯在碱性环境下可分解放出氰离子，并与对硝基苯甲醛反应，最后生成紫红色的4,4-二硝基安息香酯式盐。

② 试剂。丙酮、硫酸钠、活性炭、对硝基苯甲醛、无水碳酸钾、碳酸钠。

③ 操作步骤

a. 样品用丙酮浸泡提取样品中溴氰菊酯，用硫酸钠脱水、活性炭脱色，然后在水浴上浓缩，备用。

b. 将对硝基苯甲醛与无水碳酸钾、碳酸钠（1∶1，质量比）的混合物分装在两个容器中，测定时1∶30混合使用。

c. 取上述混合物0.2～0.5g于白瓷凹板中，滴加1～2滴被检液，立即出现紫红色，表示有溴氰菊酯存在。

（2）普鲁士蓝法

① 原理。溴氰菊酯在碱性环境中，分解出氰离子，再与亚铁离子生成亚铁氰离子，亚铁氰离子在酸性溶液中与高铁离子作用，生成普鲁士蓝。

② 试剂。丙酮、硫酸钠、活性炭、10%氢氧化钠溶液、10%硫酸亚铁溶液、10%硫酸溶液。

③ 操作步骤

a. 用丙酮浸泡提取样品中溴氰菊酯，用硫酸钠脱水、活性炭脱色，然后在水浴上浓缩，备用。

b. 取待检液1～2mL，用10%氢氧化钠溶液调成碱性，加3～4滴10%硫酸亚铁溶液混匀后再加10%硫酸溶液调成酸性，如有溴氰菊酯存在，则出现蓝色。

④ 说明及注意事项

a. 硫酸亚铁溶液中亚铁离子不稳定，存放过程中总有部分变为高铁离子，所以不必再另加高铁离子。

b. 在上述两个检验中，氰化物和亚铁氰化物等呈正干扰，所以在上述两个实验为阳性的情况下，要作鉴别反应。

2. 定量检验

（1）原理　将样品中的氯氰菊酯、氰戊菊酯和溴氰菊酯经提取、净化、浓缩后，经色谱柱分离进入电子捕获检测器，通过放大电信号，用记录仪记下峰高或峰面积，再与标准品比较，便可分别测其含量。

（2）操作步骤

① 提取。对于谷类样品，应先粉碎，然后称取10g置于100mL具塞锥形瓶中，加20mL石油醚，摇匀，振荡30min或浸泡过夜，取出上层清液2～4mL（相当于1～2g样品），待净化。

蔬菜类样品应先经匀浆处理，再称取20g，置于250mL具塞锥形瓶中，加40mL丙酮，摇匀，振荡30min后分层，取出上层清液4mL（相当于2g样品），待净化。

② 净化。对于谷物中的大米样品提取液，应先用内径1.5cm、长25～30cm的玻璃层析柱，底端塞以处理过的脱脂棉，再依次从下至上加入1cm的无水硫酸钠、3cm的中性氧化铝（层析用）、2cm的无水硫酸钠，然后以10mL石油醚淋洗柱子。弃去淋洗液，待石油醚层下降至无水硫酸钠层时，迅速加入样品提取液，待其下降至无水硫酸钠层时加入25～30mL石油醚淋洗液淋洗，收集滤液，浓缩定容至1mL，供气相色谱分析用。

对于面粉、玉米粉样品提取液，所用净化柱与大米基本相同，只需在中性氧化铝层上再加0.01g层析活性炭粉末，以进行脱色净化。

蔬菜类样品提取液的净化需在中性氧化铝层上再加0.02～0.03g层析活性炭粉末，以进行脱色。石油醚淋洗液用量为30～35mL。其余操作与大米样品提取液的净化方法相同。

（3）测定

① 色谱参考条件。色谱柱：3mm×1500mm，内装填3%OV-101/Chromosorb WAW DMCS，80～100目。

检测器：电子捕获检测器。

流动相：载气（氮气）140mL/min（GC-5A型色谱仪），其他仪器自选流速。

温度：柱温245℃，进样口和检测器温度260℃。

② 测定。将各浓度的标准混合液2～5μL分别注入气相色谱仪中，在色谱分析条件下可测得不同浓度的各拟除虫菊酯标准溶液的峰高，以峰高为纵坐标，农药浓度为横坐标，分别绘制各拟除虫菊酯标准农药的标准曲线。

同时取样品溶液2～5μL，注入气相色谱仪中，测得峰高，并从对应的标准曲线上查出相应的含量。

（4）计算

$$X=\frac{h_1 c_s Q_s V_1}{h_s m Q_1}$$

式中 X——样品中拟除虫菊酯农药残留的含量，mg/kg；

h_1——样品溶液峰高，mm；

c_s——标准溶液的浓度，μg/mL；

Q_s——标准溶液进样量，μL；

V_1——样品的定容体积，mL；

h_s——标准溶液峰高，mm；

m——样品质量，g；

Q_1——样品溶液进样量，μL。

第二节 兽 药

一、概述

习惯上，将用于预防和治疗畜禽疾病的药物称为兽药。但是，随着集约化养殖生产的开展，一些化学的、生物的药用成分被开发成具有某些功效的动物保健品或饲料添加剂，也属于兽药的范畴。FAO/WHO 联合组织的食品中兽药残留立法委员会对兽药残留定义为：兽药残留是指动物产品的任何可食部分所含兽药的母体化合物或其代谢物，以及与兽药有关的杂质的残留。综上所述，兽药残留既包括原药，也包括药物在动物体内的代谢产物。

兽药主要分为抗生素类、磺胺类、呋喃药类、抗球虫药、激素药类和驱虫药类。磺胺类药物残留主要是磺胺嘧啶、磺胺甲基嘧啶、磺胺二甲嘧啶，激素类药物残留主要是己烯雌酚、己烷雌酚、双烯雌酚和雌二酚。

兽药的最高残留限量（MRLVDs）是指由于使用某种兽药而在食物中或食物表面产生的此兽药残留的最高允许浓度（以鲜重计表示为 mg/kg 或 μg/kg）。

休药期指畜禽停止给药到允许屠宰或动物性产品（肉、蛋、奶等）允许上市的间隔时间。休药期过短，就会造成动物性食品兽药残留过量，危害消费者健康。

食用含有兽药的动物性食品后，一般对人不会马上中毒，但是兽药残留可造成兽药残留在人体内蓄积，引起各种组织器官发生病变，甚至癌变。因此学习兽药残留的检测是非常有必要的。

二、抗生素残留量的测定

用色谱法测定抗生素残留量是目前较为常用的检测方法。下面以肉中四环素族药物残留量的检测为例。

1. 原理

样品经提取，微孔滤膜过滤后直接进样，用反相色谱分离，紫外检测器检测，与标准比较定量，出峰顺序为土霉素、四环素、金霉素等。

2. 试剂

混合标准溶液：分别吸取 1.0mg/mL 土霉素、四环素的 0.01mol/L 盐酸溶液各 1mL，1.0mg/mL 金霉素水溶液 2mL，置于 10mL 容量瓶中，加蒸馏水至刻度。此溶液每毫升含土霉素、四环素各 0.1mg，金霉素 0.2mg，临用时现配。

3. 操作步骤

（1）样品制取　称取 5.00g（±0.01g）切碎的肉样（<5mm），置于 50mL 锥形瓶中，加入 5%高氯酸 25.0mL，于振荡器上振荡提取 10min，移入离心管中，以 2000r/min 离心 3min，取上清液经 0.45μm 滤膜过滤，备用。

（2）色谱条件

检测器：紫外检测器，波长为 355nm，灵敏度为 0.002AUFS。

色谱柱：ODS-C_{18} 5μm，6.2mm×15cm。

流动相：乙腈-0.01mol/L 磷酸二氢钠溶液（用 30%硝酸溶液调节 pH 至 2.5；35+65，体积比）。

温度：柱温为室温。

流速：1.0mL/min，进样量为 10μL。

（3）工作曲线绘制　分别称取 7 份切碎的肉样，每份 5.00g（±0.01g），分别加入混合标准溶液 0μL、25μL、50μL、100μL、150μL、200μL、250μL（含土霉素、四环素各为 0μL、2.5μL、5.0μL、10.0μL、15.0μL、20.0μL、25.0μL，含金霉素 0μg、5.0μg、10.0μg、20.0μg、30.0μg、40.0μg、50.0μg）置于 50mL 锥形瓶中，加入 5% 高氯酸

25.0mL，于振荡器上振荡提取10min，移入离心管中，以2000r/min离心3min，取上清液经0.45μm滤膜过滤，取10μL滤液进样，以峰高为纵坐标，以抗生素含量为横坐标，绘制标准曲线。

4. **计算**

$$抗生素含量=\frac{A\times 1000}{m}(mg/kg)$$

式中　A——样品溶液测得抗生素质量，mg；

m——样品质量，g。

三、己烯雌酚残留量的测定（GB/T 5009.108—2003）

1. **原理**

样品匀浆后，经甲醇提取过滤，注入HPLC柱中，经紫外检测器测于波长230nm处测定吸光度，同条件下绘制工作曲线，己烯雌酚含量与吸光度值在一定浓度范围内呈正比，样品与工作曲线比较定量。

2. **仪器和试剂**

（1）仪器　高效液相色谱仪（具紫外检测器）、小型绞肉机、小型粉碎机、电动振荡机、离心机。

（2）试剂　使用的试剂一般系分析纯，有机溶剂需过0.5μm滤膜，无机试剂需过0.45μm滤膜。

① 甲醇、0.043mol/L磷酸二氢钠（$NaH_2PO_4\cdot 2H_2O$）、磷酸。

② 己烯雌酚（DES）标准储备液。精密称取100mg己烯雌酚溶于甲醇，移入100mL容量瓶中，加甲醇至刻度，混匀，每毫升含DES 1.0mg，储于冰箱中。

③ 己烯雌酚（DES）标准使用液。吸取10.00mL DES储备液，移入100mL容量瓶中，加甲醇至刻度，混匀，每毫升含DES100μg。

3. **操作步骤**

（1）提取及净化　称取5g(±0.1g)绞碎肉样品（小于5mm），放入50mL具塞离心管中，加10.00mL甲醇，充分搅拌，振荡20min，于3000r/min离心10min，将上清液移出，残渣中再加10.00mL甲醇，混匀后振荡20min，于3000r/min离心10min，合并上清液，此时出现浑浊，需再离心10min，取上清液过0.5μm滤膜，备用。

（2）色谱条件

紫外检测器检测波长230nm。

灵敏度：0.04AUFS。

流动相：甲醇-0.043mol/L磷酸二氢钠（70/30，用磷酸调pH=5，其中$NaH_2PO_4\cdot 2H_2O$水溶液需过0.45μm滤膜）。

流速：1mL/min。

进样量：20μL。

色谱柱：CLC-ODS-C_{18}（5μm）6.2mm×150mm不锈钢柱。

柱温：室温。

（3）标准曲线的绘制　称取5份（每份5.0g）绞碎的肉样品，放入50mL具塞离心管中，分别加入不同浓度的标准液（6.0μg/mL、12.0μg/mL、18.0μg/mL、24.0μg/mL）各1.0mL，同时做空白。其中甲醇总量为20.00mL，使其测定浓度为0.00μg/mL、0.30μg/mL、0.60μg/mL、0.90μg/mL、1.20μg/mL，混匀后振荡20min，于3000r/min离心10min，合并上清液，此时出现浑浊，需再离心10min，取上清液过0.5μm滤膜，备用。以下按（4）进行操作绘制标准曲线。

（4）测定　分别取样20μL，注入HPLC柱中，可测得不同浓度DES标准溶液峰高，以DES浓度对峰高绘制工作曲线，同时取样液20μL，注入HPLC柱中，测得的峰高从工作曲线中查出相应含量，$R_t=8.235$。

4. 计算

$$X=\frac{A\times 1000}{m\times\frac{V_2}{V_1}}$$

式中　X——样品中己烯雌酚含量，mg/kg；

A——进样体积中己烯雌酚含量，ng；

m——样品的质量，g；

V_2——进样体积，μL；

V_1——样品甲醇提取液总体积，mL。

5. 说明及注意事项

本标准适用于新鲜鸡肉、牛肉、猪肉、羊肉中己烯雌酚残留量的测定，最小检出限为1.25ng（取样5g时，最小检出浓度为0.25mg/kg）。

第三节　毒　　素

自然界中动植物千奇百怪，有些动植物被人食入会引起中毒，如石房蛤、河豚、膝沟藻科等均含有一些有毒物质，这种生物体中含有的有毒物质称为毒素。

贝类是动物中种类较多的一族，至今有记载的就有十几万种。它又是人们餐桌上的美食，因误食而引起中毒的事件时有发生，因此探讨生物毒素的检测方法是一热门话题。另外，食品中的毒素除了生物体自身产生的以外，还有一类真菌毒素，例如，黄曲霉毒素、赭曲霉毒素等。由于真菌毒素对人体的危害，因此其快速检测方法迅速得到发展，特别是生物化学方法，如亲和色谱法和酶联免疫吸附测定法。在进行真菌毒素的检测时，大部分的毒素标准不仅很毒，而且非常难以得到，所以无毒素标准的方法适应了这种需求，如黄曲霉毒素荧光仪的使用。但是，由于毒素的分析属于痕量分析，因此在仲裁中最终必须通过气相色谱方法或液相色谱方法进行准确定量。

一、麻痹性贝类毒素（PSP）的检测——小鼠生物法（GB 5009.213—2016）

1. 原理

用盐酸提取贝类中麻痹性贝类毒素（PSP）。记录小鼠腹腔注射提取液后的死亡时间，根据麻痹性贝类毒素致小鼠死亡时间与鼠单位关系的对照表查出鼠单位（MU），并按小鼠体重对鼠单位进行校正得到校正鼠单位（CMU），计算得到每100g样品中PSP的鼠单位。

以石房蛤毒素作为标准，将鼠单位换算成毒素的微克数，计算每100g贝肉中的PSP微克数。测定结果代表存在于贝肉内各种化学结构的PSP毒素总量。

2. 试剂及配制

(1) 试剂　氢氧化钠（NaOH），盐酸（HCl），无水乙醇（CH_3CH_2OH）。

石房蛤毒素标准品（STX，$C_{10}H_{17}N_7O_4 \cdot 2HCl$，CAS号35554-08-6）：纯度≥98.0%。

(2) 配制

① 氢氧化钠溶液（0.1mol/L）：将4.0g氢氧化钠溶于1L水中。

② 盐酸溶液（0.18mol/L）：将15.5mL盐酸用蒸馏水稀释至1L。

③ 盐酸溶液（5mol/L）：将45mL盐酸用水稀释至100mL。

④ 酸性乙醇溶液：量取无水乙醇200mL，用水稀释至1000mL，混匀，用盐酸溶液（5mol/L）调节pH至2.0～4.0。

⑤ 石房蛤毒素标准储备液（100μg/mL）：准确称取适量STX标准品，用酸性乙醇溶液溶解并定容，配制成STX的质量浓度为100μg/mL的标准储备液。

⑥ 石房蛤毒素标准工作液（1μg/mL）：准确吸取1mL石房蛤毒素标准储备液（100μg/mL），用水稀释，用盐酸溶液（5mol/L）调节pH至2.0～4.0，用水定容至100mL。该标准工作液于0～4℃下可保存30d。

3. 材料

小鼠：体重为19～21g的健康ICR系雄性小鼠。

4. 仪器

均质器、分析天平：感量为0.1g和0.0001g，离心机：转速≥2000r/min，pH计、秒表、烧杯、量筒、容量瓶、注射器（1mL）。

5. 操作步骤

(1) 样品制备

① 牡蛎、蛤及贻贝和扇贝。用清水将贝类样品外表彻底洗净，切断闭壳肌，开壳，用蒸馏水淋洗内部去除泥沙及其他异物。将闭壳肌和连接在胶合部的组织分开，仔细取出贝肉，切勿割破贝体。严禁加热或用麻醉剂开壳。收集约200g贝肉分散置于筛子中沥水5min（不要使肉堆积），捡出碎壳等杂物，将贝肉均质备用。

② 冷冻贝类。在室温下，使冷冻的样品（带壳或脱壳的）自然融化，按①方法开壳、淋洗、取肉、均质、备用。

③ 贝类罐头。将罐内所有内容物（肉及液体）充分均质。如果是大罐，将贝肉沥水并收集沥下的液体分别称重并存放固形物和汤汁，将固形物和汤汁按原罐装比例混合，均质后备用。

(2) PSP标准品对照试验

① PSP标准工作液的配制。用10mL、15mL、20mL、25mL和30mL水分别稀释10mL石房蛤毒素标准工作液，配制成系列浓度的标准稀释液。

② 中位数死亡时间的PSP标准工作液选择。取按①配制的系列浓度的标准稀释液各1mL，腹腔注射小鼠数只，选择中位数死亡时间为5～7min的浓度剂量。如某浓度稀释液已达到要求，还需以1mL水的增减量进行补充稀释试验。

每只小鼠试验前称重，以10只小鼠为一组，用中位数死亡时间在5～7min范围内的两个浓度的标准稀释液注射小鼠，测定并记录每只小鼠腹腔注射完毕至停止呼吸的所需死亡时间。

③ 毒素转换系数（CF）的计算。

a. 小鼠中位数死亡时间的选择。计算②中所选择浓度的标准稀释液受试组的中位数死亡时间。弃去中位数死亡时间小于 5min 或大于 7min 的受试组；选择中位数死亡时间在 5～7min 的受试组，该受试组中可允许有个别小鼠的死亡时间小于 5min 或大于 7min。

b. 校正鼠单位（CMU）的计算。对于所选定的中位数死亡时间为 5～7min 的受试组，根据表 8-2 查得该组中每只小鼠死亡时间所对应的鼠单位（MU），再根据表 8-3 查得组中每只小鼠体重所对应的体重校正系数，同一只小鼠的体重校正系数与鼠单位相乘得到该只受试小鼠的校正鼠单位（CMU）。

c. 毒素转换系数（CF）的计算。单只小鼠的毒素转换系数（CF）按下式计算：

$$CF=\frac{c}{CMU}$$

式中　CF——毒素转换系数，μg/mL；

c——每毫升 STX 标准稀释液中的毒素含量，μg/mL；

CMU——校正鼠单位。

得到单只小鼠的毒素转换系数（CF）后，再计算每组 10 只小鼠的平均 CF 值，即为组内毒素转换系数（CF_1）。

d. 组间毒素转换系数（CF_2）的计算。取不同受试组的组内毒素转换系数的平均值，即为组间毒素转换系数（CF_2）。以组间毒素转换系数进行试样毒力的计算。

（3）试样提取　取 100g 试样于烧杯中，加盐酸溶液（0.18mol/L）100mL 充分搅拌，均质，调节 pH 至 2.0～4.0，必要时，可逐滴加入盐酸溶液（5mol/L）或氢氧化钠溶液（0.1mol/L）调节 pH，加碱时速度要慢，同时需不断搅拌，防止局部碱化破坏毒素。将混合物加热煮沸 5min，冷却全室温，移至量筒中并稀释至 200mL，调节 pH 至 2.0～4.0。将混合物倒回烧杯，搅拌均匀，自然沉降至上清液呈半透明状，不堵塞注射针头即可，必要时将混合物或上清液以 3000r/min 离心 5min，或用滤纸过滤。收集上清液备用。

（4）小鼠试验　取 19.0～21.0g 健康 ICR 雄性小鼠 6 只，称重并记录重量。随机分为实验组和空白对照组两组，每组 3 只。对每只实验组小鼠腹腔注射 1mL 试样提取液，对每只空白对照组腹腔注射 1mL 盐酸溶液（0.18mol/L）。注射过程中若有一滴以上提取液溢出，须将该只小鼠丢弃，并重新注射一只小鼠。记录注射完毕时间，仔细观察并记录小鼠停止呼吸时的死亡时间（到小鼠呼出最后一口气止）。若注射试样提取液后，1 只或 2 只小鼠的死亡时间大于 7min，需再注射至少三只小鼠。若小鼠的死亡时间小于 5min，稀释试样提取液后，再注射 3 只小鼠，直至小鼠在 5～7min 内死亡；稀释试样提取液时，需逐滴加入盐酸溶液（0.18mol/L）调节 pH 至 2.0～4.0。

6. 计算

以质量分数计的 PSP 毒力的计算。

每 100g 试样中 PSP 的含量按下式计算：

$$X=CMU_1\times CF_2\times DF\times 200$$

式中　X——每 100g 样品中 PSP 的含量，μg/100g；

CMU_1——试样受试组小鼠的中位数校正鼠单位；

CF_2——组间毒素转换系数，μg/mL；

DF——稀释倍数；

200——试样提取液的体积，mL。

注：根据检测样品受试组的小鼠死亡时间，查出表 8-2 对应的鼠单位；根据表 8-3 查出小鼠体重所对应的体重校正系数，两者相乘得到该只小鼠的 CMU。选取受试组中 3 只小鼠 CMU 的中位数，即为 CMU_1。

表 8-2　麻痹性贝类毒素死亡时间与鼠单位的关系

时间	鼠单位	时间	鼠单位	时间	鼠单位	时间	鼠单位	时间	鼠单位
1:00	100	2:45	4.26	4:20	2.26	6:30	1.48	12:00	1.05
1:10	66.2	2:50	4.06	4:25	2.21	6:45	1.43	12:13	1.03
1:15	38.3	2:55	3.88	4:30	2.16			12:14	1.015
1:20	26.4			4:35	2.12	7:00	1.39	12:15	1.000
1:25	20.7	3:00	3.70	4:40	2.08	7:15	1.35	12:16	0.99
1:30	16.5	3:05	3.57	4:45	2.04	7:30	1.31	12:17	0.98
1:35	13.9	3:10	3.43	4:50	2.00	7:45	1.28	12:18	0.972
1:40	11.9	3:15	3.31	4:55	1.96			12:19	0.965
1:45	10.4	3:20	3.19			8:00	1.25	12:20	0.96
1:50	9.33	3:25	3.08	5:00	1.92	8:15	1.22	12:21	0.954
1:55	8.42	3:30	2.98	5:05	1.89	8:30	1.20	12:22	0.948
		3:35	2.88	5:10	1.86	8:45	1.18	12:23	0.942
2:00	7.67	3:40	2.79	5:15	1.83			12:24	0.937
2:05	7.04	3:45	2.71	5:20	1.80	9:00	1.16	12:25	0.934
2:10	6.52	3:50	2.63	5:30	1.74	9:30	1.13	12:30	0.917
2:15	6.06	3:55	2.56	5:40	1.69			12:40	0.898
2:20	5.66			5:45	1.67	10:00	1.11	13:00	0.875
2:25	5.32	4:00	2.50	5:50	1.64	10:30	1.09		
2:30	5.00	4:05	2.44						
2:35	4.73	4:10	2.38	6:00	1.60	11:00	1.075		
2:40	4.48	4:15	2.32	6:15	1.54	11:30	1.06		

表 8-3　小鼠质量校正系数表

小鼠质量/g	鼠单位	小鼠质量/g	鼠单位	小鼠质量/g	鼠单位	小鼠质量/g	鼠单位	小鼠质量/g	鼠单位
10	0.50	13	0.675	16	0.84	19	0.97	22	1.05
10.5	0.53	13.5	0.70	16.5	0.86	19.5	0.985	22.5	1.06
11	0.56	14	0.73	17	0.88	20	1.000	23	1.07
11.5	0.59	14.5	0.76	17.5	0.905	20.5	1.015		
12	0.62	15	0.785	18	0.93	21	1.03		
12.5	0.65	15.5	0.81	18.5	0.95	21.5	1.04		

二、黄曲霉毒素的测定——薄层色谱法（GB 5009.22—2016）

黄曲霉毒素（AFT）主要有四种黄曲霉毒素：即黄曲霉毒素 B_1、黄曲霉毒素 B_2、黄曲霉毒素 G_1、黄曲霉毒素 G_2，其中黄曲霉毒素 B_1 被认为是主要的有毒物质。黄曲霉毒素 B_1 主要存在于农产品、动物饲料、中药等产品中。

1. 原理

样品经提取、浓缩、薄层分离后，黄曲霉毒素 B_1 在紫外光（波长 365nm）下产生蓝紫色荧光，根据其在薄层上显示荧光的最低检出量来测定含量。

2. 试剂及配制

（1）试剂　甲醇（CH_3OH），正己烷（C_6H_{14}），石油醚（沸程 30～60℃或 60～90℃），三氯甲烷（$CHCl_3$），苯（C_6H_6），乙腈（CH_3CN），无水乙醚（C_2H_6O），丙酮（C_3H_6O）。

注：以上试剂在试验时先进行一次试剂空白试验，如不干扰测定即可使用，否则需逐一进行重蒸。

硅胶G：薄层色谱用，三氟乙酸（CF_3COOH），无水硫酸钠（Na_2SO_4），氯化钠（NaCl）。

$AFTB_1$ 标准品（$C_{17}H_{12}O_6$，CAS号：1162-65-8）：纯度≥98%，或经国家认证并授予标准物质证书的标准物质。

（2）试剂配制

① 苯-乙腈溶液（98+2）：取2mL乙腈加入98mL苯中混匀。

② 甲醇-水溶液（55+45）：取550mL甲醇加入450mL水中混匀。

③ 甲醇-三氯甲烷（4+96）：取4mL甲醇加入96mL三氯甲烷中混匀。

④ 丙酮-三氯甲烷（8+92）：取8mL丙酮加入92mL三氯甲烷中混匀。

⑤ 次氯酸钠溶液（消毒用）：取100g漂白粉，加入500mL水，搅拌均匀。另将80g工业用碳酸钠（$Na_2CO_3 \cdot 10H_2O$）溶于500mL温水中，再将两液混合、搅拌，澄清后过滤。此滤液含次氯酸浓度约为25g/L。若用漂粉精制备，则碳酸钠的量可以加倍。所得溶液的浓度约为50g/L。污染的玻璃仪器用10g/L氯酸钠溶液浸泡半天或用50g/L次氯酸钠溶液浸泡片刻后，即可达到去毒效果。

⑥ $AFTB_1$ 标准储备溶液（10μg/mL）：准确称取1～1.2mg $AFTB_1$ 标准品，先加入2mL乙腈溶解后，再用苯稀释至100mL，避光，置于4℃冰箱保存，此溶液浓度约10μg/mL。

⑦ $AFTB_1$ 标准工作液：准确吸取1mL标准溶液储备液于10mL容量瓶中，加苯-乙腈混合液至刻度，混匀。此溶液每毫升相当于1.0μg $AFTB_1$。吸取1.0mL此稀释液，置于5mL容量瓶中，加苯-乙腈混合液稀释至刻度，此溶液每毫升相当于0.2μg $AFTB_1$。再吸取 $AFTB_1$ 标准溶液（0.2μg/mL）1.0mL置于5mL容量瓶中，加苯-乙腈混合液稀释至刻度。此溶液每毫升相当于0.04μg $AFTB_1$。

3. 仪器

① 圆孔筛：2.0mm筛孔孔径。

② 小型粉碎机。

③ 电动振荡器。

④ 全玻璃浓缩器。

⑤ 玻璃板：5cm×20cm。

⑥ 薄层板涂布器。注：可选购适用黄曲霉毒素检测的商品化薄层板。

⑦ 展开槽：长25cm，宽6cm，高4cm。

⑧ 紫外光灯：100～125W，带365nm滤光片。

⑨ 微量注射器或血色素吸管。

4. 操作步骤

警示：整个操作需在暗室条件下进行。

（1）样品提取

① 玉米、大米、小麦、面粉、薯干、豆类、花生、花生酱等。称取20.00g粉碎过筛试样（面粉、花生酱不需粉碎），置于250mL具塞锥形瓶中，加30mL正己烷或石油醚和100mL甲醇水溶液，在瓶塞上涂上一层水，盖严防漏。振荡30min，静置片刻，以叠成折叠式的快速定性滤纸过滤于分液漏斗中，待下层甲醇水带被分清后，放出甲醇水溶液于另一具塞锥形瓶内。取20.00mL甲醇水溶液（相当于4g试样）置于另一125mL分液漏斗中，

加20mL三氯甲烷，振摇2min，静置分层，如出现乳化现象可滴加甲醇促使分层。放出三氯甲烷层，经盛有约10g预先用三氯甲烷湿润的无水硫酸钠的定量慢速滤纸过滤于50mL蒸发皿中，再加5mL三氯甲烷于分液漏斗中，重复振摇提取，三氯甲烷层一并滤于蒸发皿中，最后用少量三氯甲烷洗过滤器，洗液并于蒸发皿中。将蒸发皿放在通风柜于65℃水浴上通风挥干，然后放在冰盒上冷却2～3min后，准确加入1mL苯-乙腈混合液（或将三氯甲烷用浓缩蒸馏器减压吹气蒸干后，准确加入1mL苯-乙腈混合液）。用带橡皮头的滴管的营尖将残渣充分混合，若有苯的结晶析出，将蒸发皿从冰盒上取出，继续溶解、混合，晶体即消失，再用此滴管吸取上清液转移于2mL具塞试管中。

② 花生油、香油、菜油等。称取4.00g试样置于小烧杯中，用20mL正己烷或石油醚将试样移于125mL分液漏斗中。用20mL甲醇水溶液分次洗烧杯，洗液一并移入分液漏斗中，振摇2min，静置分层后，将下层甲醇水溶液移入第二个分液漏斗中，再用5mL甲醇水溶液重复振摇提取一次，提取液一并移入第二个分液漏斗中，在第二个分液漏斗中加入20mL三氯甲烷，以下按①自“振摇2min，静置分层……”起依法操作。

③ 酱油、醋。称取10.00g试样于小烧杯中，为防止提取时乳化，加0.4g氯化钠，移入分液漏斗中，用15mL三氯甲烷分次洗涤烧杯，洗液一并移入分液漏斗中。以下按①自“振摇2min，静置分层……”起依法操作，最后加入2.5mL苯-乙腈混合液，此溶液每毫升相当于4g试样。或称取10.00g试样，置于分液漏斗中，再加12mL甲醇（以酱油体积代替水，故甲醇与水的体积比仍约为55∶45），用20mL三氯甲烷提取，以下按①自“振摇2min，静置分层……”起依法操作。最后加入2.5mL苯-乙腈混合液。此溶液每毫升相当于4g试样。

（2）测定　今天介绍的是单向展开法。

① 薄层板的制备。称取约3g硅胶G，加相当于硅胶量2～3倍的水，用力研磨1～2min至成糊状后立即倒于涂布器内，推成5cm×20cm、厚度约0.25mm的薄层板三块。在空气中干燥约15min后，在100℃活化2h，取出，放干燥器中保存。一般可保存2～3d，若放置时间较长，可再活化后使用。

② 点样。将薄层板边缘附着的吸附剂刮净，在距薄层板下端3cm的基线上用微量注射器或血色素吸管滴加样液。一块板可滴加4个点，点距边缘和点间距约为1cm，点直径约3mm。在同一块板上滴加点的大小应一致，滴加时可用吹风机的冷风边吹边加。滴加样式如下：

第一点：0μL $AFTB_1$ 标准工作液（0.04μg/mL）。

第二点：20μL样液。

第三点：20μL样液＋10μL 0.04μg/mL $AFTB_1$ 标准工作液。

第四点：20μL样液＋10μL 0.2μg/mL $AFTB_1$ 标准工作液。

③ 展开与观察。在展开槽内加10mL无水乙醚，预展12cm，取出挥干。再于另一展开槽内加10mL丙酮-三氯甲烷（8＋92），展开10～12cm，取出。在紫外光下观察结果，方法如下。由于样液点上加滴 $AFTB_1$ 标准工作液，可使 $AFTB_1$ 标准点与样液中的 $AFTB_1$ 荧光点重叠。如样液为阴性，薄层板上的第三点中 $AFTB_1$ 为0.0004μg，可用作检查在样液内 $AFTB_1$ 最低检出量是否正常出现：如为阳性，则起定性作用。薄层板上的第四点中 $AFTB_1$ 为0.002μg，主要起定位作用。若第二点在与 $AFTB_1$ 标准点的相应位置上无蓝紫色荧光点，表示试样中 $AFTB_1$ 含量在5μg/kg以下，如在相应位置上有蓝紫色荧光点，则需进行确证试验。

④ 确证试验。为了证实薄层板上样液荧光系由 $AFTB_1$ 产生的，加滴三氟乙酸，产生 $AFTB_1$ 的衍生物，展开后此衍生物的比移值在 0.1 左右。于薄层板左边依次滴加两个点。

第一点：0.04μg/mL $AFTB_1$ 标准工作液 10μL。

第二点：20μL 样液。于以上两点各加一小滴三氟乙酸盖于其上，反应 5min 后，用吹风机吹热风 2min 后，使热风吹到薄层板上的温度不高于 40℃，再于薄层板上滴加以下两个点。

第三点：0.04μg/mL $AFTB_1$ 标准工作液 10μL。

第四点：20μL 样液。

再展开，在紫外光灯下观察样液是否产生与 $AFTB_1$ 标准点相同的衍生物。未加三氟乙酸的三、四两点，可依次作为样液与标准的衍生物空白对照。

⑤ 稀释定量。样液中的 $AFTB_1$ 荧光点的荧光强度如与 $AFTB_1$ 标准点的最低检出量（0.0004μg）的荧光强度一致，则试样中 $AFTB_1$ 含量即为 5μg/kg。如样液中荧光强度比最低检出量强，则根据其强度估计减少滴加微升数或将样液稀释后再滴加不同微升数，直至样液点的荧光强度与最低检出量的荧光强度一致为止。滴加样式如下：

第一点：10μL $AFTB_1$ 标准工作液（0.04μg/mL）。

第二点：根据情况滴加 10μL 样液。

第三点：根据情况滴加 15μL 样液。

第四点：根据情况滴加 20μL 样液。

5. 计算

试样中 $AFTB_1$ 的含量按下式计算：

$$X=0.0004\times\frac{V_1\times f}{V_2\times m}\times1000$$

式中　X——试样中 $AFTB_1$ 的含量，μg/kg；

0.0004——$AFTB_1$ 的最低检出量，μg；

V_1——加入苯-乙腈混合液的体积，mL；

f——样液的总稀释倍数；

V_2——出现最低荧光时滴加样液的体积，mL；

m——加入苯-乙腈混合液溶解时相当试样的质量，g；

1000——换算系数。

结果表示到测定值的整数位。

【阅读材料】

水产饲料中常用的抗生素有哪些?

以前，用得较多的水产饲料促生长剂是喹乙醇、卡巴多、甜菜碱、杆菌肽锌、抗生素类药物（四环素、青霉素、黄霉素、阿伏霉素、螺旋霉素、维吉尼霉素、杆菌肽锌和泰乐菌素等）。还有目前应用的喹烯酮，喹烯酮（Quinocetone）为中国农业科学院兰州畜牧与兽药研究所研制的喹噁啉类药物，抗菌、止泻、促生长，是我国在国际上首创的一类新兽药，我国农业部于 2003 年批准其为国家一类抗病促生长药。目前及未来展望，以天然植物饲料添加剂（也就是咱老祖宗留下的宝贵遗产中草药）、微生态制剂、饲用酶制剂等，也称为绿色饲料促生长添加剂，替代抗生素类饲料添加剂。

思考题

1. 食品中常见的有毒有害物质有哪些？
2. 食品中农药残留的快速检测方法有哪些？请简要说明。
3. 用速测卡测农药残留的具体步骤是什么？应注意什么？
4. 简述拟除虫菊酯类农药残留的测定原理。
5. 简述酶联免疫吸附剂试剂盒的测定步骤。
6. 色谱法检测肉中四环素族药物残留量的原理及步骤是什么？
7. 通过查阅资料概括食品中天然毒素的种类及其特点。
8. 测定贝类毒素时样品采集和提取过程中应注意什么？
9. 简述花生中黄曲霉毒素提取的过程。
10. 通过查阅资料收集一些食品中有毒有害物质的最新快速检测法。

第九章　食品包装材料及容器的检测

第一节　概　　述

食品包装已成为食品生产工业中一个不可缺少的环节，在近20年中随着食品生产的迅猛发展，食品包装也上了一个台阶。然而就在包装工业飞速发展的过程中，很多企业往往把注意力放在规模、产量、物理机械性能、耐高低温要求、抗介质侵蚀这些方面，而对包装材料本身的卫生安全性能却还不够重视。所以，不少生产厂家对原辅材料的采购、使用，到生产条件的完善，直到产成品的检测，都存在着一些不卫生、不安全的隐患。总体上讲，过去大家很少关注包装材料对食品卫生安全以及包装材料对地球环境的潜在影响。因此，我国包装材料的卫生安全质量与世界先进水平相比，还有较大的差距。目前两、三年开始，国家对食品本身的卫生安全问题进行了监督检查，实施放心食品工程，实行了QS认证和市场准入制度。另外，国家已经成立了食品安全委员会，各省、市、自治区也相继成立了食品安全委员会，不少地方都是由省、市、自治区的主要领导担任该委员会的负责人，表明政府对这个问题的高度重视。

用于食品包装的材料很多，从使用的材料来源和使用用途可分为两大类。

一、按包装材料来源分类

1. 塑料

(1) 可溶性包装　不必去掉包装材料，一同置入水中溶化。如速溶果汁、速溶咖啡、茶叶等饮料的内包装。

(2) 收缩包装　加热时即自行收缩，裹紧内容物，突出产品轮廓。如常用于腊肠、肉脯等聚乙烯薄膜包装。

(3) 吸塑包装　用真空吸塑热成型的包装。用此法生产成型的两个半圆透明塑膜，充满糖果后捏拢呈橄榄形、葡萄形等各种果型，再用塑条贴牢，可悬挂展销。许多糖果采用此种包装。

(4) 泡塑包装　将透明塑料按所需要模式吸塑成型后，罩在食品的硬纸板或塑料板上，可供展示。如糕点、巧克力糖多采用此种包装。

(5) 蒙皮包装　将食品与塑料底板同时用吸塑法成型，在食品上蒙上一层贴体的衣服，它比收缩包装更光滑，内容物轮廓更加突出，清晰可见。如香肠的包装。

(6) 拉伸薄膜包装　将拉伸薄膜依序绕在集装板上垛的纸箱箱外，全部裹紧，以代替集装箱。

(7) 镀金属薄膜包装　在空箱内，将气化金属涂覆到薄膜上，性能与铝箔不相上下，造价较低，如罐头的包装及一些饮料的包装。

2. 纸与纸板

(1) 可供烘烤的纸浆容器　有涂聚乙烯的纸质以及用聚乙烯聚酯涂层的漂白硫酸盐纸制

成的容器。这种纸浆容器可在微波炉及常规炉上烘烤加热。

（2）折叠纸盒（箱） 使用前为压有线痕的图案，按线痕折叠后即成纸盒箱，这样方便运输，节省运输费用开支。

（3）包装纸 这种普通的包装纸是流通最多，使用最广泛的，使用时要注意国家规定的卫生标准。

3. 金属

（1）马口铁罐 质量较轻，不易破碎，运输方便，但易为酸性食品所腐蚀，故采用镀锡在马口铁面上，注意镀锡的卫生标准。

（2）易开罐及其他易开器 最广泛使用的是拉环式易开罐，还有用手指掀开的液体罐头，罐盖上有两个以金属薄片封闭的小孔，用手指下掀，露出小孔，液体即可从罐中倾出。铝箔封顶的罐，外罩塑料套盖，开启时用三指捏铝箔上突出的箔片，将箔撕掉，塑盖还可以再盖上。出口的饮料常采用此种罐装。

（3）轻质铝罐头 呈长筒形，多用以盛饮料。

二、按包装功能分类

1. 方便包装

（1）开启后可复闭的容器 如糖果盒上的小漏斗，以便少量取用。大瓶上有水龙头或小口，盖上有筒形的小盖，抽出或竖直即可倾出器内液体，塞进或横置小盖则复闭，粉状食品的塑料袋斜角开一小口，口边粘有一小铝皮，便于捏紧、折合、关闭。

（2）气雾罐 如用盛调味品、香料，同时捏罐即可将调味品喷出。

（3）软管式 如用装果酱、膏、泥状作料，挤出来抹在食品上。

（4）集合包装 将有关联的食品，搭配在一起，以便利消费者。如一日三餐包装在一个大盒内，每餐又另包开。

2. 展示包装

即便于陈列的包装。如瓦楞箱上部呈梯形，开启后即可显示出内容物。

3. 运输包装

有脚的纸箱或塑料箱，便于叉车搬运，堆垛。容器上下端有供互相衔接的槽，如六角形罐头、有边纸箱等，便于堆高陈列。

4. 专用包装

（1）饮料 从目前发展的情况来看趋向于塑料瓶或塑料小桶等。乳制品等饮料多采用砖式铝箔复合纸盒、复合塑料袋等。

（2）鲜肉，鱼，蛋的包装

鲜肉——内有透气薄膜、外用密封薄膜包装；零售展销时，去掉外层包装，使空气进入袋内，肉即恢复鲜红色。

活鱼——充氧包装，一般采用空运，使远方消费者也能吃到鲜货。

鲜蛋——充二氧化碳包装，抑制其呼吸作用，延长鲜蛋的保存期。

（3）鲜果 鲜果一般用气调储藏，运输时用保鲜纸或保鲜袋（加入一定的保鲜剂）等包装方法。

本章主要介绍塑料、橡胶、包装纸三大类包装材料的卫生标准和有害物质的检测。

第二节　食品包装用塑料成型品的检测

塑料可分为热塑性塑料和热固性塑料。用于食品包装材料及容器的热塑性塑料有聚乙烯（PE）、聚丙烯（PP）、聚苯乙烯（PS）、聚氯乙烯（PVC）、聚碳酸酯（PC）等；热固性塑料有三聚氰胺（蜜胺）及脲醛树脂（电玉）等。本节主要介绍食品包装用塑料成型品卫生标准和有害物质酚和苯乙烯残留量的检测方法。

一、食品包装用塑料成型品卫生标准的检测

1. 原理

将食品包装用的各种塑料材料用各种浸泡剂对塑料制品进行溶出试验，然后测其浸泡液中有害成分的迁移量。

2. 操作步骤

（1）溶剂的选择　溶剂的选择以食品容器、包装材料接触的食品种类而定，中性食品时可选用水作溶剂；酸性食品时用4%醋酸作溶剂；碱性食品时用碳酸氢钠作溶剂；油脂食品时用正己烷作溶剂；含酒精的食品时用乙醇作溶剂。

（2）测定　实验时测定不同温度、不同浸泡时间浸泡液中的溶出物的总量（以高锰酸钾消耗量计）、重金属、蒸发残渣以及各单体物质、甲醛等的含量。

3. 标准

我国制定的常用塑料制品卫生标准见表9-1。

表9-1　我国制定的常用塑料制品的卫生标准

指标名称	浸泡条件①	聚乙烯	聚丙烯	聚苯乙烯	三聚氰胺	聚氯乙烯
单体残留量/(mg/kg)	—	—	—	—	—	<1
蒸发残渣量/(mg/L)	4%醋酸	<30	<30	<30	—	<20
	65%乙醇	<30	<30	<30	—	<20
	蒸馏水	—	—	—	<10	<20
	正己烷	<60	<30	—	—	<15
高锰酸钾消耗量/(mg/L)	蒸馏水	<10	<10	<10	<10	<10
重金属量(以Pb计)/(mg/L)	4%醋酸	<1	<1	<1	<1	<1
脱色试验	冷餐具	阴性	阴性	阴性	阴性	阴性
	乙醇	阴性	阴性	阴性	阴性	阴性
	无色油脂	阴性	阴性	阴性	阴性	阴性
甲醛②	4%醋酸	—	—	—	<30	—

① 浸泡液接触面积一般按 $2mL/cm^2$。

② 指标中的甲醛为对三聚氰胺而言。

二、塑料制品中有害物质的检测

1. 酚的测定

（1）原理　在碱性溶液(pH=9～10.5)的条件下，酚类化合物与4-氨基安替吡啉经铁氰化钾氧化，生成红色的安替吡啉染料，颜色的深浅与酚类化合物的含量成正比，与标准比较定量。

（2）操作步骤

① 标准曲线的绘制。吸取 0.1mg/mL 苯酚标准溶液 0mL、0.2mL、0.4mL、0.8mL、1.0mL、2.0mL 和 2.5mL，分别置于 250mL 分液漏斗中，分别加入无酚水至 200mL，再分别加入 1mL 硼酸缓冲液（9 份 1mol/L NaOH 溶液和 1 份 1mol/L 硼酸溶液配制而成）、1mL 4-氨基安替吡啉溶液（20g/L）、1mL 铁氰化钾溶液（80g/L），每加入一种试剂，要充分摇匀，在室温下放置 10min，各加入 10mL 三氯甲烷，振摇 2min，静置分层后将三氯甲烷层经无水硫酸钠过滤于具塞比色管中，用 2cm 比色皿，以空白液调节零点，于 460nm 波长处测定吸光度，绘制标准曲线。

② 样品测定。量取 250mL 样品水浸出液，置于 500mL 全磨口蒸馏瓶中，加入 5mL 硫酸铜溶液（100g/L），用磷酸（1∶9，体积比）调节 pH 在 4 以下，加入少量玻璃珠进行蒸馏，在 200mL 或 250mL 容量瓶中预先加入 5mL 氢氧化钠溶液（4g/L），接收管插入氢氧化钠溶液液面下接收蒸馏液，收集馏出液至 200mL。同时用无酚水按上法进行蒸馏，做试剂空白试验。

将上述全部样品蒸馏液及试剂空白蒸馏液分别置于 250mL 分液漏斗中，按①自“再分别加入 1mL 硼酸缓冲液”后的操作进行操作。与标准曲线比较定量。

（3）计算

$$样品水浸出液中酚的含量=\frac{c}{W}\ (\mu g/mL)$$

式中 c——从标准曲线中查出相当于酚的含量，μg；

W——测定时样品浸出液的体积，mL。

2. 聚苯乙烯塑料制品中苯乙烯的测定

（1）原理　样品经二硫化碳溶解，用甲苯作为内标物。利用有机化合物在氢火焰中的化学电离进行检测，以样品的峰高与标准品峰高相比，计算与样品相当的含量。

（2）色谱条件

检测器：氢火焰离子化检测器。

色谱柱：不锈钢柱，长 4m、内径 4mm，内装填料 1.5%有机皂土（B-34）+1.5%邻苯二甲酸二壬酯混合液于 97%Chromosorb WAW DMCS（80～100 目）的载体中。

温度：柱温为 130℃，检测器为 180℃，进样口温度为 180℃。

流速：氮气为 30mL/min，氢气为 40mL/min，空气为 300mL/min。

（3）操作步骤

① 样品处理。称取样品 1.00g，用二硫化碳溶解后，移入 25mL 容量瓶中，加入内标物甲苯 25mg，再以二硫化碳稀释至刻度，摇匀后进行气相色谱测定。

② 测定。取不同浓度苯乙烯标准溶液，在上述色谱操作条件下，分别多次进样，量取内标物甲苯与苯、甲苯、正十二烷、乙苯、异丙苯、正丙苯和苯乙烯的峰高，并分别计算其比值，绘制峰高比值与各组分浓度的标准曲线。

同时取样品处理溶液 0.5μL 注入色谱仪后，待色谱峰流出后，量出被测组分和内标物甲苯的峰高，并计算其比值，按所得峰高比值，由标准曲线上查出各组分的含量。

（4）计算

$$苯乙烯单体量\ (mg/kg)=\frac{H}{H_1}\times\frac{c}{c_1}\times\frac{H_2}{H_0}\times\frac{m_0}{m}$$

式中　H，H_1——样品和标准品峰高，mm；

H_2，H_0——样品和标准品中内标物的峰高，mm；

c，c_1——注入色谱仪的内标溶液中苯乙烯和内标物浓度，ng/mL；

m_0——样品质量，g；

m——样品中内标物质量，μg。

第三节　食品用橡胶制品及容器内壁涂料的检测

橡胶制品常用作瓶盖垫圈及输送食品原料、辅料、水的管道等。食品包装中用的橡胶有天然橡胶和合成橡胶两大类。天然橡胶是以异戊二烯为主要成分的天然高分子化合物，本身既不分解也不被人体吸收，因而一般认为对人体无毒。但由于加工的需要，加入的多种助剂，如促进剂、防老剂、填充剂等，给食品带来了不安全的问题。合成橡胶主要来源于石油化工原料，种类较多，是由单体经过各种工序聚合而成的高分子化合物，在加工时也使用了多种助剂。橡胶制品在使用时，这些单体和助剂有可能迁移至食品，对人体造成不良影响。有文献报道，异丙烯橡胶和丁腈橡胶的溶出物有麻醉作用，氯二丁烯有致癌的可能。丁腈橡胶耐油，其单体丙烯腈毒性较大，大鼠 LD_{50} 为 78～93mg/kg 体重。美国 FDA 1977 年规定丁腈橡胶成品中丙烯腈的溶出量不得超过 0.05mg/kg。

本节主要介绍食品用橡胶制品的卫生标准和挥发物、可溶性有机物及重金属的检测方法。

一、橡胶制品的卫生标准的检测

1. 原理

同塑料制品。

2. 操作步骤

浸泡条件：

4%乙酸，60℃，保温 0.5h；　　水，60℃，保温 0.5h；

20%乙醇，60℃，保温 0.5h；　　正己烷，水浴加热回流 0.5h。

以上浸泡液按接触面积每平方厘米加 2mL，无法计算接触面积的按每克样品加 20mL。

其余操作同塑料制品。

3. 标准

我国橡胶制品卫生质量建议指标见表 9-2。

表 9-2　我国橡胶制品卫生质量建议指标

名　称	高锰酸钾消耗量/(mg/kg)	蒸发残渣量/(mg/kg)	铅含量/(mg/kg)	锌含量/(mg/kg)
奶嘴	≤70	≤40(水泡液) ≤120(4%醋酸)	≤1	≤30
高压锅圈	≤40	≤50(水泡液) ≤800(4%醋酸)	≤1	≤100
橡胶垫片(圈)	≤40	≤40(20%乙醇) ≤2000(4%醋酸) ≤3500(己烷)	≤1	≤20

二、橡胶制品中有害物质的检测

1. 挥发物的测定

（1）原理　样品于138～140℃、真空度85.3kPa时，抽空2h。将失去的质量减去干燥失重即为挥发物的质量。

（2）操作步骤　于已干燥准确称量的25mL烧杯内，称取2.00～3.00g 20～60目之间的样品，加20mL丁酮，用玻璃棒搅拌，使完全溶解后，用电扇加速溶剂的蒸发，待至浓稠状态，将烧杯移入真空干燥箱内，使烧杯搁置成45°，密闭真空干燥箱，开启真空泵，保持温度为138～140℃，真空度为85.3kPa，干燥2h后，将烧杯移至干燥器内，冷却30min，称量。计算挥发物，减去干燥失重后不得超过1%。

（3）计算

$$X=\frac{m_1-m_2}{m_1-m_0}\times 100$$

式中　X——样品于138～140℃、85.3kPa、干燥2h失去的质量，g/100g；

m_1——样品加烧杯的质量，g；

m_2——干燥后样品加烧杯的质量，g；

m_0——烧杯的质量，g。

$$挥发物含量=X-X_1\ (g/100g)$$

式中　X——样品于138～140℃、85.3kPa、干燥2h失去的质量，g/100g；

X_1——样品的干燥失重，g/100g。

2. 可溶性有机物的测定

（1）原理　样品经用浸泡液浸取后，用高锰酸钾氧化浸出液中的有机物。以测定高锰酸钾消耗量来表示样品可溶出有机物质的情况。

（2）操作步骤　准确吸取100mL水浸泡液，置于锥形瓶中，加入5mL稀硫酸和10mL 0.01mol/L高锰酸钾标准溶液，再加入玻璃珠2粒，准确加热煮沸5min后，趁热加入10mL 0.01mol/L草酸标准溶液，再以0.01mol/L高锰酸钾标准溶液滴定至微红色，记下两次高锰酸钾溶液的滴定量。

另取100mL水作对照，按同样方法作试剂空白试验。

（3）计算

$$高锰酸钾消耗量=\frac{(V_1-V_2)c\times 31.6\times 1000}{100}\ (mg/L)$$

式中　V_1——样品浸泡液滴定时所消耗高锰酸钾的体积，mL；

V_2——试剂空白滴定时消耗高锰酸钾的体积，mL；

c——高锰酸钾标准溶液的浓度，mol/L；

31.6——与1mL 0.01mol/L高锰酸钾标准溶液相当的高锰酸钾的质量，mg。

3. 重金属的测定

（1）原理　浸泡液中重金属（以铅计）与硫化钠作用，在酸性溶液中形成硫化铅黄棕色溶液，与标准比较，不比标准颜色深即表示重金属含量符合标准。

（2）操作步骤　吸取4%乙酸浸泡液20mL置于50mL比色管中，加水至刻度。另取

10μg/mL 铅标准溶液 2mL，置于 50mL 比色管中，加入 4%乙酸溶液 20mL，加水至刻度，混匀。两液中各加入硫化钠溶液 2 滴，混合后，放置 5min，以白色为背景，从上方或侧面观察，样品呈色不能比标准溶液深。

第四节　食品包装用纸的检测

食品包装纸直接与食品接触，是食品行业使用最广泛的包装材料，所以它的卫生质量应引起人们的高度重视。

包装纸的种类很多，大体分内包装和外包装两种。内包装为可直接接触食品的包装，原纸，如咸菜、油糕点、豆制品、熟肉制品等；托蜡纸，如面包、奶油、冰棍、雪糕、糖果等；玻璃纸，如糖果；锡纸，如奶油糖及巧克力糖等。外包装主要为纸板，如糕点盒、点心盒等。另外，还有印刷纸等。

包装纸的卫生问题与纸浆、黏合剂、油墨、溶剂等有关。要求这些材料必须是低毒或无毒，并不得采用社会回收废纸作为原料，禁止添加荧光增白剂等有害助剂，制造托蜡纸的蜡应采用食用级石蜡，控制其中多环芳烃含量。用于食品包装纸的印刷油墨、颜料应符合食品卫生要求，石蜡纸及油墨颜料印刷面不得直接与食品接触。食品包装纸还要防止再生产对食品的细菌污染和回收废纸中残留的化学物质对食品的污染。因此，有关食品包装纸的检测主要有以下两方面：一是卫生指标；二是多氯联苯的检测。

一、包装纸的卫生标准

由于近两年食品包装纸存在的安全问题较多，所以大多数国家均规定了包装用纸材料有害物质的限量标准。我国食品包装用纸材料的卫生标准见表 9-3。

表 9-3　我国食品包装用纸材料的卫生标准

项　　目	标　　准
感官指标	色泽正常、无异物、无污物
铅含量(以 Pb 计)/(mg/L)(4%醋酸浸泡液中)	<5.0
砷含量(以 As 计)/(mg/L)(4%醋酸浸泡液中)	<1.0
荧光性物质(波长为 365nm 及 254nm)	不得检出
脱色试验(水、正己烷)	阴性
致病菌(系指肠道致病菌,致病性球菌)	不得检出
大肠菌群/(个/100g)	<3

二、包装纸中有害物质的检测

1. 取样方法

从每批产品中取 20 张（27cm×40cm），从每张中剪下 $10cm^2$（2cm×5cm）两块，供检验用。分别注明产品名称、批号、日期。其中一半供检验用，另一半保存 2 个月，预留作仲裁分析用。

2. 样品处理

浸泡液：4%醋酸试剂溶液。

被检样品置入浸泡液中（以每平方厘米加 2mL 浸泡液计算，纸条不要重叠），在不低于

20℃的常温下浸泡24h。

3. 铅、砷含量的检测

见本书第六章第三节。

4. 荧光物质的检测

荧光物质检测有薄层色谱法和荧光光度法，本教材介绍荧光光度法。

(1) 原理　样品中荧光染料具有不同的发射光谱特性，这特性发射光谱图与标准荧光染料对照，可以作定性检测和定量分析。

(2) 操作步骤

① 样品处理。将5cm×5cm纸样置于80mL氨水中（pH=7.5～9.0），加热至沸腾后，继续微沸2h，并不断地补加1%氨水使溶液保持pH=7.5～9.0。用玻璃棉滤入100mL容量瓶中，用水洗涤。如果纸样在紫外灯照射下还有荧光，则再入50mL氨水，如同上述处理。两次滤液合并，浓缩至100mL，稀释至刻度，混匀。

② 定性。点样：吸取2～5μL样液在纤维素薄层板上点样，同时分别点取荧光染料VBL标准溶液（2.5μL/mL）和荧光染料BC标准溶液（5μL/mL）各2μL。在此两标准点上再点加标准维生素B_2溶液（10μL/mL）各2μL。

展开：将薄层板放入展开槽中，用10%氨水展至10cm处，取出，自然干燥。

样液点样展开后，接通仪器及记录器电源，光源与仪器稳定后，将薄层板面向下，置于薄层色谱附件装置内的板架上，并固定之。转动手动轮移动板架至激发样点上，激发波长固定在365nm处，选择适当的灵敏度、扫描速度、纸速和狭缝、测定样品点的发射光谱与标准荧光染料发射光谱相对照，鉴定出纸样中荧光染料的类型。

③ 定量。样液经点样、展开，确定其荧光染料种类后，于荧光分光光度计测定发射强度。

仪器操作条件如下。

光电压：700V　　灵敏度：粗0.1

激发波长：365nm　　发射波长：370～600nm

激发狭缝：10nm　　发射狭缝：10nm

纸速：15mm/min　　扫描速度：1nm/min

然后由荧光染料VBL或BC的标准含量测得的发射强度，相应地求出样品中荧光染料VBL或BC的含量。

5. 多氯联苯的检测

(1) 原理　多氯联苯具有高度的脂溶性，用有机溶剂萃取进行提取，提取后的多氯联苯经色谱分离后，可用带电子捕获检测器的气相色谱仪分析。

(2) 操作步骤

① 样品处理

a. 酸水解。将可食部分匀浆，用盐酸（1∶1，体积比）回流30min。酸水解液用乙醚提取原有的脂肪。将提取液在硫酸钠柱上干燥，于旋转式蒸发器上蒸发至干。

b. 碱水解。称取经提取所得的类脂0.5g，加入30mL 2%乙醇氢氧化钾溶液，在蒸汽浴中回流30min，水解物用30mL水将它转移到分液漏斗中。容器及冷凝器用10mL正己烷淋洗三次，将下层的溶液分离到第二分液漏斗中，并用20mL正己烷振摇，合并正己烷提取液于第一分液漏斗中，用20mL乙醇（1∶1，体积比）与水溶液提取合并的正己烷提取液两次，将正己烷溶液在无水硫酸钠柱中干燥，于60℃下用氮吹浓缩至1mL。

c. 氧化。在1mL正己烷浓缩液中加入5～10mL（5∶1，体积比）盐酸与过氧化氢溶液，置于蒸汽浴上回流1h，以稀氢氧化钠溶液中和，用正己烷提取两次，合并正己烷提取液，用水洗涤，并用硫酸钠柱干燥。

d. 硫酸消解净化。称取10g白色硅藻土载体545（Celite 545）（经130℃加热过夜），用6mL 5%发烟硫酸混合的硫酸液充分研磨，转移至底部有收缩变细的玻璃柱中，此柱需预先用正己烷洗涤过，将已经氧化的正己烷提取液移至柱中，用50mL正己烷洗脱，洗脱液用2%氢氧化钠溶液中和，在硫酸钠柱上干燥，浓缩至2mL，放在小型的有5cm高的弗罗里硅藻土吸附剂（经130℃活化过夜）的柱中，用70mL己烷洗脱。在用气相色谱测定前，于60℃温度下吹氮浓缩。

e. 过氯化。将上述正己烷提取液放置于玻璃瓶中，在50℃蒸汽浴上用氮吹至干，加入五氯化锑0.3mL，将瓶子封闭，在170℃下反应10h，冷却启封，用5mL 6mol/L盐酸淋洗，转移至分液漏斗中，正己烷提取液用20mL水、20mL 2%氢氧化钾和水洗涤，然后在无水硫酸钠柱中干燥，通过小型弗罗里硅藻土吸附剂柱，用70mL苯-正己烷（1∶1，体积比）洗脱，洗脱液浓缩至适当体积，注入色谱仪中进行测定。

② 测定

a. 色谱条件。

色谱柱：硬质玻璃柱，长6m、内径2mm，内充填100～120目Varaport 30的2.5% OV-1或2.5%QF-1和2.5%DC-200。

检测器：电子捕获检测器。

温度：柱温为275℃，检测器为230℃，进样口分别为205℃、220℃和250℃。

氮气流速：60mL/min。

b. 测定和结果。测定用混合Aroclor 1254～1260（1∶1，体积比）作标准。用一定标准量注入色谱仪中，求得标准多氯联苯的标准峰高的平均值，从而计算出样品中多氯联苯的含量。

【阅读材料】

食品包装材料需要做哪些测试?

QB/T 1014—2010食品包装纸规定了食品包装纸的分类、要求、试验方法、检验规则及标志、包装、运输、贮存。根据该标准，食品包装纸需要检测的物理指标如下。

(1) 定量测试　按规定的试验方法，测定纸和纸板单位面积的质量，g/m^2表示。

(2) 抗张测试　抗张强度除以定量，以N·m/g表示。

(3) 吸水性测试　纸张及其制品在水中吸收水的性能，以g/m^2表示，不适用于定量低于$50g/m^2$，施胶度较低或有较多针孔的原纸和压花纸，不适用于未施胶的纸盒、纸板。

(4) 撕裂指数测试　撕裂预先切口的纸或纸板到一定长度所需要的力，纸张的撕裂度以$mN·m^2/g$表示。

(5) 耐破指数测试　耐破度除以其定量，以$kPa·m^2/g$表示。

(6) 尘埃度测试　每平方米面积的纸和纸板上，具有一定面积的杂质的个数，或每平方米面积的纸或纸板上杂质的等值面积（mm^2）。

（7）荧光含量测试　蓝光漫反射因数 $R457$ 中可直接归因于荧光增白剂作用的部分。

（8）交货水分测试　交货时的水分含量。

思　考　题

1. 简述食品包装材料种类及其特点。
2. 衡量食品包装用塑料成型品的卫生标准有哪些？
3. 塑料包装材料检测过程中溶剂的选择标准是什么？
4. 塑料制品中酚的测定步骤是什么？
5. 简述橡胶制品中挥发性物质的检测方法。
6. 食品包装纸中有哪些有害物质？如何检测？
7. 查阅资料谈谈如何减少食品包装材料的污染。
8. 根据你的经验或查阅资料，谈谈怎样判断食品包装材料的安全性？

实 验 部 分

实验一　基本味觉训练实验

一、实验目的

1. 通过实验品尝学会判别基本味觉。

2. 掌握味觉检验的方法。

二、仪器和试剂

1. 仪器

（1）4 个 250mL、12 个 500mL 容量瓶。

（2）12 个 50mL、1 个 100mL、1 个 500mL 烧杯。

（3）5mL、10mL、20mL、25mL、50mL 移液管各 2 支。

（4）25mL、50mL 量筒各一个。

（5）电子天平、洗瓶、滴管、洗耳球、漏斗、样品匙。

2. 试剂

（1）蔗糖储备液（20g/100mL）　称取 50g 蔗糖，溶解并定容 250mL。

（2）蔗糖使用液　分别取 20mL、30mL 储备液，稀释、定容 500mL，配成浓度为 0.8g/100mL、1.2g/100mL 的溶液。

（3）NaCl 储备液（10g/100mL）　称取 25g NaCl，溶解并定容 250mL。

（4）NaCl 使用液　分别取 8mL、15mL 储备液，稀释、定容 500mL，配成浓度为 0.16g/100mL、0.30g/100mL 的溶液。

（5）柠檬酸储备液（1g/100mL）　称取 2.5g 柠檬酸，溶解并定容 250mL。

（6）柠檬酸使用液　分别取 20mL、30mL、40mL 储备液，稀释、定容 500mL，配成浓度为 0.04g/100mL、0.06g/100mL、0.08g/100mL 的溶液。

（7）硫酸奎宁储备液（0.02g/100mL）　称取 0.05g 硫酸奎宁，溶解（水浴 70～80℃）并定容 250mL。

（8）硫酸奎宁使用液　分别取 2.5mL、10mL、20mL、40mL 储备液，稀释、定容 500mL，配成浓度为 0.0001g/100mL、0.0004g/100mL、0.0008g/100mL、0.0016g/100mL 的溶液。

三、实验步骤

1. 对于每个试液杯（50mL 烧杯），先取一个三位数随机样品顺序。

2. 在白瓷盘中，放有 12 个有编号的小烧杯，各盛有 30mL 不同浓度的基本味觉试液，试液以随机顺序从左到右排列。先用清水洗漱口腔（水温约 40℃），然后取第一个小烧杯，喝一小口试液含于口中（注意请勿咽下），活动口腔，使试液充分接触整个舌头。

3. 仔细辨别味道，然后吐去试液，用清水洗漱口腔。记下烧杯号码及味觉判别。当试液的味道浓度低于你的分辨能力时，以“0”表示；当试液的味道不能明确判别时，以“?”表示；对于能肯定的味觉，分别以“甜、酸、咸、苦”表示。

4. 更换一批试液，重复以上操作，从左到右按顺序判别各试液，记录结果。

四、结果记录

味觉实验记录　　姓名　　日期

第一次		第二次	
试液号	味　觉	试液号	味　觉

五、说明及注意事项

1. 每个试液应只品尝一次。若判别不能肯定时，可再重复，但品尝次数过多会引起感官疲劳，敏感度降低。

2. 溶液配制时，水质非常重要，需用“无味中性”水。

3. 加热应在水浴中进行。

4. 每份被品尝的试液体积为20～30mL较为适宜。

5. 所用的玻璃器皿都需无灰尘、无油脂，应用清水洗涤。

6. 品尝试液应有一定顺序（从左至右）。在品尝每个试液前都一定要漱口（20～30mL清水），水温约40℃。

7. 从容量瓶倒出试液于试液杯时应十分小心，两者号码必须一致，这对于判断很重要，否则会引起结果误差。

8. 吐液杯应选择棕色玻璃烧杯400～600mL，或采取一些措施使实验人员避免看见吐液颜色和状态，引起不愉快感觉。吐液后应用纸巾擦干口角。

实验二　物理检验实验

A. 密度的测定

一、实验目的

掌握附温糖锤度计的使用方法。

二、实验原理

密度计是根据阿基米德原理所制成，当浸在液体里的物体受到向上的浮力时，浮力的大小等于物体排开液体的质量。密度计是有一定质量的，液体的密度越大，密度计就浮得越高。故从密度计上的刻度可以直接读取相对密度的数值或某种溶质的质量分数。

三、仪器和试剂

附温糖锤度计、酒精计、温度计。

四、实验步骤

1. 样品为糖浆和酒精。

2. 用附温糖锤度计测定蔗糖溶液的浓度。

先以少量蔗糖溶液冲洗量筒内壁，将蔗糖溶液倒入一个500mL干燥量筒中，至量筒体积的3/4，静置，待其内部空气逸出。徐徐插入已洗净擦干的附温锤度计，放入锤度计约5min后读取读数，同时记下温度计读数。

若测定温度不是20℃，应观测糖锤度温度校正表予以校正。

糖锤度温度校正表

测定糖液时的观测锤度/°Bx	
糖液温度/℃	
校正值	
糖液锤度/°Bx	

3. 用酒精密度计测定酒精溶液的浓度

将酒精溶液注入洁净、干燥的250mL量筒中，至量筒体积的3/4，在室温下静置几分钟，待气泡消失后，插入温度计测定样品的温度。将洗净、擦干的酒精计小心置于样液中，再轻轻按下少许，待其浮起至平衡为止，水平观测酒精计，读取酒精计与溶液弯月面相切处的刻度示值。根据测得的酒精计示值和温度，查酒精度与温度校正表，将酒精度校正为温度20℃时的酒精度（体积分数）。

酒精度与温度校正表

酒精计读数(体积分数)/%	
温度/℃	
酒精度(体积分数)/%	

五、结果处理

根据测定的密度计读数和溶液温度，换算为相应的相对密度或溶质质量分数。

六、说明及注意事项

1. 糖锤度计的读数是溶液中溶质的质量分数的近似值。

2. 酒精度为100mL酒精中含有纯酒精的体积（以mL计）。

B. 果汁饮料可溶性固形物的测定

一、实验目的

1. 掌握阿贝折光计（或其他折光计）的使用方法。

2. 掌握果汁饮料可溶性固形物的测定。

二、实验原理

在20℃下利用折光计测量待测样液的折射率，查附表10，得到从折光计上直接读出可溶性固形物的质量分数。

三、使用仪器

阿贝折光计或其他折光计（测量范围0～80%，精确度±0.1%）、组织捣碎机。

四、实验步骤

1. 样品处理

① 透明的液体制品：充分混匀待测试样，直接测定。

② 半黏稠制品（果浆、菜浆类）：充分混匀待测试样，用四层纱布挤出滤液，弃去最初几滴，收集滤液用于测定。

③ 含悬浮物制品（果粒果汁类饮料）：将待测样品置于组织捣碎机中捣碎，用四层纱布

挤出滤液，弃去最初几滴，收集滤液用于测定。

2. 样品测定

① 测定前按仪器说明书校正折光计。

② 用末端熔圆的玻璃棒蘸取试样 2～3 滴，滴于折光计棱镜面中央（注意勿使玻璃棒触及镜面），迅速闭合棱镜，静置 1min，使试液均匀无气泡，并充满视野。

按照操作规程调节阿贝折光仪，读取目镜视野中的百分数或折射率，并记录温度。

五、结果处理

如果目镜读数标尺刻度为百分数，即为可溶性固形物含量（%）；如果目镜读数标尺刻度为折射率，可查附表 10 换算为可溶性固形物含量（%）。

将上述百分含量按附表 11 换算为 20℃时可溶性固形物百分含量。

同一样品两次测定值之差，不应大于 0.5%。可取两次测定的算术平均值作为结果，精确到小数点后一位。

C. 动植物油脂折射率的测定

一、实验目的

掌握阿贝折光计的使用及油脂折射率的计算。

二、实验原理

在规定温度下，用折光仪测定液态试样的折射率。

三、仪器和药品

1. 仪器

折光仪；钠蒸气灯；标准玻璃板（已知折射率）；水浴装置（带循环泵和恒温控制装置，控温精度为±0.1℃）。

2. 试剂

（1）十二烷酸乙酯（纯度适合于测定折射率，已知折射率）；

（2）已烷（或其他合适溶剂，如石油醚、丙酮或甲苯），用于清洗折光仪棱镜。

四、实验步骤

1. 仪器的校正

按仪器操作说明书的操作步骤，通过测定标准玻璃板的折射率或者测定十二烷酸乙酯的折射率，对折光仪进行校正。

2. 试样制备

按 GB/T 15687 制备试样。用于折射率测定的试样应为经过干燥和过滤的油脂试样。

对于固体样品，按 GB/T 15687 方法制备试样，然后移入适合的容器，置于水浴中，水浴温度设定在该试样测定时的温度，放置足够时间，让试样温度达到稳定。

3. 测定试样

在下列一种温度下测定试样的折射率：

① 20℃，适用于该温度下完全液态的油脂；

② 40℃，适用于 20℃下不能完全熔化，40℃下能完全熔化的油脂；

③ 50℃，适用于 40℃下不能完全熔化，50℃下能完全熔化的油脂；

④ 60℃，适用于 50℃下不能完全熔化，60℃下能完全熔化的油脂；

⑤ 80℃或 80℃以上，用于其他油脂，如完全硬化的脂肪或蜡。

让水浴中的热水循环通过折光仪，使折光仪棱镜保持在测定要求的恒定温度。

用精密温度计测量折光仪流出水的温度。测定前，将棱镜可移动部分下降至水平位置，先用软布，再用溶剂润湿的棉花球擦净棱镜表面，让其自然干燥。

按照折光仪操作说明书的操作步骤进行测定，读取折射率（精确至0.0001），并记下折光仪棱镜的温度。

测定结束后，立即用软布，再用溶剂润湿的棉花球擦净棱镜表面，让其自然干燥。

测定折射率两次以上，计算三次测定结果的算术平均数作为测定结果。

五、结果计算

如果测定温度 t_1 与参照温度 t 之间差异小于3℃，按下式计算在参照温度 t 下的折射率 n_D^t：

$$n_D^t = n_D^{t_1} + (t_1 - t)F$$

式中 t_1——测定温度，℃；

t——参照温度（精密温度计测量折光仪流出水的温度），℃；

F——校正系数，当 $t=20$℃时，$F=0.00035$；当 $t=40$℃、50℃、60℃时，$F=0.00036$；当 $t=80$℃或80℃以上时，$F=0.00037$。

如果测定温度 t_1 与参照温度 t 之间差异等于或大于3℃时，重新进行测定。测定结果取至小数点后第4位。

D. 味精纯度的测定

一、实验目的

通过该实验熟悉旋光仪的使用。

二、实验原理

谷氨酸钠分子结构中含有一个不对称碳原子，具有光学活性，能使偏振光面旋转一定角度，因此可用旋光仪测定旋光度，根据旋光度换算谷氨酸钠的含量。

三、仪器与药品

旋光仪（精度±0.01°，备有钠光灯，钠光谱D线589.3nm）、温度计、浓盐酸。

四、实验步骤

① 称取试样10g（精确至0.0001g），加少量水溶解并转移至100mL容量瓶中，加盐酸20mL，混匀并冷却至20℃，定容并摇匀。

② 旋光计零点校正。在20℃，用标准旋光角校正仪器。

③ 测定。用少量上述样品溶液洗涤旋光管三次，然后将样品溶液置于旋光管中（不得有气泡），用干布擦干旋光管，放入装好样品的旋光管，观测其旋光度，同时记录旋光管中试样液的温度。

五、结果计算

样品中谷氨酸钠含量按下式计算，其数值以%表示。

$$X_2 = \frac{\frac{\alpha}{Lc}}{25.16 + 0.047(20 - T)} \times 100$$

式中 X_2——样品中谷氨酸钠含量，%；

α——实测试样液的旋光度，(°)；

L——旋光管长度（液层厚度），dm；

c——1mL 试样液中含谷氨酸钠的质量，g/mL；

25.16——谷氨酸钠的比旋光度，$[\alpha]_D^{20}$；

0.047——温度校正系数；

T——测定时试液的温度，℃。

计算结果保留至小数后第一位。

E. 瓶装啤酒二氧化碳含量的测定

一、实验目的

掌握 CO_2 检压计的使用方法。

二、实验原理

根据亨利定律，在 25℃时用二氧化碳压力测定仪测出试样的总压力、瓶颈空气体积和瓶颈空容体积，然后计算出啤酒中 CO_2 含量。

三、仪器和试剂

1. 仪器

二氧化碳测定仪（压力表的分度值为 0.01MPa）、分析天平（感量为 0.1g）、记号笔。

2. 试剂

氢氧化钠溶液（400g/L）。

四、实验步骤

1. 仪器的准备

将二氧化碳测定仪的三个组成部分之间用胶管或塑料管接好，在碱液水准瓶和刻度吸管中装入氢氧化钠溶液，用水或氢氧化钠溶液（也可以使用瓶装酒）完全顶出连接刻度吸收管与穿孔装置之间胶管的空气。

2. 试样的准备

取瓶装酒样置于 25℃水浴中恒温 30min。

3. 测压表

将试样酒瓶置于穿孔装置下穿孔。用手摇动酒瓶直至压力表指针达到最大恒定值，记录读数（表压）。

4. 测瓶颈空气

慢慢打开穿孔装置的出口阀，让瓶内气体缓缓流入吸收管，当压力表指示降至零时，立即并闭出口阀，倾斜摇动吸收管，直至气体体积达到最小恒定值。调整水准瓶，使之静压相等，从刻度吸收管上读取气体压力。

5. 测瓶颈空容

在测定前，先在酒的瓶壁上用记号笔标出酒的液面。测定后，用水将酒瓶装满至标记处，用 100mL 量筒量取 100mL 水后倒入试样瓶至满瓶口，读取从量筒倒出水的体积。

五、结果计算

$$X=\left(P-0.101\times\frac{V_2}{V_1}\right)\times1.40$$

式中 X——样品中二氧化碳的质量分数，%；

P——绝对压力（表压+0.101），MPa；

V_1——瓶颈空容（听顶空容）体积，mL；

V_2——瓶颈空气体积，mL；

1.40——25℃、1MPa 压力时，100g 试样中溶解二氧化碳的质量，g。

六、说明及注意事项

使用检压计时，要剧烈摇动样品，使气压值稳定；检测结束时，要先打开放气阀卸压，再取下样品瓶。该测定方法为 GB/T 4928—2008 啤酒分析方法规定的方法之一。

实验三　全脂乳粉中水分含量的测定

一、实验目的

1. 熟练掌握烘箱的使用、天平称量、恒量等基本操作。

2. 学习和掌握常压干燥法测定水分的原理及操作要点。

3. 掌握常压干燥法测定全脂乳粉中水分的方法和操作技能。

二、实验原理

利用食品中水分的物理性质，在压力 101.3kPa、温度 101～105℃下采用挥发方法测定样品中干燥减失的质量，包括吸湿水、部分结晶水和该条件下能挥发的物质，再通过干燥前后的称量数值计算出水分的含量。

本标准中直接干燥法适用于在 101～105℃下，不含或含其他挥发性物质甚微的谷物及其制品、水产品、豆制品、乳制品、肉制品及卤菜制品等食品中水分的测定，不适用于水分含量小于 0.5g/100g 的样品。

三、仪器和试剂

扁形铝制或玻璃制称量瓶；电热恒温干燥箱；干燥器（内附有效干燥剂）；天平（感量为 0.1mg）。全脂乳粉。

四、实验步骤

取洁净铝盒或扁形称量瓶，置于 101.3kPa、101～105℃干燥箱中，瓶盖斜支于瓶边，加热 0.5～1.0h，取出，盖好，置干燥器内冷却 0.5h，称量，并重复干燥至恒重。称取 2～10g 试样（精确至 0.0001g）奶粉样品，放入此称量瓶中，样品厚度约 5mm。加盖，精密称量后，置 101～105℃干燥箱中，瓶盖斜支于瓶边，干燥 2～4h 后，盖好取出，放入干燥器内冷却 0.5h 后称量。然后放入（100±5）℃干燥箱中干燥 1h 左右，取出，放干燥器内冷却 0.5h 后再称量。直至前后两次质量差不超过 2mg，即为恒重。

五、结果处理

1. 实验记录

称量瓶的质量/g	称量瓶加奶粉的质量/g	称量瓶加奶粉干燥后的质量/g

2. 结果计算

$$X_1=\frac{m_1-m_2}{m_1-m_3}\times 100$$

式中　X_1——样品中水分的含量，g/100g；

m_1——称量瓶和样品的质量，g；

m_2——称量瓶和样品干燥后的质量，g；

m_3——称量瓶的质量，g。

六、说明及注意事项

1. 恒量是指两次烘烤称量的质量差不超过规定的质量，一般不超过 2mg。

2. 本法测得的水分包括微量的芳香油、醇、有机酸等挥发性物质。

实验四 面粉中灰分含量的测定

一、实验目的

1. 进一步熟练掌握高温电炉的使用方法，坩埚的处理、样品炭化、灰化、天平称量、恒重等基本操作技能。

2. 学习和了解直接灰化法测定灰分的原理及操作要点。

3. 掌握面粉中灰分的测定方法和操作技能。

二、实验原理

一定质量的食品在高温下经灼烧后，去除了有机质所残留的无机物质称为灰分。样品质量发生了改变，根据样品的失重，即可计算出总灰分的含量。

三、仪器和试剂

高温电炉、瓷坩埚、坩埚钳、分析天平、干燥器、面粉。

四、实验步骤

1. 取大小适宜的石英坩埚或瓷坩埚置高温电炉中，在（575±25）℃下灼烧 0.5h，冷至 200℃以下取出，放入干燥器中冷至室温，精密称量，并重复灼烧至恒重。

2. 加入 2～3g 面粉后，准确称量。

3. 样品先以小火加热，使样品充分炭化至无烟，然后置高温电炉中，在 550℃±25℃灼烧 4h。直至炭粒全部消失，待温度降至 200℃左右，取出坩埚，放入干燥器中冷却至室温，准确称量。再灼烧、冷却、称量，直至达到恒重，若后一次质量增加时，则取前一次质量计算结果。重复灼烧至前后两次称量相差不超过 0.5mg 为恒重。

五、结果处理

1. 实验记录

坩埚质量/g	坩埚加样品的质量/g	坩埚加灰分的质量/g

2. 结果计算

$$X=\frac{m_1-m_2}{m_3-m_2}\times 100$$

式中 X——样品中灰分的含量；

m_1——空坩埚和灰分的质量，g；

m_2——空坩埚的质量，g；

m_3——坩埚和样品的质量，g。

试样中灰分含量≥10g/100g 时（试样称样量为 2～3g），保留三位有效数字；试样中灰分含量＜10g/100g 时（试样称样量为 3～10g），保留两位有效数字。

精密度：在重复性条件下获得的两次独立测定结果的绝对差值不得超过算术平均值的5%。

六、说明及注意事项

1. 为加快灰化过程，缩短灰化周期，可向灰化的样品中加入纯净疏松的物质，如乙酸铵或等量的乙醇等。

2. 炭化时若发生膨胀，可滴橄榄油数滴，炭化时应先用小火，避免样品溅出。

3. 试样粉碎细度不宜过细，且样品在坩埚内不得放得很紧，炭化要缓慢进行，温度要逐渐升高氧化，以免氧化不足或试样被气流吹逸，同时也会引起磷、硫的损失。

4. 灼烧完毕后先将高温炉电源关闭，打开炉门，待温度降至300℃左右方能取出坩埚。取出时须在炉口稍加冷却，否则坩埚容易因骤冷而破裂。

实验五　乳及乳制品酸度的测定

一、实验目的

1. 进一步熟悉及规范滴定操作。

2. 了解碱滴定法测定乳及乳制品酸度的原理及操作要点。

3. 掌握乳及乳制品酸度的测定方法和操作技能。

二、实验原理

1. 酸碱滴定法

(1) 原理　准确吸取一定量鲜乳注入250mL锥形瓶中，用20mL中性蒸馏水稀释，再加入几滴酚酞指示剂，小心混匀后用0.1mol/L氢氧化钠标准溶液滴定，时时摇动，直至微红色在1min内不消失为止。

(2) 仪器和试剂　碱式滴定管、250mL锥形瓶、$\rho=5g/L$酚酞指示剂、0.1mol/L氢氧化钠标准溶液。

(3) 实验步骤　准确吸取10mL鲜乳注入250mL锥形瓶中，用20mL中性蒸馏水稀释，再加入$\rho=5g/L$酚酞指示剂0.5mL，小心混匀后用0.1mol/L氢氧化钠标准溶液滴定，乘以10即为牛乳的酸度（°T）。

(4) 结果处理　将滴定时所消耗的标准溶液的体积乘以10即为牛乳的酸度（°T）。

2. 酒精试验

(1) 原理　根据牛乳中蛋白质遇到酒精时的凝固特性，来判断牛乳的酸度。

(2) 仪器和试剂　试管、$\varphi=68\%$酒精（应调整至中性）。

(3) 实验步骤　于试管中用等量68%中性酒精与鲜乳混合。

一般用1～2mL或3～5mL酒精与等量鲜乳混合摇匀，如不出现絮片，可认为鲜乳是新鲜的，其酸度不会高于20°T；如出现絮片，即表示酸度较高。牛乳酸度与被酒精所凝固的蛋白质的特征之间的关系如表5-3所示。

(4) 说明及注意事项

① 其他体积分数的酒精也可来代替68%酒精，但要在不同酸度下才能开始产生蛋白质的凝固。对于收乳的标准，应该采用68%、70%或72%中性酒精较适宜。

② 表5-3为牛乳在不同酸度下被68%酒精凝固的牛乳蛋白质特征。表5-4为在各种浓度的酒精中牛乳蛋白质凝固的特征。

3. 煮沸试验

取约10mL牛乳注入试管中。置于沸水浴中5min后。取出观察管壁有无絮片出现或发生凝固现象。如产生絮片或发生凝固，表示牛乳已不新鲜，酸度大于26°T。

实验六　午餐肉中脂肪含量的测定

一、实验目的

1. 学习并掌握酸水解法测定脂肪含量的方法。
2. 学会根据食品中脂肪存在状态及食品组成，正确选择脂肪的测定方法。
3. 掌握用有机溶剂萃取脂肪及溶剂回收的基本操作技能。

二、实验原理

利用强酸在加热条件下将试样水解，使结合或包裹在组织内的脂肪游离出来，再用乙醚提取，回收除去溶剂并干燥后，称量提取物的质量即得游离及结合脂肪总量。

三、仪器和试剂

100mL具塞刻度量筒、恒温水浴（50～80℃）、盐酸、95%乙醇、乙醚、石油醚（30～60℃沸程）。

四、实验步骤

1. 固体样品，样品处理：精确称取午餐肉2.00g，置于50mL大试管内，加8mL水，混匀后再加10mL盐酸。

2. 将试管放入70～80℃水浴中，每隔5～10min用玻璃棒搅拌一次，至样品消化完全为止，约40～50min。

3. 取出试管，加入10mL乙醇，混合。冷却后将混合物移入100mL具塞量筒中，以20mL乙醚分次洗试管，一并倒入量筒中，待乙醚全部倒入量筒后，加塞振摇1min，小心开塞，放出气体，再塞好，静置12min，小心开塞，并用石油醚-乙醚等量混合液冲洗塞及筒口附着的脂肪。静置10～20min，待上部液体清晰，吸出上清液于已恒重的锥形瓶内，再加5mL乙醚于具塞量筒内，振摇，静置后，仍将上层乙醚吸出，放入原锥形瓶内，将锥形瓶置于水浴上蒸干，置（100±5)℃烘箱中干燥2h，取出，放干燥器内冷却0.5h后称重，并重复以上操作至恒重。

五、结果处理

1. 数据记录

接收瓶质量/g	脂肪加瓶质量/g	午餐肉中脂肪的含量/g

2. 结果计算

$$X=\frac{m_1-m_0}{m_2}\times 100$$

式中　X——样品中脂肪的含量，g/100g；

m_1——接收瓶和脂肪的质量，g；

m_0——接收瓶的质量，g；

m_2——样品的质量，g。

六、说明及注意事项

1. 本法适用于各类食品中的脂肪的测定，特别是对于样品易吸湿，不能使用索氏提取法时，本法效果较好。

2. 样品加热、加酸水解，可使结合脂肪游离，故本法测定食品中的总脂肪，包括结合脂肪和游离脂肪。

3. 水解时，注意防止水分大量损失，以免使酸度过高。

实验七　水果硬糖中还原糖的测定

一、实验目的

1. 进一步巩固和规范氧化还原滴定操作。
2. 理解还原糖测定原理及操作要点。
3. 掌握水果硬糖中还原糖测定的操作技能。
4. 学会控制反应条件，掌握提高还原糖测定精密度的方法。

二、实验原理

样品经去除蛋白质后，在加热条件下，直接滴定标定过的碱性酒石酸铜溶液，还原糖将二价铜还原为氧化亚铜。以亚甲基蓝作指示剂，在终点稍过量的还原糖将蓝色的氧化型亚甲基蓝还原为无色的还原型亚甲基蓝。最后根据样品液消耗体积，计算还原糖量（用还原糖标准溶液标定碱性酒石酸铜溶液）。

三、仪器和试剂

（1）酸式滴定管、可调式电炉（带石棉板）。

（2）碱性酒石酸铜甲液　称取 15.00g 硫酸铜（$CuSO_4 \cdot 5H_2O$）及 0.05g 亚甲基蓝，溶于水中并稀释至 1000mL。

（3）碱性酒石酸铜乙液　称取 50.00g 酒石酸钾钠及 75g 氢氧化钠，溶于水中，再加入 4g 亚铁氰化钾，完全溶解后，用水稀释至 1000mL，储存于橡胶塞玻璃瓶中。

（4）盐酸。

（5）葡萄糖标准溶液　精确称取 1.0000g 经过（99±1)℃干燥至恒重的纯葡萄糖，加水溶解后加入 5mL 盐酸，并以水稀释至 1000mL。此溶液每毫升相当于 1.0mg 葡萄糖。

四、实验步骤

（1）样品处理　准确称取 1g 样品置于 250mL 容量瓶中加水溶解定容，摇匀，即为样液。

（2）标定碱性酒石酸铜溶液　吸取碱性酒石酸铜甲液、乙液各 5.00mL，置于 150mL 锥形瓶中，加水 10mL，加入玻璃珠 2 粒，从滴定管滴加约 9mL 葡萄糖标准溶液，控制在 2min 内加热至沸，趁沸以 1 滴/2s 的速度继续滴加葡萄糖标准溶液或其他还原糖标准溶液，直至溶液蓝色刚好褪去为终点，记录消耗葡萄糖或其他还原糖标准溶液的总体积，同时平行操作 3 份，取其平均值，计算每 10mL（甲、乙液各 5mL）碱性酒石酸铜溶液相当于葡萄糖的质量或其他还原糖的质量（mg）。

$$m_1=V_1m_2$$

式中　m_1——还原糖（以葡萄糖计）的质量，mg；

V_1——平均消耗还原糖标准溶液的体积，mL；

m_2——1mL 还原糖标准溶液相当于还原糖的质量，mg。

（3）样品液预测　吸取 5.00mL 碱性酒石酸铜甲液及 5.00mL 乙液，置于 150mL 锥形瓶中，加水 10mL，加入玻璃珠 2 粒，控制在 2min 内加热至沸，趁沸以先快后慢的速度从滴定管中滴加样品溶液，并保持溶液沸腾状态，待溶液颜色变浅时，以 1 滴/2s 的速度滴定，直至溶液蓝色刚好褪去为终点，记录样液消耗体积（样品中还原糖浓度根据预测加以调节，以 0.1g/100g 为宜，即控制样液消耗体积在 10mL 左右，否则误差大）。

(4) 样品溶液的测定　吸取 5.00mL 碱性酒石酸铜甲液及 5.00mL 乙液，置于 150mL 锥形瓶中，加水 10mL，加入玻璃珠 2 粒，从滴定管加比预测体积少 1mL 的样品溶液，控制在 2min 内加热至沸，趁沸继续以 1 滴/2s 的速度滴定，直至蓝色刚好褪去为终点，记录样液消耗体积。同法平行操作 3 次，求平均消耗体积。

五、结果处理

1. 数据记录

标定 10mL 碱性酒石酸铜液消耗葡萄糖液用量/mL				10mL 碱性酒石酸铜溶液相当葡萄糖液的质量/mg		测定时消耗样品溶液的量/mL			
1	2	3	平均			1	2	3	平均

2. 结果计算

$$w=\frac{\rho_2}{m\times\frac{V}{250}\times1000}\times100\%$$

式中　w——还原糖（以葡萄糖计）的质量分数，%；

m——样品质量，g；

V——测定时平均消耗样液的体积，mL；

ρ_2——10mL 碱性酒石酸铜溶液相当于葡萄糖的质量，mg；

250——样液的总体积，mL。

六、说明及注意事项

本法对滴定操作条件要求很严。对碱性酒石酸铜溶液的标定，样品液必须预测，样品液测定的操作条件与预测条件均应保持不变。

实验八　熟肉制品中淀粉的测定

一、实验目的

1. 了解重量法测定淀粉的原理及操作要点。

2. 掌握重量法测定淀粉的基本操作技能。

二、实验原理

把样品与氢氧化钾酒精溶液共热，使蛋白质、脂肪溶解，而淀粉和粗纤维不溶解。过滤后，用氢氧化钾水溶液溶解淀粉，使之与粗纤维分离，然后用醋酸酸化的乙醇使淀粉重新沉淀，过滤后把沉淀于 100℃烘干至恒重，再于 550℃灼烧至恒重，灼烧前后质量之差即为淀粉的含量。

三、仪器和试剂

1. 仪器

(1) 25mL 古氏坩埚或 G_4 垂融坩埚。

（2）烘箱。

（3）电热恒温水浴锅。

2. 试剂

（1）KOH（固体）。

（2）95%酒精。

（3）2mol/L 氢氧化钾溶液。

（4）醋酸酸化乙醇（1L 90%乙醇中加 5mL 冰醋酸）。

（5）乙醚。

四、实验步骤

称取 10g 捣碎并混合均匀的样品，置于 400mL 烧杯中，加入 150mL 氢氧化钾酒精溶液（50g KOH 溶于 1000mL95%酒精中），盖上表面皿，置沸水浴中加热并不断用玻璃棒搅拌，加热至肉完全溶解（30min 左右），用滤纸过滤，用氢氧化钾酒精溶液洗涤沉淀和滤纸 3 次，每次 20mL。移沉淀于烧杯中，加 10mL 2mol/L 氢氧化钾溶液和 60mL 水，加热至淀粉溶解，将溶液用棉花塞滤入 100mL 容量瓶中，水洗烧杯，洗液通过棉花塞滤入容量瓶中，冷却后定容。吸取 10mL 滤液（含淀粉 20mg 以上）于 400mL 烧杯中，加入 75mL 30～40℃的醋酸酸化乙醇，搅拌后盖以表面皿，放置过夜。用干燥至恒重的古氏坩埚过滤，以醋酸酸化乙醇洗涤沉淀，再以乙醚洗涤坩埚及内容物。坩埚于 100℃烘干至恒重，再于 550℃灼烧至恒重。

五、结果计算

$$\text{淀粉}=\frac{(m_1-m_2)\times 100}{mV}\times 100\%$$

式中 m_1——坩埚和内容物干燥后的质量，g；

m_2——坩埚和内容物灼烧后的质量，g；

m——样品质量，g；

V——测定时取样液量，mL；

100——样液总量，mL。

六、说明及注意事项

1. 本法是北欧食品分析委员会的标准方法。

2. 测定肉制品中淀粉也可以采用容量法。即把样品与氢氧化钾共热，使样品完全溶解，再加入乙醇使淀粉析出，经乙醇洗涤后加酸水解为葡萄糖，然后按测定还原糖的方法测定葡萄糖含量，再换算为淀粉含量。此方法没把淀粉与其他多糖分离开，如果在水解条件下这些多糖也能水解为还原糖，将产生正误差。

3. 该法适用于蛋白质、脂肪含量较高的熟肉制品，如午餐肉、灌肠等食品中淀粉的测定。结果准确，但操作时间较长。

实验九　果蔬中膳食纤维的测定

一、实验目的

1. 了解果蔬中膳食纤维测定的基本原理及操作要点。

2. 掌握果蔬中膳食纤维测定的基本操作技能。

二、实验原理

在中性洗涤剂的消化作用下，样品中的糖、淀粉、蛋白质、果胶等物质被溶解除去，不能消化的残渣为不溶性膳食纤维，主要包括纤维素、半纤维素、木质素、角质和二氧化硅等，并包括不溶性灰分。残渣经烘干，即得到中性洗涤纤维（不溶性膳食纤维）。

三、仪器和试剂

1. 仪器

（1）实验室常用设备。

（2）烘箱　110～130℃。

（3）恒温箱　(37±2)℃。

（4）纤维测定仪。

（5）如没有纤维测定仪，可由下列部件组成。

① 电热板：带控温装置。

② 高型无嘴烧杯：600mL。

③ 坩埚式耐酸玻璃滤器：容量 60mL，孔径 40～60μm。

④ 回流冷凝装置。

⑤ 抽滤装置：由抽滤瓶、抽滤架、真空泵组成。

（6）提取装置　由带冷凝器的 300mL 锥形瓶和可将 100mL 水在 5～10min 内由 25℃升温到沸腾的可调电热板组成。

2. 试剂

实验用水为蒸馏水。试剂不加说明为分析纯试剂。

（1）无水亚硫酸钠。

（2）石油醚　沸程 30～60℃。

（3）丙酮。

（4）甲苯。

（5）中性洗涤剂溶液　将 18.61g EDTA 二钠盐和 6.81g 硼酸钠（含 $10H_2O$）置于烧杯中，加水约 150mL，加热使之溶解，将 30g 月桂基硫酸钠（化学纯）和 10mL 乙二醇单乙醚（化学纯）溶于约 700mL 热水中，合并上述两种溶液，再将 4.56g 无水磷酸氢二钠溶于 150mL 热水中，再并入上述溶液中，用磷酸调节上述混合液至 pH=6.9～7.1，最后加水至 1000mL。

（6）磷酸盐缓冲液（pH=7）　由 38.7mL 0.1mol/L 磷酸氢二钠和 61.3mL 0.1mol/L 磷酸二氢钾混合而成。

（7）2.5% α-淀粉酶溶液　称取 2.5g α-淀粉酶（美国 Sigma 公司，VI-A 型，产品号 6880）溶于 100mL、pH=7 的磷酸盐缓冲溶液中，离心，过滤，滤过的酶液备用。

（8）耐热玻璃棉（耐热 130℃，美国 Corning 玻璃厂出品，PYPEX 牌。其他牌号也可，只需耐热并不易折断的玻璃棉）。

四、实验步骤

1. 样品的采集和处理

蔬菜及其他植物性食物：取其可食部分，用水冲洗 3 次后，用纱布吸去水滴，切碎，取混合均匀的样品于 60℃烘干，称重，磨粉，过 20～30 目筛，备用。

2. 样品测定

（1）准确取样 1.00g 置高型无嘴烧杯中，如样品脂肪含量超过 10%，需先去除脂肪，即样品1.00g，用石油醚（30～60℃）提取3次，每次10mL。

（2）加100mL中性洗涤剂溶液，再加0.5g无水亚硫酸钠。

（3）电炉加热，5～10min内使其煮沸，移至电热板上，保持微沸1h。

（4）于耐酸玻璃滤器中铺1～3g玻璃棉，移至110℃烘箱内烘4h，取出置干燥器中，冷至室温，称量，得m_0（准确至小数点后4位）。

（5）将煮沸后的样品趁热倒入滤器，用水泵抽滤。用500mL热水（90～100℃）分数次洗烧杯及滤器，抽滤至干。洗净滤器下部的液体和泡沫，塞上橡皮塞。

（6）于滤器中加酶液，液面需覆盖纤维，用细针挤压掉其中气泡，加数滴甲苯（防腐），上盖表面皿，置37℃±2℃恒温箱中过夜。

（7）取出滤器，除去底部塞子，抽去酶液，并用300mL热水分数次洗去残留酶液，用碘液检查是否有淀粉残留，如有残留，继续加酶水解，如淀粉已除尽，抽干，再以丙酮洗2次。

（8）将滤器置110℃烘箱中烘4h，取出置干燥器中，冷至室温，称量，得m_1（准确至小数点后4位）。

五、结果处理

$$\text{中性洗涤纤维(NDF)含量}=\frac{m_1-m_0}{m}\times 100\%$$

式中 m_0——玻璃过滤器质量，g；

m_1——玻璃过滤器和残渣质量，g；

m——样品质量，g。

六、说明及注意事项

1. 中性洗涤纤维相当于植物细胞壁，它包括了样品中全部的纤维素、半纤维素、木质素、角质，因为这些成分是膳食纤维中不溶于水的部分，故又称为“不溶性膳食纤维”。由于食品中可溶性膳食纤维（来源于水果的果胶、某些豆类种子中的豆胶、海藻的藻胶、某些植物的黏性物质等可溶于水，称为水溶性膳食纤维）含量较少，所以中性洗涤纤维接近于食品中膳食纤维的真实含量。

2. 这里介绍的是美国谷物化学家协会（AACC）审批的方法。

3. 样品粒度对分析结果影响较大，颗粒过粗时结果偏高，而过细时又易造成滤板孔眼堵塞，使过滤无法进行。一般采用20～30目为宜，过滤困难时，可加入助剂。

4. 测定结果中包含灰分，可灰化后扣除。

5. 中性洗涤纤维测定值高于粗纤维测定值，且随食品种类的不同，两者的差异也不同，实验证明，粗纤维测定值占中性洗涤纤维测定值的百分比：谷物为13%～27%；干豆类为35%～52%；果蔬为32%～66%。

6. 结果的重复性：同一实验室平行测定或重复测定结果相对偏差绝对值不大于5%。

7. 在样品测定中可加入消泡剂（十氢化萘、正辛醇）。

实验十　豆乳饮料中蛋白质含量的测定

一、实验目的

1. 了解常量凯氏定氮法的原理及操作要点。

2. 掌握常量凯氏定氮法中样品的消化、蒸馏、吸收等基本操作步骤；熟练掌握滴定操作。

二、实验原理

蛋白质为含氮有机物。食品与硫酸和催化剂一同加热消化，使蛋白质分解，其中C、H形成CO_2及H_2O逸去，分解的氨与硫酸结合成硫酸铵，然后碱化蒸馏使氨游离，用硼酸吸收后，再以硫酸或盐的标准溶液滴定，根据酸的消耗量乘以换算系数，即为蛋白质的含量。

三、仪器和试剂

全套凯氏定氮装置。

所有试剂均用不含氮的蒸馏水配制。

(1) 硫酸铜。

(2) 硫酸钾。

(3) 硫酸。

(4) 混合指示液　1份1g/L甲基红乙醇溶液与5份1g/L溴甲酚绿乙醇溶液，临用时混合。也可用2份1g/L甲基红乙醇溶液与1份1g/L亚甲基蓝乙醇溶液，临用时混合。

(5) 氢氧化钠溶液（400g/L）。

(6) 硼酸溶液（20g/L）。

(7) 标准滴定溶液　0.0500mol/L（$1/2H_2SO_4$）标准溶液或HCl标准溶液。

四、实验步骤

1. 吸取20.00mL豆乳样品（相当于氮30～40mg），小心移入已干燥的500mL定氮瓶中，加入0.5g硫酸铜、10g硫酸钾及20mL硫酸，稍摇匀后，于瓶口放一小漏斗，将瓶以45°斜支于有小圆孔的石棉网上，小心加热，待内容物全部炭化，泡沫完全停止后，加强火力，并保持瓶内液体沸腾（微沸），至液体呈蓝色澄清透明后，再继续加热0.5h，放冷，小心加入200mL水，再放冷，连接已准备好的蒸馏装置上，塞紧瓶口，冷凝管下端插入接收瓶液面下，接收瓶内盛有（20g/L）硼酸溶液50mL及2～3滴混合指示液。

2. 放松节流夹，通过漏斗倒入70～80mL（400g/L）氢氧化钠溶液，并振摇定氮瓶，至内容物转为深蓝色或产生褐色沉淀，再倒入100mL水，夹紧节流夹，加热蒸馏，至氨被完全蒸出。停止加热前，先将接收瓶放下少许，使冷凝管下端离开液面，再蒸馏1min，然后停止加热，并用少量水冲洗冷凝管下端外部，取下接收瓶。

3. 以0.05mol/L硫酸或盐酸标准溶液滴定至灰色为终点。同时做试剂空白试验。

五、结果处理

1. 结果记录

盐酸标准溶液浓度/(mol/L)			样品滴定耗盐酸量/mL			空白滴定耗盐酸量/mL		
			1	2	平均	1	2	平均

2. 结果计算

$$w=\frac{c(V_1-V_2)\times\frac{M}{1000}}{m}\times F\times 100\%$$

式中　w——蛋白质的质量分数；

c——HCl 标准溶液的浓度；

V_1——滴定样品吸收液时消耗盐酸标准溶液体积，mL；

V_2——滴定空白吸收液时消耗盐酸标准溶液体积，mL；

m——样品质量，g；

M——氮的摩尔质量，14.01g/mol；

F——氮换算为蛋白质的系数。

六、说明及注意事项

1. 消化过程应注意转动凯氏烧瓶，利用冷凝酸液将附着在瓶壁上的炭粒冲下，以促进消化完全。

2. 样品含脂肪或糖较多时，易产生泡沫，可加入少量正辛醇或液体石蜡，或硅消泡剂，防止其溢出瓶外，并注意适当控制热源强度。

3. 硫酸铜起到催化作用，加速氧化分解。同时也是蒸馏时样品液碱化的指示剂，若所加碱量不足，分解液呈现蓝色，不生成氢氧化铜沉淀，需再增加氢氧化钠用量。

4. 蒸馏终点的确定对测定样品含量的准确程度影响很大，一般样品馏出液超过 250mL，氮可完全蒸出。蒸馏过程应注意接口处有无松漏现象，蒸馏完毕，先将蒸馏出口离开液面，继续蒸馏 1min，将附着在尖端的吸收液完全洗入吸收瓶内，再将吸收瓶移开，最后关闭电源，绝不能先关闭电源，否则吸收液将发生倒吸。

实验十一　酱油中氨基酸态氮含量的测定

一、实验目的

1. 学习及掌握电位滴定法测氨基酸态氮的基本原理及操作要点。

2. 学会电位滴定法的基本操作技能。

二、实验原理

氨基酸含有羧基和氨基，利用氨基酸的两性作用，加入甲醛固定氨基的碱性，使羧基显示出酸性，用氢氧化钠标准溶液滴定后进行定量，以酸度计测定终点。

三、仪器和试剂

1. 仪器

酸度计、磁力搅拌器、10mL 微量滴定管。

2. 试剂

（1）36%甲醛溶液。

（2）0.050mol/L 氢氧化钠标准溶液。

四、实验步骤

准确吸取酱油 5.0mL 置于 100mL 容量瓶中，加水至刻度，混匀后吸取 20.0mL，置于 200mL 烧杯中，加水 60mL，插入酸度计的指示电极和参比电极，开动磁力搅拌器，用 0.05mol/L NaOH 标准溶液滴定至酸度计指示 pH=8.2，记录用去氢氧化钠标准溶液的体积（按总酸计算公式，可以算出酱油的总酸含量）。

向上述溶液中，准确加入甲醛溶液 10mL，混匀。继续用 0.05mol/L NaOH 标准溶液滴定至 pH=9.2，记录用去氢氧化钠标准溶液的体积，供计算氨基酸态氮含量用。

试剂空白试验：取水 80mL，先用 0.05mol/L 氢氧化钠标准溶液滴定至 pH=8.2（记录用去氢氧化钠标准溶液的体积，此为测总酸的试剂空白试验）。再加入 10mL 甲醛溶液，继续用 0.05mol/L NaOH 标准溶液滴定至酸度计指示 pH=9.2。第二次所用氢氧化钠标准溶液体积为测定氨基酸态氮的试剂空白试验。

五、结果处理

1. 结果记录

项　　目	加甲醛前 NaOH 量/mL	加甲醛后 NaOH 量/mL	NaOH 标准溶液浓度/(mol/L)
1			
2			
3			
平均			
空白滴定			

2. 结果计算

$$\rho=\frac{(V_1-V_2)c\times 0.0141}{5\times\left(\frac{V_3}{100}\right)}\times 100$$

式中　ρ——样品中氨基酸态氮的含量，g/100mL；

V_1——测定用的样品稀释液加入甲醛后消耗氢氧化钠标准溶液的体积，mL；

V_2——试剂空白试验加入甲醛后消耗氢氧化钠标准溶液的体积，mL；

V_3——样品稀释液取用量，mL；

c——NaOH 标准溶液的浓度，mol/L；

0.0141——1.000mol/L 氢氧化钠标准溶液相当的氮的质量，g。

六、说明及注意事项

1. 酱油中的游离氨基酸有 18 种，其中谷氨酸和天冬氨酸占的比例最多，这两种氨基酸含量越高，酱油的鲜味越强，故氨基酸态氮含量不仅反映了质量的好坏，而且也是鲜味程度的指标。

2. 酱油中的铵盐影响氨基酸态氮的测定，可使氨基酸态氮测定结果偏高。因此要同时测定铵盐，将氨基酸态氮的结果减去铵盐的结果比较准确。

3. 本法准确快速，可用于各类样品游离氨基酸含量的测定。

实验十二　新鲜果蔬中维生素含量的测定

一、实验目的

1. 学习及了解 2,4-二硝基苯肼比色法测定总抗坏血酸的原理及操作要点。

2. 了解可见-紫外分光光度计的工作原理，学会使用可见-紫外分光光度计。

3. 能够熟练绘制标准曲线。

二、实验原理

总抗坏血酸包括还原型、脱氢型和二酮古乐糖酸，样品中还原型抗坏血酸经活性炭氧化为脱氢抗坏血酸，再与 2,4-二硝基苯肼作用生成红色脎，根据脎在硫酸溶液中的含量与总抗坏血酸含量成正比，进行比色定量。

本法可用于蔬菜、水果及其制品中总抗坏血酸的测定。

三、仪器和试剂

1. 仪器

可见-紫外分光光度计、捣碎机。

2. 试剂

本实验用水均为蒸馏水。试剂纯度均为分析纯。

(1) 4.5mol/L$\left(\frac{1}{2}H_2SO_4\right)$ 小心加入250mL硫酸（相对密度1.84）于700mL水中，冷却后用水稀释至1000mL。

(2) 硫酸（9+1） 小心将900mL硫酸（相对密度1.84）加入100mL水中。

(3) 20g/L 2,4-二硝基苯肼溶液 溶解2g 2,4-二硝基苯肼于100mL4.5mol/L硫酸中，过滤。不用时储存于冰箱内，每次用前必须过滤。

(4) 20g/L草酸溶液 溶解20g草酸于700mL水中，稀释至1000mL。

(5) 10g/L草酸溶液 稀释500mL 20g/L草酸溶液到1000mL。

(6) 10g/L硫脲溶液 溶解5g硫脲于500mL 10g/L草酸溶液中。

(7) 20g/L硫脲溶液 溶解10g硫脲于500mL 10g/L草酸溶液中。

(8) 1mol/L HCl 取100mL盐酸，加入水中，并稀释至1200mL。

(9) 抗坏血酸标准溶液 溶解100mg纯抗坏血酸于100mL 10g/L草酸中，配成每毫升相当于1mg的抗坏血酸溶液。

(10) 活性炭 将100g活性炭加到750mL 1mol/L盐酸中，回流1～2h，过滤，用水洗数次，至滤液中无铁离子（Fe^{3+}）为止，然后置于110℃烘箱中烘干。

检验铁离子方法：利用普鲁士蓝反应。将20g/L亚铁氰化钾与盐酸（1+99）等量混合，将上述洗出滤液滴入，如有铁离子则产生蓝色沉淀。

四、实验步骤

1. 样品的制备

(1) 鲜样的制备 称100g鲜样和100mL 20g/L草酸溶液，倒入捣碎机中打成匀浆，取10～40g匀浆（含1～2mg抗坏血酸）倒入100mL容量瓶中。用10g/L草酸溶液稀释至刻度，混匀。

(2) 将样液过滤，滤液备用。不易过滤的样品经离心沉淀，将上清液过滤，备用。

2. 氧化处理

取25mL上述滤液，加入2g活性炭，振摇1min，过滤，弃去最初数毫升滤液。取10mL此氧化提取液，加入10mL 20g/L硫脲溶液，混匀。

3. 呈色反应

(1) 于3个试管中各加入4mL样品稀释液，一个试管作为空白，其余试管中加入1.0mL 20g/L 2,4-二硝基苯肼溶液，将所有试管放入（37±0.5)℃恒温箱或水浴中，保温3h。

(2) 3h后取出，除空白管外，将所有试管放入冰水中。空白管取出后使其冷至室温，然后加入1.0mL 20g/L 2,4-二硝基苯肼溶液，在室温中放置10～15min后放入冰水内。其余步骤同样品。

4. 硫酸（9+1）处理

当试管放入冰水中后，向每一试管中加入5mL硫酸（9+1），滴加时间至少需要1min，需边加边摇动试管。将试管自冰水中取出，在室温放置30min后比色。

5. 比色

用1cm比色皿，以空白液调零点，于500nm波长下测吸光度值。

6. 标准曲线绘制

① 加2g活性炭于50mL标准溶液中，摇动1min，过滤，取10mL滤液于500mL容量瓶中，加5.0g硫脲，用10g/L草酸溶液稀释至刻度，抗坏血酸浓度为20μg/mL。

② 取5mL、10mL、20mL、25mL、40mL、50mL、60mL稀释液，分别放入7个100mL容量瓶中，用10g/L硫脲溶液稀释至刻度，使最后稀释液中抗坏血酸的浓度分别为1μg/mL、2μg/mL、4μg/mL、5μg/mL、8μg/mL、10μg/mL、12μg/mL。

③ 按样品测定步骤形成并比色。

五、结果处理

1. 数据记录

比色管号	抗坏血酸量/mL	抗坏血酸浓度/(μg/mL)	吸光值		
			1	2	3
1					
2					
3					
4					
5					
6					
7					
样液					

2. 绘制标准曲线

3. 结果计算

$$X=\frac{\rho V}{m}\times F\times\frac{100}{1000}$$

式中 X——样品中总抗坏血酸含量，mg/100g；

ρ——从标准曲线上查出或从回归方程算出样品氧化液中总抗坏血酸的浓度，mg/mL；

V——试样用10g/L草酸溶液定容的体积，mL；

F——样品氧化处理过程中的稀释倍数；

m——试样质量，g。

实验十三　加锌奶粉中锌含量的测定

一、实验目的

1. 通过实验理解原子吸收分光光度法的基本原理及操作要点。

2. 掌握原子吸收分光光度计的使用方法。

3. 熟悉样品处理及测定过程的基本操作技术。

二、实验原理

样品经处理后导入原子吸收分光光度计中，经原子化后，吸收 213.8nm 的共振线，其吸光度与锌含量成正比，用标准曲线法定量。

三、仪器和试剂

1. 仪器

原子吸收分光光度计。

2. 试剂

(1) 磷酸　1∶10。

(2) 盐酸 (1mol/L)　取 10mL 盐酸加水稀释至 120mL。

(3) 混合酸　硝酸与高氯酸按 3∶1 混合。

(4) 锌标准储备液　精密称取 0.5000g 金属锌 (99.99%) 溶于 10mL 盐酸中，然后于水浴上蒸发至近干，用少量水溶解后移入 1000mL 容量瓶中，用去离子水定容。储于聚乙烯瓶中，此溶液每毫升相当于 0.5g 锌。

(5) 锌标准使用液　吸取 10.0mL 锌标准液于 50mL 容量瓶中，用 0.1mol/L 盐酸定容。此溶液每毫升相当于 100μg 锌。

四、实验步骤

1. 样品处理

加锌奶粉经混匀后，量取 50mL，置于坩埚中，加入 1mL 磷酸 (1+10)，在水浴上蒸干，再小火炭化。然后移入高温炉中，500℃灰化 16h。取出坩埚，冷却后加少量混合酸，小火加热，不使干涸，必要时再加少许混合酸，如此反复处理，直至残渣中无炭粒。待坩埚稍冷，加 10mL 1mol/L 盐酸，溶解残渣并移入 50mL 容量瓶中，再用 1mol/L 盐酸反复洗涤坩埚，洗液并入容量瓶中并稀释至刻度，混匀备用。

取与处理样品相同量的混合酸和 1mol/L 盐酸按同一操作方法做试剂空白试验。

2. 测定

吸取 0.00mL、1.00mL、2.00mL、4.00mL、8.00mL 锌标准使用液，分别置于 50mL 容量瓶中，以 1mol/L 盐酸稀释至刻度，混匀（各容量瓶中含锌的质量分别为 0.0μg、10.0μg、20.0μg、40.0μg、80.0μg）。

将处理后的样液、试剂空白液和各容量瓶中的锌标准液分别导入火焰进行测定。

以吸光度为纵坐标，以 50mL 容量瓶中所含锌的质量为横坐标，绘制 A-m 工作曲线。

3. 测定条件

灯电流 6mA，波长 213.8nm，狭缝 0.38nm，空气流量 10L/min，乙炔流量 2.3L/min，灯头高度 3mm，氘灯背景校正（也可根据仪器型号，调至最佳条件）。

五、结果处理

$$w=\frac{(m_1-m_2)\times10^{-6}}{m}\times100\%$$

式中　w——样品中锌的质量分数；

m_1——测定用样品液中锌含量，μg；

m_2——试剂空白液中锌含量，μg；

m——样品质量，g。

实验十四　蜜饯中山梨酸含量的测定

一、实验目的

1. 学习及了解高效液相色谱仪的工作原理及操作要点。

2. 掌握高效液相色谱法测定山梨酸的原理及方法。

3. 了解高效液相色谱仪工作条件的选择方法。

4. 学会使用高效液相色谱仪及识别色谱图。

二、实验原理

样品加温除去二氧化碳和乙醇后，调 pH 至中性，经微孔滤膜过滤后直接注入高效液相色谱仪，经反向色谱分离后，根据保留时间和峰面积进行定性和定量。

三、仪器和试剂

1. 仪器

高效液相色谱仪、紫外检测器（230nm）、超声波清洗器。

2. 试剂

（1）甲醇　优级纯。

（2）乙酸钠溶液（0.02mol/L）　称取 1.54g 乙酸铵，加水溶解至 1000mL，经滤膜（0.45μm）过滤。

（3）苯甲酸标准储备溶液　称取 0.1000g 苯甲酸，放入 100mL 容量瓶中，加 20g/L 碳酸氢钠溶液 5mL，加热搅拌使溶解，加水定容至 100mL，即得 1mg/mL 溶液。

（4）山梨酸标准储备溶液　称取 0.1000g 山梨酸，放 100mL 容量瓶中，加 20g/L 碳酸氢钠溶液 5mL，加热搅拌使溶解，加水定容至 100mL，即得 1mg/mL 溶液。

（5）糖精钠标准储备溶液　称取 0.0851g 经 120℃烘 4h 后的无水糖精钠，用水溶解后逐次转入 100mL 容量瓶中，加水定容至 100mL，即得 1mg/mL 溶液。

（6）苯甲酸、山梨酸、糖精钠混合标准溶液　吸取苯甲酸、山梨酸、糖精钠标准储备溶液各 10.0mL，放入 100mL 容量瓶中，加水至 100mL，此溶液含苯甲酸、山梨酸、糖精钠各 0.1mg/mL。经滤膜（0.45μm）过滤。

四、实验步骤

1. 样品预处理

将蜜饯去核粉碎后取 5.0～10.0g，用氨水（1＋1）调 pH 约 7，加水定容至 10～20mL，离心沉淀，上清液经滤膜（0.45μm）过滤，滤液用作 HPLC 分析。

2. 高效液相色谱条件

色谱柱：RADIAL PAK NBONDAPAK C_{18} 8mm×10cm 粒径 10μm 或国产 YWG-C_{18} 4.6mm×250mm 10μm 不锈钢柱。

流动相：甲醇-0.02mol/L 乙酸铵溶液（5＋95）。

流速：1.0～1.2mL/min。

进样量：10μL。

检测器：紫外检测器（230nm）。

灵敏度：0.2AUFS。

根据保留时间定性，外标峰面积法定量。

五、结果处理

1. 数据记录

项　目	苯　甲　酸	山　梨　酸	糖　精　钠	测定波长/nm
标准溶液浓度/(μg/L)	0.1	0.1	0.1	230
保留时间				
峰面积				

2. 结果计算

$$w=\frac{m_1\times10^{-6}}{m\times\frac{V_2}{V_1}}$$

式中　w——样品中苯甲酸（山梨酸、糖精钠）的质量分数；

m_1——进样体积中苯甲酸（山梨酸、糖精钠）的质量，μg；

V_2——进样体积，mL；

V_1——样品稀释液体积，mL；

m——样品质量，g。

实验十五　咸肉中亚硝酸盐含量的测定

一、实验目的

1. 熟练掌握样品制备、提取的基本操作技能。

2. 进一步学习并熟练掌握分光光度计的使用方法和技能。

3. 学习 *N*-1-萘基乙二胺比色法测定亚硝酸盐的原理及操作要点。

二、实验原理

样品经沉淀蛋白质、去除脂肪后，在弱酸条件下，亚硝酸盐与对氨基苯磺酸重氮化后，再与 *N*-1-萘基乙二胺偶合形成紫红色染料，在 550nm 处有最大吸收，测定吸光度以定量（或与标准比较定量）。

三、仪器和试剂

1. 仪器

分光光度计、小型绞碎机。

2. 试剂

（1）氯化铵缓冲液（pH＝9.6～9.7）　1L 容量瓶中加入 500mL 水，准确加入 20.0mL 盐酸，振摇混匀，准确加入 50mL 氨水，用水稀释至刻度，必要时用稀盐酸和稀氨水调 pH 至所需范围。

（2）硫酸锌溶液［$c(1/2ZnSO_4)=0.42mol/L$］　称取 120g 硫酸锌（$ZnSO_4\cdot7H_2O$），用水溶解并稀释至 1L。

（3）NaOH 溶液（20g/L）　称取 20g 氢氧化钠，用水溶解，稀释至 1L。

（4）对氨基苯磺酸溶液　称取 10g 对氨基苯磺酸，溶于 700mL 水和 300mL 冰醋酸中，置棕色试剂瓶中混匀，室温储存。

（5）盐酸萘乙二胺溶液（别名 *N*-1-萘基乙二胺，1g/L）　称取 0.1g 盐酸萘乙二胺，加

100mL 60%乙酸溶解混匀后，置棕色试剂瓶中，在冰箱储存，1周内稳定。

(6) 显色剂　临用前将1g/L盐酸苯乙二胺和对氨基苯磺酸溶液等体积混合，临用时现配，仅供一次使用。

(7) 亚硝酸钠标准储备溶液　精确称取250.0mg于硅胶干燥器干燥24h的亚硝酸钠，加水溶解移入500mL的容量瓶中，加100mL氯化铵缓冲溶液，加水稀释至刻度，混匀，在4℃避光储存。此溶液每毫升相当于500μg的亚硝酸钠。

(8) 亚硝酸钠标准使用液　准确吸取亚硝酸钠标准储备溶液1.0mL，置100mL容量瓶中，加水稀释至刻度，混匀。临用时现配。此溶液每毫升相当于5μg亚硝酸钠。

四、实验步骤

1. 样品处理

准确称取10.0g经绞碎混匀的咸肉样品，置打碎机中，加70mL水和12mL20g/L氢氧化钠溶液，混匀，测试样品溶液的pH。如样品液呈酸性，用20g/L氢氧化钠调成碱性(pH=8)，定量转移至200mL容量瓶中，加10mL硫酸锌溶液，混匀。如不产生白色沉淀，再补加2～5mL 20g/L氢氧化钠，混匀，在60℃水浴中加热10min，取出，冷至室温，稀释至刻度，混匀。用滤纸过滤，弃去初滤液20mL，收集滤液待测。

2. 亚硝酸盐含量的测定

(1) 亚硝酸盐标准曲线的制备　吸取5μg/mL亚硝酸钠标准使用液0.0mL、0.5mL、1.0mL、2.0mL、3.0mL、4.0mL、5.0mL(相当于0μg、2.5μg、5μg、10μg、15μg、20μg、25μg)，分别置于25mL带塞比色管中，于标准管中分别加入4.5mL氯化铵缓冲液，加2.5mL 60%乙酸后立即加入5.0mL显色剂，用水稀释至刻度，混匀，在暗处放置25min。用1cm比色皿，以空白液调节零点，于波长550nm处测吸光度，绘制标准曲线。

(2) 样品测定　吸取10.0mL样品滤液于25mL带塞比色管中，按(1)“于标准管中分别加入4.5mL氯化铵缓冲液”起依法操作。

五、结果处理

1. 数据记录

比色管号	亚硝酸标准液量/mL	亚硝酸钠含量/(μg/50mL)	吸光度		
			1	2	平均
0	0.00	0			
1	0.50	2.50			
2	1.00	5.00			
3	2.00	10.0			
4	3.00	15.0			
5	4.00	20.0			
6	5.00	25.0			
样液					

2. 绘制标准曲线

以吸光度为纵坐标，亚硝酸钠含量为横坐标绘制标准曲线。

3. 结果计算

$$w=\frac{m_1\times10^{-6}}{m\times(10/200)}$$

式中　w——样品中亚硝酸盐的质量分数；

m——样品的质量，g；

m_1——测定用样液中亚硝酸盐的质量，μg。

实验十六　啤酒中二氧化硫残留量的测定

一、实验目的

1. 学习盐酸副玫瑰苯胺法测定二氧化硫的原理及操作要点。

2. 熟悉分光光度法的基本操作技术。

二、实验原理

在溶液中形成的亚硫酸盐与四氯汞钠反应生成稳定的配合物，再与甲醛及盐酸副玫瑰苯胺作用生成紫红色配合物，与标准系列比较定量。

三、仪器和试剂

1. 仪器

分光光度计。

2. 试剂

(1) 四氯汞钠吸收液　称取 13.6g 氯化汞及 6.0g 氯化钠，溶于水中并稀释至 1000mL，放置过夜，过滤后备用。

(2) 氨基磺酸铵溶液（12g/L）。

(3) 甲醛溶液（2g/L）吸取 0.55mL 无聚合沉淀的甲醛（36%），加水稀释至 100mL，混匀。

(4) 淀粉指示液　称取 1g 可溶性淀粉，用少许水调成糊状，缓缓倾入 100mL 沸水中，随加随搅拌，煮沸，放冷备用。此溶液临用时现配。

(5) 亚铁氰化钾溶液　称取 10.6g 亚铁氰化钾［$K_4Fe(CN)_6 \cdot 3H_2O$］，加水溶解并稀释至 100mL。

(6) 乙酸锌溶液　称取 22g 乙酸锌［$Zn(CH_3COO)_2 \cdot 2H_2O$］溶于少量水中，加入 3mL 冰醋酸，加水稀释至 100mL。

(7) 盐酸副玫瑰苯胺溶液　称取 0.1g 盐酸副玫瑰苯胺（$C_{19}H_{18}N_2Cl \cdot 4H_2O$）于研钵中，加少量水研磨使溶解并稀释至 100mL，取出 20mL，置于 100mL 容量瓶中，加盐酸（1+1），充分摇匀后使溶液由红变黄，如不变黄再滴加少量盐酸至出现黄色，再加水稀释至刻度，混匀备用。

(8) 碘溶液　$\left[c\left(\frac{1}{2}I_2\right)=0.100\text{mol/L}\right]$。

(9) 硫代硫酸钠标准溶液（0.100mol/L）。

(10) 二氧化硫标准溶液　称取 0.5g 亚硫酸氢钠，溶于 200mL 四氯汞钠吸收液中，放置过夜，上清液用定量滤纸过滤备用。二氧化硫标准溶液按下法进行标定。

标定方法：吸取 10.0mL 亚硫酸氢钠-四氯汞钠溶液于 250mL 碘量瓶中加 100mL 水，准确加入 20.00mL 碘溶液（0.1mol/L）、5mL 冰醋酸，摇匀，放置于暗处 2min 后迅速以硫代硫酸钠标准溶液（0.100mol/L）滴定至淡黄色，加 0.5mL 淀粉指示液，继续滴至无色。另取 100mL 水，准确加入碘溶液（0.1mol/L）20.0mL、5mL 冰醋酸，按同一方法做试剂空白试验。按下式计算二氧化硫标准溶液的浓度：

$$\rho=\frac{(V_2-V_1)c\times 32.03}{10.00}$$

式中 ρ——二氧化硫标准溶液浓度，mg/mL；

V_1——测定用亚硫酸氢钠-四氯汞钠溶液消耗硫代硫酸钠标准溶液体积，mL；

V_2——试剂空白消耗硫代硫酸钠标准溶液体积，mL；

c——硫代硫酸钠标准溶液浓度，mol/L；

10.00——标定时吸取的亚硫酸氢钠溶液体积；

32.03——每毫升硫代硫酸钠标准溶液（0.100mol/L）相当于二氧化硫的质量，mg/mmol。

（11）二氧化硫标准使用液　临用前将二氧化硫标准溶液以四氯汞钠吸收液稀释成每毫升相当于 2μg 二氧化硫。

（12）氢氧化钠溶液（20g/L）。

（13）硫酸（1+71）。

四、实验步骤

1. 样品处理

吸取啤酒 5.0～10.0mL，置于 100mL 容量瓶中，以少量水稀释，加 20mL 四氯汞钠吸收液，摇匀，最后加水至刻度，混匀，过滤备用。

2. 标准曲线绘制

吸取 0.00mL、0.20mL、0.40mL、0.60mL、0.80mL、1.00mL、1.50mL、2.00mL 二氧化硫标准使用液（相当于 0.0mg、0.4mg、0.8mg、1.2mg、1.6mg、2.0mg、3.0mg、4.0mg 二氧化硫），分别置于 25mL 容量瓶中，各加入四氯汞钠吸收液至 10mL。然后各加 1mL 12g/L 氨基磺酸铵溶液、1mL 2g/L 甲醛溶液及 1mL 盐酸副玫瑰苯胺溶液，摇匀，放置 20min。用 1cm 比色皿，以空白液调零，于 550nm 处测定吸光度，绘制标准曲线。

3. 试样测定

吸取 0.5～5.0mL 样品处理液（视含量高低而定）于 25mL 容量瓶中，按标准曲线绘制操作进行，于 550nm 处测定吸光度，由标准曲线查出试液中二氧化硫的含量。

五、结果计算

$$w=\frac{m'\times 100\times 10^{-6}}{mV}$$

式中 w——试样中二氧化硫的质量分数；

m'——测定用样液中二氧化硫的质量，μg；

m——试样质量，g；

V——测定用样液的体积，mL；

100——样品液总体积，mL。

实验十七　果汁饮料中人工合成色素的测定

一、实验目的

1. 了解人工合成色素的测定原理及方法。
2. 理解和熟悉高效液相色谱仪的工作原理及操作要点。
3. 掌握高效液相色谱技术测定人工合成色素的方法。

二、实验原理

食品中人工合成色素用聚酰胺吸附法或用液-液分配法提取，制成水溶液，注入高效液相色谱仪，经反相色谱分离，根据保留时间和峰面积进行定性分析和定量分析。

三、仪器和试剂

1. 仪器

高效液相色谱仪、紫外检测器。

2. 试剂

(1) 甲醇　分析纯，经滤膜（0.5μm）过滤。

(2) 乙酸铵溶液（0.02mol/L）　称取 1.54g 乙酸铵，加水至 1000mL，溶解，经滤膜（0.45μm）过滤。

(3) 氨水（2+98）的 0.02mol/L 乙酸铵溶液　量取氨水（2∶98）0.5mL，加 0.02mol/L 乙酸铵溶液至 1000mL。

(4) 聚酰胺粉　过 200 目筛。

(5) 甲醇-甲酸溶液（6∶4）　量取甲醇 60mL，甲酸 40mL，混匀。

(6) 柠檬酸溶液（200g/L）　称取 20g 柠檬酸，加水至 100mL，振摇溶解。

(7) 乙醇-氨水-水溶液（7∶2∶1）　取无水乙醇 70mL，氨水 20mL，水 10mL 混匀。

(8) 三正辛胺-正丁醇溶液（5∶95）　量取三正辛胺 5mL，加正丁醇 95mL，混匀。

(9) 饱和硫酸钠溶液。

(10) 硫酸钠溶液（20g/L）。

(11) 正己烷　分析纯。

(12) pH＝6 水　在水中加 200g/L 柠檬酸调 pH 至 6。

(13) 着色剂标准溶液　柠檬黄、日落黄、苋菜红、胭脂红、新红、赤藓红、亮蓝、靛蓝，按其纯度折算为 100%质量，配成 1.00mg/mL 的 pH＝6 水溶液，临用时加 pH＝6 水稀释成 50.0μg/mL。经滤膜（0.45μm）过滤。

四、实验步骤

1. 样品处理

称取 20.0～40.0g 橘子汁，放入 100mL 烧杯中。含二氧化碳样品加热驱除二氧化碳。

2. 色素提取

(1) 聚酰胺吸附法　样品溶液加 200g/L 柠檬酸调 pH＝6，加热至 60℃，将 1g 聚酰胺粉加少许水调成糊状，倒入样品溶液中，搅拌片刻，以 G_3 垂融漏斗抽滤，用 60℃ pH＝4 的水洗涤 3～5 次，然后用甲醇-甲酸混合液洗涤 3～5 次（含赤藓红的样品不能洗），再用水洗至中性，用乙醇-氨水-水混合液解吸 3～5 次，每次 5mL，收集解吸液，加乙酸中和，蒸发至近干，加水溶解，定容至 4mL。经滤膜（0.45μm）过滤，取 10μL 进高效液相色谱仪。

(2) 液-液分配法（适用于含赤藓红的样品）　将制备好的样品溶液放入分液漏斗中，加 2L 盐酸、三正辛胺-正丁醇溶液（5∶95）10～20mL，振摇，提取，分取有机相。重复此操作，合并有机相，用饱和硫酸钠溶液洗 2 次，每次 10mL，分取有机相，放蒸发皿中，水浴加热浓缩至 10mL，转移到分液漏斗中，加 60mL 正己烷，混匀，加氨水（2∶98）提取 2～3 次，每次 5mL。合并氨水层（含水溶性酸性色素），用正己烷洗 2 次，氨水层加乙酸调成中性，水浴加热蒸发至近干，加水溶解，定容至 5mL。经滤膜（0.5μm）过滤，取 10μL 进高效液相色谱仪。

3. 高效液相色谱条件

色谱柱：YWG-C_{18}，4.6mm×250mm 10μm不锈钢柱。

流动相：甲醇-0.02mol/L乙酸铵溶液（pH=4）。

梯度洗脱：甲醇20%～35%，3%/min；35%～98%，9%/min；98%继续6min。

流速：1mL/min。

检测器：紫外检测器，波长254nm。

根据保留时间定性，外标峰面积法定量。

五、结果处理

1. 数据记录

指　标	柠檬黄	日落黄	苋菜红	胭脂红	新　红	赤藓红	亮　蓝	靛　蓝
浓度/(μg/mL)								
保留时间								
峰面积								

2. 结果计算

$$w=\frac{m_1\times10^{-6}}{m\times\frac{V_2}{V_1}}$$

式中　w——样品中着色剂的质量分数；

m_1——进样体积中着色剂的质量，μg；

V_2——进样体积，mL；

V_1——样品稀释液体积，mL；

m——样品质量，g。

实验十八　食品中氨基甲酸酯类农药残留量的测定

一、实验目的

1. 了解食品中氨基甲酸酯类农药残留量的测定原理。

2. 进一步掌握气相色谱仪的使用方法。

二、实验原理

氨基甲酸酯类农药在加热的碱金属片表面产生热分解，形成氰自由基（·CN），并且从被加热的碱金属表面放出的原子状态的碱金属（Rb）接收电子变成CN，再与氢原子结合。放出电子的氢原子变成正离子，由收集极收集，并作为信号电流而被测定。电流信号的大小与含氮化合物的含量成正比，以峰面积或峰高比较定量。样品中氨基甲酸酯类农药经甲醇提取，液-液分配净化后，气相色谱氢火焰热离子化检测器检测。

三、仪器和试剂

1. 仪器

气相色谱仪（氢火焰离子化检测器）；振荡提取器；组织捣碎机；旋转蒸发器。

2. 试剂

(1) 甲醇　需重蒸。

（2）石油醚　分析纯，沸程 30～60℃，需重蒸。

（3）丙酮　分析纯，需重蒸。

（4）二氯甲烷　分析纯，需重蒸。

（5）无水硫酸钠　分析纯，450℃焙烧 4h 后备用。

（6）氯化钠溶液（5%）　称取 25g 氯化钠，用水溶解并稀释至 500mL。

（7）甲醇-氯化钠溶液　取甲醇与 5%氯化钠溶液等体积混合。

（8）氨基甲酸酯类农药标准储备溶液　准确称取速灭威、异丙威（叶蝉散）、残杀威、克百威（呋喃丹）、抗蚜威和甲萘威（西维因）标准品，用丙酮配成浓度约 1mg/mL 的单一标准储备液。

（9）氨基甲酸酯类农药标准使用液　根据所用仪器灵敏度将氨基甲酸酯类农药单一标准储备溶液用丙酮稀释并配成浓度为 2～10μg/mL 的混合标准使用液。

四、实验步骤

1. 提取

（1）粮食　称取约 40g 粉碎样品，加入 20～40g 无水硫酸钠（视样品中水分而定）、100mL 甲醇振荡提取 30min，经快速滤纸过滤，取出 50mL 滤液转入分液漏斗中，并加入 50mL 氯化钠溶液。

（2）蔬菜　称取约 20g 蔬菜样品，加入 80mL 甲醇振荡提取 30min，经铺有快速滤纸的布氏漏斗抽滤，用 50mL 甲醇分数次洗涤提取容器和滤器。将全部滤液转入分液漏斗中，用 100mL 5%氯化钠溶液分次洗涤滤器，并入分液漏斗中。

2. 净化

（1）粮食　向分液漏斗中加入 50mL 石油醚，振摇 1min，静置分层后将下层（甲醇-氯化钠溶液）放入第二个分液漏斗中，加 25mL 甲醇-氯化钠溶液于石油醚层中，振摇 30s，静置分层后，将下层并入甲醇-氯化钠溶液中。

（2）蔬菜　向分液漏斗中加入 50mL 石油醚，振摇 1min，静置分层后将下层（甲醇-氯化钠溶液）放入第二个分液漏斗中，并加入 50mL 石油醚，振摇 1min，静置分层后将下层放入第三个分液漏斗中。然后用 25mL 甲醇-氯化钠溶液依次反洗第一、第二个分液漏斗中的石油醚层，每次振摇 30s，最后将甲醇-氯化钠溶液并入第三个分液漏斗中。

3. 浓缩

于盛有样品净化液的分液漏斗中，用二氯甲烷（50mL、25mL、25mL）依次提取 3 次，每次 1min，静置分层后将二氯甲烷层经二氯甲烷预洗的无水硫酸钠层过滤至浓缩瓶中，用少量二氯甲烷洗涤漏斗，并入浓缩瓶中。于 50℃水浴上减压浓缩至 1mL 左右，取下浓缩瓶，将残余物转入刻度试管中，用二氯甲烷洗涤浓缩瓶并入试管中。用氮气吹尽二氯甲烷，用丙酮溶解并定容至 2.0mL 后作气相色谱分析。

4. 色谱检测参数

（1）色谱柱　玻璃柱，内径 3.2mm，长 1.5m，内装 15g/L OV-17＋19.5g/L OV-210/chromosorb WAW DMCS（80～100 目）。

（2）温度　柱温 190℃，汽化室和检测器温度 240℃。

（3）气体流速及载气　氮气 65mL/min；空气 150mL/min；氢气 3.2mL/min。

五、结果处理

以氨基甲酸酯类农药标准的保留时间定性，标准曲线法定量。

$$X=\frac{A_2cV}{A_1m}$$

式中　X——样品中某一氨基甲酸酯类农药组分的含量，μg/kg；

A_1——标准峰高或峰面积；

A_2——样品峰高或峰面积；

c——标准溶液中某一氨基甲酸酯类农药组分的含量，ng/mL；

V——进样液定容体积，取2.0mL；

m——样品实际质量，g（粮食取50mL样品溶液、蔬菜取20g）。

实验十九　鲜乳中抗生素残留量的测定

一、实验目的

1. 了解鲜乳中抗生素残留量的测定原理。

2. 熟悉高效液相色谱仪的使用方法。

二、四环素族药物残留量的测定

1. 实验原理

样品经提取，微孔滤膜过滤后直接进样，用反相色谱分离，紫外检测器检测，与标准比较定量，色谱峰出峰顺序为土霉素、四环素、金霉素。

2. 仪器和试剂

① 高效液相色谱仪。

② 混合标准溶液。分别吸取1.0mg/mL土霉素、四环素0.01mol/L的盐酸溶液各1mL，1.0mg/mL金霉素水溶液2mL，置于10mL容量瓶中，加蒸馏水至刻度。此溶液每毫升含土霉素、四环素各0.1mg，金霉素0.2mg，临用时现配。

3. 实验步骤

（1）色谱条件

① 检测器。紫外检测器，波长为355nm，灵敏度为0.002AUFS。

② 色谱柱。ODS-C_{18} 5μm，6.2mm×15cm。

③ 流动相。乙腈-0.01mol/L磷酸二氢钠溶液（用30%硝酸溶液调节pH至2.5；35∶65，体积比）。

④ 温度。柱温为室温。

⑤ 流速。1.0mL/min，进样量为10μL。

（2）样品测定　吸取25mL鲜牛乳或其他匀浆样品，置于250mL分液漏斗中，加入75mL乙酸乙酯振荡1h，或在超声浴上振摇30min，取出一半乙酸乙酯萃取液（37.5mL）于减压下蒸干。蒸干后的残留物分别两次用5mL乙腈溶解，移入30mL分液漏斗，再分别两次用3mL异辛烷萃取，除去乙腈溶解液中的类脂物，将乙腈液浓缩近干，并分别两次用1mL乙酸乙酯把蒸干物转移到3mL聚四氟乙烯锥形瓶中。经氮气流浓缩后用0.2mL氯仿溶解。再加入0.2mL丙二醇-水（50∶50，体积比）混合液，用旋转搅拌器混匀，静置，最后用上层醇相进行色谱分析。

4. 结果处理

$$X=\frac{m'\times1000}{m\times1000}$$

式中 X——抗生素的含量，g/kg；

m'——样品溶液测得抗生素的质量，mg；

m——样品质量，g。

三、氯霉素残留量的测定

1. 实验原理

采用乙酸乙酯等有机试剂萃取，氯霉素提取物溶解于氯仿中，然后以水-甲醇作为流动相。于紫外检测器进行液相色谱法测定，求出样品中的氯霉素含量。

2. 仪器和试剂

① 高效液相色谱仪。

② 氯霉素标准溶液。准确称取 10mg 氯霉素，以丙醇溶解并稀释至 100mL，然后取 1.0mL 用丙醇稀释至 100mL，取此溶液 1.0mL，再用丙醇稀释至 100mL，所得溶液每毫升含氯霉素为 0.01μg。

3. 实验步骤

（1）色谱条件

检测器：紫外检测器，检测波长为 280nm，灵敏度为 0.005～0.01AUFS。

色谱柱：不锈钢柱，长 25cm，内径 2.1mm，内填充 5μm 的 C_{18} Sperisorb-ODS（S-P）。

流动相：水-甲醇（1∶3，体积比）。

流速：0.8mL/min。

（2）检测方法

① 样品处理。吸取 25mL 鲜牛乳或其他匀浆样品，置于 250mL 分液漏斗中，加入 75mL 乙酸乙酯振荡 1h，或在超声浴上振摇 30min，取出一半乙酸乙酯萃取液（37.5mL），于减压下蒸干。蒸干后的残留物分别二次用 5mL 乙腈溶解，移入 30mL 分液漏斗，再分别二次用 3mL 异辛烷萃取，除去乙腈溶解液中的类脂物，将乙腈液浓缩近干，并分别二次用 1mL 乙酸乙酯把蒸干物转移到 3mL 聚四氟乙烯锥形瓶内。经氮气流浓缩，浓缩后用 0.2mL 氯仿溶解，再加入 0.2mL 丙二醇-水（50∶50，体积比）混合液，用旋转搅拌器混匀，静置，最后用上层醇相进行液相色谱分析。

② 色谱分析。用微量注射器吸取标准系列和样液各 2μL 或 4μL，注入液相色谱仪中，根据上述条件，本法氯霉素标准品的保留时间为 6min。测量样品保留时间与标准对照进行定性分析，测量峰高，从标准曲线中查出相应含量，计算样品中氯霉素的残留量。

4. 结果处理

同四环素族药物残留量的计算方法。

附 表

附表 1 随机数表

	00 04	05 09	10 14	15 19	20 24	25 29	30 34	35 39	40 44	45 49
00	39591	66082	48626	95780	55228	87189	75717	97042	19696	48613
01	46304	97377	43462	21739	14566	72533	60171	29024	77581	72760
02	99547	60779	22734	23678	44895	89767	18249	41702	35850	40543
03	06743	63537	24553	77225	94743	79448	12753	95986	78088	48019
04	69568	65496	49033	88577	98606	92156	08846	54912	12691	13170
05	68198	69571	34349	73141	42640	44721	30462	35075	33475	47407
06	27974	12609	77428	64441	49008	60489	66780	55499	80842	57706
07	50552	20688	02769	63037	15494	71784	70559	58158	53437	46216
08	74687	02033	98290	62635	88877	28599	63682	35566	03271	05651
09	49303	76629	71897	50990	62923	36686	96167	11492	90333	84501
10	89734	39183	52026	14997	15140	18250	62831	51236	61236	09179
11	74042	40747	02617	11346	01884	82066	55913	72422	13971	64209
12	84706	31375	67053	73367	95349	31074	36908	42782	89690	48002
13	83664	21365	28882	48926	45435	60577	85270	02777	06878	27561
14	47813	74854	73388	11385	99108	97878	32858	17473	07682	20166
15	00371	56525	38880	53702	09517	47281	15995	98350	25233	79718
16	81182	48434	27431	55806	25389	40774	72978	16835	65066	28732
17	75242	35904	73077	24537	81354	48902	03478	42867	04552	66034
18	96239	80246	07000	09555	55051	49596	44629	88225	28195	44598
19	82988	17440	85311	03360	38176	51462	86070	03924	84413	92363
20	77599	29143	89088	57593	60036	17297	30923	36224	46327	96266
21	61433	33118	53488	82981	44709	63655	64388	00498	14135	57514
22	76008	15045	45440	84062	52363	18079	33726	44301	86246	99727
23	26494	76598	85834	10844	56300	02244	72118	96510	98388	80161
24	46570	88558	77533	33359	07830	84752	53260	46755	36881	98535
25	73995	41532	87933	79930	14310	64333	49020	70067	99726	97007
26	53901	38276	75544	19679	82899	11365	22896	42118	77165	08734
27	41925	28215	40966	93501	45446	27913	21708	01788	81404	15119
28	80720	02782	24326	41328	10357	86883	80086	77138	67072	12100
29	92596	39416	50362	04423	04561	58179	54188	44978	14322	97056
30	39693	58559	45839	47278	38548	38885	19875	26829	86711	57005
31	86923	37863	14340	30929	04079	65274	03030	15106	09362	82972
32	99700	79237	18172	58879	56221	65644	33331	87502	32961	40996
33	60248	21953	52321	16984	03252	80433	97304	50181	71026	01946
34	29136	71987	03992	67025	31070	78348	47823	11033	13037	47732
35	57471	42913	85212	42319	92901	97727	04775	94396	38154	25238
36	57424	93847	03269	56096	95028	14039	76128	63747	27301	65529
37	56768	71694	63361	80836	30841	71875	40944	54827	01887	54822
38	70400	81534	02148	41441	26582	27481	84262	14084	42409	62950
39	05454	88418	48646	99565	36635	85496	18894	77271	26894	00889
40	80934	56136	47063	96311	19067	59790	08752	68040	85685	83076
41	06919	46237	50676	11238	75637	43086	95323	52867	06891	32089
42	00152	23997	41751	74756	50975	75365	70158	67663	51431	46375
43	88505	74625	71783	82511	13661	63178	39291	76796	74736	10980
44	64514	80967	33545	09582	86329	58152	05931	35961	70069	12142
45	25280	53007	99651	96366	49378	80971	10419	12981	70572	11575
46	71292	63716	93210	59312	39493	24252	54849	29754	41497	79228
47	49734	50498	08974	05904	68172	02864	10994	22482	12912	17920
48	43075	09754	71880	92614	99928	94424	86353	87549	94499	11459
49	15116	16643	03981	06566	14050	33671	03814	48856	41267	76252

附表 2　对比、配对差别试验统计概率表

n \ x	1	2	3	4	5	6	7	8	9	10	11	12	13	14	15	16
5	969	812	500	188	031											
6	984	891	666	344	109	016										
7	992	938	773	500	227	062	008									
8	996	965	856	637	363	145	035	004								
9	998	980	910	746	500	254	090	020	002							
10	999	989	945	878	623	377	172	055	011	001						
11		994	967	887	726	500	274	113	033	006						
12		997	981	927	806	613	387	194	073	019	003					
13		998	989	954	867	709	500	291	133	048	011	002				
14		999	994	971	910	796	605	395	212	090	029	006	001			
15			996	982	941	849	696	500	304	151	059	018	004			
16			998	989	962	895	73	598	402	227	105	038	011	002		
17			998	994	975	928	834	685	500	315	166	072	025	006	001	
18			999	996	985	952	881	760	593	407	240	119	048	015	004	001
19				998	990	968	916	820	676	500	324	190	084	032	010	002
20				999	994	979	942	868	748	586	412	252	132	058	021	006
21				999	996	987	961	905	808	688	500	332	192	095	089	013
22					998	992	974	933	857	738	544	416	262	143	067	026
23					999	996	983	953	896	796	661	500	339	202	105	047
24					999	997	989	968	924	846	729	581	419	271	154	076
25						998	993	978	944	888	788	665	500	349	212	116
26						998	996	986	952	916	837	721	577	423	279	163
27						999	997	990	974	939	876	779	649	500	351	221
28							998	994	982	964	908	828	714	575	425	286
29							998	996	988	969	932	868	771	644	500	364
30							999	997	992	979	961	900	819	704	572	426
31								998	996	989	966	925	859	763	640	500
32								999	997	990	975	945	892	811	702	570
33								999	998	993	982	960	919	852	757	636
34									999	996	988	971	939	886	804	696
35									999	997	992	980	955	912	846	750
36									999	998	994	984	967	934	879	797
37										999	996	990	976	961	906	838
38										999	997	993	983	964	928	872
39										999	998	995	988	973	944	900
40											999	997	992	981	960	923
41											999	998	994	986	970	941
42												999	996	990	978	956
43												999	997	993	984	967
44												999	998	995	988	978
45													999	997	992	982
46													999	998	994	987
47													999	998	996	991
48														999	997	993
49														999	998	995
50															999	997

续表

n \ x	17	18	19	20	21	22	23	24	25	26	27	28	29	30	31	32	33
5																	
6																	
7																	
8																	
9																	
10																	
11																	
12																	
13																	
14																	
15																	
16																	
17																	
18																	
19																	
20	001																
21	004	001															
22	008	002															
23	017	005	001														
24	032	011	003	001													
25	064	022	007	002													
26	084	034	014	006	001												
27	124	061	026	010	003	001											
28	172	092	044	018	006	002											
29	229	132	066	031	012	004	001										
30	292	181	100	049	021	008	003	001									
31	340	237	141	075	035	015	006	002									
32	430	294	189	108	065	025	010	004	001								
33	500	364	243	148	091	040	018	007	002								
34	548	432	304	196	115	061	029	012	005	002							
35	632	500	368	250	155	088	045	020	008	003	001						
36	691	566	434	309	203	121	066	033	014	004	002	001					
37	744	629	500	371	256	162	094	049	024	010	004	001					
38	791	664	564	436	314	209	129	077	036	017	007	003	001				
39	832	739	625	500	375	261	168	100	064	027	012	004	002	001			
40	866	785	662	563	437	318	215	134	077	040	019	006	003	001			
41	894	826	734	622	500	378	266	174	104	064	030	014	004	002	001		
42	918	860	780	678	561	439	322	220	140	087	044	022	010	004	001		
43	937	889	820	729	620	500	390	271	180	111	063	033	016	007	003	001	
44	952	913	854	774	674	580	440	326	226	146	097	046	024	011	006	002	001
45	964	923	884	814	724	617	500	383	276	186	116	068	036	018	009	003	001
46	973	945	906	849	765	671	566	442	329	231	151	092	052	027	013	006	002
47	980	961	928	879	803	720	615	500	385	280	191	121	072	039	020	009	004
48	985	970	944	903	844	765	647	557	443	333	235	154	097	054	030	015	007
49	989	978	957	924	874	804	716	612	500	388	284	196	126	076	043	022	012
50	992	984	986	941	899	839	760	660	566	444	334	240	151	101	069	032	016

附表 3　三角形差别试验统计概率表

n \ x	0	1	2	3	4	5	6	7	8	9	10	11	12	13	14
5		868	539	210	045	004									
6		912	649	320	100	018	001								
7		941	737	429	173	045	007								
8		961	805	532	259	088	020	003							
9		974	857	623	350	145	042	008	001						
10		983	896	701	441	213	077	020	003						
11		988	925	766	527	289	122	039	009	001					
12		992	946	819	607	368	178	066	019	004	001				
13		995	961	861	678	448	241	104	035	009	002				
14		997	973	895	739	524	310	149	058	017	004	001			
15		998	981	921	791	596	382	203	088	031	008	002			
16		998	986	941	834	661	453	263	126	050	016	004	001		
17		999	990	956	870	719	522	326	172	075	027	008	002		
18		999	993	967	898	769	588	391	223	108	043	014	004	001	
19			996	976	921	812	648	457	279	146	065	024	007	002	
20			997	982	940	848	703	521	339	191	092	038	013	004	001
21			998	987	954	879	751	581	399	240	125	056	021	007	002
22			998	991	965	904	794	638	460	293	163	079	033	012	003
23			999	993	974	924	831	690	519	349	206	107	048	019	006
24			999	995	980	941	862	737	576	406	254	140	068	028	010
25			999	996	985	954	888	778	630	462	304	178	092	042	016
26				997	989	964	910	815	679	518	357	220	121	068	025
27				998	992	972	928	847	725	572	411	266	154	079	036
28				999	994	979	943	874	765	623	464	314	191	104	050
29				999	996	984	955	897	801	670	517	364	232	133	068
30				999	997	988	965	916	833	714	568	415	276	166	090
31					998	991	972	932	861	754	617	466	322	203	115
32					998	993	978	946	885	789	662	516	370	243	144
33					999	995	983	957	905	821	705	565	419	285	177
34					999	996	987	965	922	849	744	612	468	330	213
35					999	997	990	973	937	873	779	656	516	376	252
36						998	992	978	949	895	810	697	562	422	293
37						998	994	963	959	913	838	735	607	469	336
38						999	996	987	967	928	863	769	650	515	381
39						999	997	990	973	941	885	800	689	560	425
40						999	997	992	979	952	903	829	726	603	470
41							998	994	983	961	920	854	761	644	515
42							999	995	987	968	933	876	791	683	558
43							999	996	990	974	945	895	820	719	600
44							999	997	992	980	955	912	845	753	639
45							999	998	994	984	963	926	867	783	677
46								998	995	987	970	938	887	811	713
47								999	996	990	976	949	904	836	745
48								999	997	992	980	958	919	859	776
49								999	998	994	984	965	932	879	803
50								999	998	995	987	972	943	896	829

续表

n \ x	15	16	17	18	19	20	21	22	23	24	25	26	27	28
5														
6														
7														
8														
9														
10														
11														
12														
13														
14														
15														
16														
17														
18														
19														
20														
21														
22	001													
23	002													
24	003	001												
25	006	002												
26	009	003	001											
27	014	005	002											
28	022	008	003	001										
29	031	013	005	001										
30	043	019	007	002	001									
31	059	027	011	004	001									
32	078	038	016	006	002	001								
33	100	051	023	010	004	001								
34	126	067	033	014	006	002	001							
35	155	087	044	020	009	003	001							
36	187	109	058	028	012	005	002	001						
37	223	135	075	038	018	007	003	001						
38	261	164	095	051	025	011	004	002	001					
39	301	196	118	066	033	016	007	003	001					
40	342	231	144	083	044	021	010	004	001					
41	385	268	173	104	057	029	014	006	002	001				
42	428	307	205	127	073	038	019	008	003	001				
43	471	347	239	153	091	050	025	012	005	002	001			
44	514	389	275	182	111	063	033	016	007	003	001			
45	556	430	317	213	135	079	043	022	010	004	002	001		
46	596	472	352	246	161	098	055	029	014	006	003	001		
47	635	514	392	282	189	119	070	038	019	009	004	002	001	
48	672	554	433	318	220	142	086	048	025	012	006	002	001	
49	706	593	473	356	253	168	105	061	033	017	008	003	001	
50	739	631	513	395	287	196	126	076	042	022	011	005	002	001

附表 4　排序实验统计表

A. 5%水平

试验次数	样品数										
	2	3	4	5	6	7	8	9	10	11	12
2	—	—	—	—	—	—	—	—	—	—	—
	—	—	—	3～9	3～11	3～13	4～14	4～16	4～18	5～19	5～21
3	—	—	—	4～14	4～17	4～20	4～23	5～25	5～28	5～31	5～34
	—	4～8	4～11	5～13	6～15	6～18	7～20	8～22	8～25	9～27	10～29
4	—	5～11	5～15	6～18	6～22	7～25	7～29	8～32	8～36	8～39	9～43
	—	5～11	6～14	7～17	8～20	9～23	10～26	11～29	13～31	14～34	15～37
5	—	6～14	7～18	8～22	9～26	9～31	10～35	11～39	12～43	12～48	13～52
	6～9	7～13	8～17	10～20	11～24	13～27	14～31	15～35	17～38	18～42	20～45
6	7～11	8～16	9～21	10～26	11～31	12～36	13～41	14～46	15～51	17～55	18～60
	7～11	9～15	11～19	12～24	14～38	16～32	18～36	20～40	21～45	23～49	25～53
7	8～13	10～18	11～24	12～30	14～35	15～41	17～46	18～52	19～58	21～63	22～69
	8～13	10～18	13～22	15～27	17～32	19～37	22～41	24～46	26～51	28～56	30～61
8	9～15	11～21	13～27	15～33	17～39	18～46	20～52	22～58	24～64	25～71	27～77
	10～14	12～20	15～25	17～31	20～36	23～41	25～47	28～52	31～57	33～63	36～68
9	11～16	13～23	15～30	17～37	19～44	22～50	24～57	26～64	28～71	30～78	32～85
	11～16	14～22	17～28	20～34	23～44	26～46	29～52	32～58	35～64	38～70	41～76
10	12～18	15～25	17～33	20～40	22～48	25～25	27～63	30～70	32～78	35～85	37～93
	12～18	16～24	19～31	23～37	26～44	30～50	34～56	37～63	40～70	44～76	47～83
11	13～20	16～28	19～36	22～44	25～32	28～60	31～68	34～76	36～85	39～93	42～101
	14～19	18～26	21～34	25～41	29～48	33～55	37～62	41～69	45～76	49～83	53～90
12	15～21	18～30	21～39	25～47	28～56	31～65	34～74	38～82	41～91	44～100	47～109
	15～21	19～29	24～36	28～44	32～52	37～59	41～67	45～75	50～82	54～90	58～98
13	16～23	20～32	24～41	27～51	31～60	35～69	38～79	42～88	45～98	49～107	52～117
	17～22	21～31	26～39	31～47	35～56	40～64	45～72	50～80	54～89	59～97	64～105
14	17～25	22～34	26～44	30～54	34～46	38～74	42～84	46～94	50～104	54～114	57～125
	18～24	23～35	28～42	33～51	83～60	44～68	49～77	54～86	59～95	65～103	70～112
15	19～26	23～37	28～47	32～58	37～68	41～79	46～89	50～100	54～111	58～122	63～132
	19～26	25～35	30～45	36～54	42～63	47～73	53～82	59～91	64～101	70～110	75～120
16	20～28	25～39	30～50	35～61	40～72	45～83	49～95	54～106	59～117	63～129	68～140
	21～27	27～37	33～47	39～57	45～67	51～77	57～87	62～98	69～107	75～117	81～127
17	22～29	27～41	32～53	38～64	43～76	48～88	53～100	58～112	63～124	68～136	73～148
	22～29	28～40	35～50	41～61	48～71	54～82	61～92	67～103	74～113	81～123	87～134
18	23～31	29～43	34～56	40～68	46～80	52～92	57～105	61～118	68～130	73～143	79～155
	24～30	30～42	37～53	44～64	51～75	58～86	65～97	72～108	79～119	86～130	93～141
19	24～33	30～46	37～58	43～71	49～84	55～97	61～110	67～123	73～136	78～150	84～163
	25～32	32～44	39～56	47～67	54～79	62～90	69～102	76～114	84～125	91～137	99～148
20	26～34	32～48	39～61	45～75	52～88	58～102	62～115	71～129	77～143	83～157	90～170
	26～34	34～46	42～58	50～70	57～83	65～95	73～107	81～119	89～131	97～143	105～155

B. 1%水平

试验次数	样品数										
	2	3	4	5	6	7	8	9	10	11	12
2	—	—	—	—	—	—	—	—	—	—	—
	—	—	—	—	—	—	—	—	3～19	3～21	3～23
3	—	—	—	—	—	—	—	—	4～29	4～32	4～35
	—	—	—	4～14	4～17	4～20	5～22	5～25	6～27	6～30	6～33
4	—	—	—	5～19	5～23	5～27	6～30	6～34	6～38	6～42	7～45
	—	—	5～15	6～18	6～22	7～25	8～28	8～32	9～35	10～38	10～42
5	—	—	6～19	7～23	7～28	8～23	8～37	9～41	9～46	10～50	10～55
	—	6～14	7～18	8～22	9～26	10～30	11～34	12～38	13～42	14～46	15～50
6	—	7～17	8～22	9～27	9～33	10～38	11～43	12～48	13～53	13～59	14～64
	—	8～16	9～21	10～26	12～30	13～35	14～40	16～44	17～49	18～54	20～58
7	—	8～20	10～25	11～31	12～37	13～43	14～49	15～55	16～61	17～67	18～73
	8～13	9～19	11～24	12～30	14～35	16～40	18～45	19～51	21～56	23～61	25～66
8	9～15	10～22	11～29	13～35	14～42	16～48	17～55	19～61	20～68	21～75	23～81
	9～15	11～21	13～27	15～33	17～39	19～45	21～51	23～57	25～63	28～68	30～74
9	10～17	12～24	13～32	15～39	17～46	19～53	21～60	22～68	24～75	26～82	27～90
	10～17	12～24	15～30	17～37	20～43	22～50	25～56	27～63	30～69	32～76	35～82
10	11～19	13～27	15～35	18～42	20～50	22～58	24～66	26～74	28～82	30～90	32～98
	11～19	14～26	17～33	20～40	23～47	25～55	28～62	31～69	34～76	37～83	40～90
11	12～21	15～29	17～38	20～46	22～55	25～63	27～72	30～80	32～89	34～98	37～106
	13～20	16～28	19～36	22～44	25～52	29～59	32～67	35～75	39～82	42～90	45～98
12	14～22	17～31	19～41	22～50	25～59	28～68	31～77	33～87	36～96	39～105	42～114
	14～22	18～30	21～39	25～47	28～56	32～64	36～72	39～81	43～89	47～97	50～106
13	15～24	18～34	21～44	25～53	28～63	31～73	34～83	37～93	40～103	43～113	46～123
	15～24	19～33	23～42	27～51	31～60	35～69	39～78	44～86	48～95	52～104	56～113
14	16～26	20～36	24～46	27～57	31～67	34～78	38～88	41～98	45～100	48～120	51～131
	17～25	21～35	25～45	30～54	34～64	39～73	43～83	48～92	52～102	57～121	61～121
15	18～27	22～38	26～49	30～60	34～71	37～83	41～94	45～105	49～116	53～127	56～139
	18～27	23～37	28～47	32～58	37～68	42～78	47～88	52～98	570～108	62～118	67～128
16	19～29	23～41	28～52	32～64	36～76	41～87	45～99	49～111	53～123	57～135	62～146
	19～29	25～39	30～50	35～61	40～72	46～82	51～93	56～104	61～115	67～125	72～136
17	20～31	25～43	30～55	35～67	39～80	44～92	49～104	53～117	58～129	62～142	67～154
	21～30	26～42	32～53	38～64	43～76	49～87	55～98	60～110	66～121	72～132	78～143
18	22～32	27～45	32～58	37～71	42～84	47～97	52～110	57～123	62～136	67～149	72～170
	22～32	28～44	34～56	40～68	46～80	52～92	57～105	62～118	68～130	73～143	79～155
19	23～34	29～47	34～61	40～74	45～88	50～102	56～115	61～129	67～142	72～156	77～170
	24～33	30～46	36～59	43～71	49～84	56～96	62～109	69～121	76～133	82～146	89～158
20	24～36	30～50	36～64	42～78	48～92	54～106	60～120	65～135	71～149	77～163	82～178
	25～35	32～48	38～62	45～75	52～88	59～101	66～114	73～127	80～140	87～153	94～166

附表 5　观测锤度温度校正表（标准温度 20℃）

温度/℃	观测锤度																									
	0	1	2	3	4	5	6	7	8	9	10	11	12	13	14	15	16	17	18	19	20	21	22	23	24	25	30
	温度低于 20℃时读数应减之数																										
0	0.30	0.34	0.36	0.41	0.45	0.49	0.52	0.55	0.59	0.62	0.65	0.67	0.70	0.72	0.75	0.77	0.79	0.82	0.84	0.87	0.89	0.91	0.93	0.95	0.97	0.99	1.08
5	0.36	0.38	0.40	0.43	0.45	0.47	0.49	0.51	0.52	0.54	0.56	0.58	0.60	0.61	0.63	0.65	0.67	0.68	0.70	0.71	0.73	0.74	0.75	0.76	0.77	0.80	0.86
10	0.32	0.33	0.34	0.36	0.37	0.38	0.39	0.40	0.41	0.42	0.43	0.44	0.45	0.46	0.47	0.48	0.49	0.50	0.50	0.51	0.52	0.53	0.54	0.55	0.56	0.57	0.60
1/2	0.31	0.32	0.33	0.34	0.35	0.36	0.37	0.38	0.39	0.40	0.41	0.42	0.43	0.44	0.45	0.46	0.47	0.48	0.48	0.49	0.50	0.51	0.52	0.52	0.53	0.54	0.57
11	0.31	0.32	0.33	0.33	0.34	0.35	0.36	0.37	0.38	0.39	0.40	0.41	0.42	0.42	0.43	0.44	0.45	0.46	0.46	0.47	0.48	0.49	0.49	0.50	0.50	0.51	0.55
1/2	0.30	0.31	0.31	0.32	0.32	0.33	0.34	0.35	0.36	0.37	0.38	0.39	0.40	0.40	0.41	0.42	0.43	0.43	0.44	0.44	0.45	0.46	0.46	0.47	0.47	0.48	0.52
12	0.29	0.30	0.30	0.31	0.31	0.32	0.33	0.34	0.34	0.35	0.36	0.37	0.38	0.38	0.39	0.40	0.41	0.41	0.42	0.42	0.43	0.44	0.44	0.45	0.45	0.46	0.50
1/2	0.27	0.28	0.28	0.29	0.29	0.30	0.31	0.32	0.32	0.33	0.34	0.35	0.35	0.36	0.36	0.37	0.38	0.38	0.39	0.39	0.40	0.41	0.41	0.42	0.42	0.43	0.47
13	0.26	0.27	0.27	0.28	0.28	0.29	0.30	0.30	0.31	0.31	0.32	0.33	0.33	0.34	0.34	0.35	0.36	0.36	0.37	0.37	0.38	0.39	0.39	0.40	0.40	0.41	0.44
1/2	0.25	0.25	0.25	0.25	0.26	0.27	0.28	0.28	0.29	0.29	0.30	0.31	0.31	0.32	0.32	0.33	0.34	0.34	0.35	0.35	0.36	0.36	0.37	0.37	0.38	0.38	0.41
14	0.24	0.24	0.24	0.24	0.25	0.26	0.27	0.27	0.28	0.28	0.29	0.29	0.30	0.30	0.31	0.31	0.32	0.32	0.33	0.33	0.34	0.34	0.35	0.35	0.36	0.36	0.38
1/2	0.22	0.22	0.22	0.22	0.23	0.24	0.24	0.25	0.25	0.26	0.26	0.26	0.27	0.27	0.28	0.28	0.29	0.29	0.30	0.30	0.31	0.31	0.32	0.32	0.33	0.33	0.35
15	0.20	0.20	0.20	0.20	0.21	0.22	0.22	0.23	0.23	0.24	0.24	0.24	0.25	0.25	0.26	0.26	0.26	0.27	0.27	0.28	0.28	0.28	0.29	0.29	0.30	0.30	0.32
1/2	0.18	0.18	0.18	0.18	0.19	0.20	0.20	0.21	0.21	0.22	0.22	0.22	0.23	0.23	0.24	0.24	0.24	0.24	0.25	0.25	0.25	0.25	0.26	0.26	0.27	0.27	0.29
16	0.17	0.17	0.17	0.18	0.18	0.18	0.18	0.19	0.19	0.20	0.20	0.20	0.21	0.21	0.22	0.22	0.22	0.22	0.23	0.23	0.23	0.23	0.24	0.24	0.25	0.25	0.26
1/2	0.15	0.15	0.15	0.16	0.16	0.16	0.16	0.16	0.17	0.17	0.17	0.17	0.18	0.18	0.19	0.19	0.19	0.19	0.20	0.20	0.20	0.20	0.21	0.21	0.22	0.22	0.23
17	0.13	0.13	0.13	0.14	0.14	0.14	0.14	0.14	0.15	0.15	0.15	0.15	0.16	0.16	0.16	0.16	0.16	0.16	0.17	0.17	0.18	0.18	0.18	0.18	0.19	0.19	0.20
1/2	0.11	0.11	0.11	0.12	0.12	0.12	0.12	0.12	0.12	0.12	0.12	0.12	0.12	0.13	0.13	0.13	0.13	0.13	0.14	0.14	0.15	0.15	0.15	0.16	0.16	0.16	0.16
18	0.09	0.09	0.09	0.10	0.10	0.10	0.10	0.10	0.10	0.10	0.10	0.10	0.10	0.11	0.11	0.11	0.11	0.11	0.12	0.12	0.12	0.12	0.12	0.13	0.13	0.13	0.13
1/2	0.07	0.07	0.07	0.07	0.07	0.07	0.07	0.07	0.07	0.07	0.07	0.07	0.07	0.08	0.08	0.08	0.08	0.08	0.09	0.09	0.09	0.09	0.09	0.09	0.09	0.09	0.10
19	0.05	0.05	0.05	0.05	0.05	0.05	0.05	0.05	0.05	0.05	0.05	0.05	0.05	0.06	0.06	0.06	0.06	0.06	0.06	0.06	0.06	0.06	0.06	0.06	0.06	0.06	0.07
1/2	0.03	0.03	0.03	0.03	0.03	0.03	0.03	0.03	0.03	0.03	0.03	0.03	0.03	0.03	0.03	0.03	0.03	0.03	0.03	0.03	0.03	0.03	0.03	0.03	0.03	0.03	0.04
20	0	0	0	0	0	0	0	0	0	0	0	0	0	0	0	0	0	0	0	0	0	0	0	0	0	0	0
	温度高于 20℃时读数应加之数																										
1/2	0.02	0.02	0.02	0.03	0.03	0.03	0.03	0.03	0.03	0.03	0.03	0.03	0.03	0.03	0.03	0.03	0.03	0.03	0.03	0.03	0.03	0.03	0.03	0.03	0.04	0.04	0.04
21	0.04	0.04	0.04	0.05	0.05	0.05	0.05	0.05	0.06	0.06	0.06	0.06	0.06	0.06	0.06	0.06	0.06	0.06	0.06	0.06	0.06	0.06	0.06	0.07	0.07	0.07	0.07
1/2	0.07	0.07	0.07	0.08	0.08	0.08	0.08	0.08	0.09	0.09	0.09	0.09	0.09	0.09	0.09	0.09	0.09	0.09	0.09	0.09	0.09	0.09	0.09	0.10	0.10	0.10	0.11
22	0.10	0.10	0.10	0.10	0.10	0.10	0.10	0.10	0.11	0.11	0.11	0.11	0.11	0.12	0.12	0.12	0.12	0.12	0.12	0.12	0.12	0.12	0.12	0.13	0.13	0.13	0.14

续表

温度/℃	观测锤度																										
	0	1	2	3	4	5	6	7	8	9	10	11	12	13	14	15	16	17	18	19	20	21	22	23	24	25	30
	温度高于20℃时读数应加之数																										
1/2	0.13	0.13	0.13	0.13	0.13	0.13	0.13	0.13	0.14	0.14	0.14	0.14	0.14	0.15	0.15	0.15	0.15	0.15	0.16	0.16	0.16	0.16	0.16	0.17	0.17	0.17	0.18
23	0.16	0.16	0.16	0.16	0.16	0.16	0.16	0.16	0.17	0.17	0.17	0.17	0.17	0.17	0.17	0.17	0.17	0.18	0.18	0.19	0.19	0.19	0.19	0.20	0.20	0.20	0.21
1/2	0.19	0.19	0.19	0.19	0.19	0.19	0.19	0.19	0.20	0.20	0.20	0.20	0.20	0.21	0.21	0.21	0.21	0.22	0.22	0.23	0.23	0.23	0.23	0.24	0.24	0.24	0.25
24	0.21	0.21	0.21	0.22	0.22	0.22	0.22	0.22	0.23	0.23	0.23	0.23	0.23	0.24	0.24	0.24	0.24	0.25	0.25	0.26	0.26	0.26	0.26	0.27	0.27	0.27	0.28
1/2	0.24	0.24	0.24	0.25	0.25	0.25	0.26	0.26	0.26	0.27	0.27	0.27	0.27	0.28	0.28	0.28	0.28	0.28	0.29	0.29	0.29	0.29	0.30	0.30	0.31	0.31	0.32
25	0.27	0.27	0.27	0.28	0.28	0.28	0.28	0.29	0.29	0.30	0.30	0.30	0.30	0.31	0.31	0.31	0.31	0.31	0.32	0.32	0.32	0.32	0.33	0.33	0.34	0.34	0.35
1/2	0.30	0.30	0.30	0.31	0.31	0.31	0.31	0.32	0.32	0.33	0.33	0.33	0.33	0.34	0.34	0.34	0.34	0.35	0.35	0.36	0.36	0.36	0.36	0.37	0.37	0.37	0.39
26	0.33	0.33	0.33	0.34	0.34	0.34	0.34	0.35	0.35	0.36	0.36	0.36	0.36	0.37	0.37	0.37	0.38	0.38	0.39	0.39	0.40	0.40	0.40	0.40	0.40	0.40	0.42
1/2	0.37	0.37	0.37	0.38	0.38	0.38	0.38	0.38	0.39	0.39	0.39	0.39	0.40	0.40	0.41	0.41	0.41	0.42	0.42	0.43	0.43	0.43	0.43	0.44	0.44	0.43	0.46
27	0.40	0.40	0.40	0.41	0.41	0.41	0.41	0.41	0.42	0.42	0.42	0.42	0.43	0.43	0.44	0.44	0.44	0.45	0.45	0.46	0.46	0.46	0.47	0.47	0.48	0.48	0.50
1/2	0.43	0.43	0.43	0.44	0.44	0.44	0.44	0.45	0.45	0.46	0.46	0.46	0.47	0.47	0.48	0.48	0.48	0.49	0.49	0.50	0.50	0.50	0.51	0.51	0.52	0.52	0.54
28	0.46	0.46	0.46	0.47	0.47	0.47	0.47	0.48	0.48	0.49	0.49	0.49	0.50	0.50	0.51	0.51	0.52	0.52	0.53	0.53	0.54	0.54	0.55	0.55	0.56	0.56	0.58
1/2	0.50	0.50	0.50	0.51	0.51	0.51	0.51	0.52	0.52	0.53	0.53	0.53	0.54	0.54	0.55	0.55	0.56	0.56	0.57	0.57	0.58	0.58	0.59	0.59	0.60	0.60	0.62
29	0.54	0.54	0.54	0.55	0.55	0.55	0.55	0.55	0.56	0.56	0.56	0.57	0.57	0.58	0.58	0.59	0.59	0.60	0.60	0.61	0.61	0.61	0.62	0.62	0.63	0.63	0.66
1/2	0.58	0.58	0.58	0.59	0.59	0.59	0.59	0.59	0.60	0.60	0.60	0.61	0.61	0.62	0.62	0.63	0.63	0.64	0.64	0.65	0.65	0.65	0.66	0.66	0.67	0.67	0.70
30	0.61	0.61	0.61	0.62	0.62	0.62	0.62	0.62	0.63	0.63	0.63	0.64	0.64	0.65	0.65	0.66	0.66	0.67	0.67	0.68	0.68	0.68	0.69	0.69	0.70	0.70	0.73
1/2	0.65	0.65	0.65	0.66	0.66	0.66	0.66	0.66	0.67	0.67	0.67	0.68	0.68	0.69	0.69	0.70	0.70	0.71	0.71	0.72	0.72	0.73	0.73	0.74	0.74	0.75	0.78
31	0.69	0.69	0.66	0.70	0.60	0.70	0.70	0.70	0.71	0.71	0.71	0.72	0.72	0.73	0.73	0.74	0.74	0.75	0.75	0.76	0.76	0.77	0.77	0.78	0.78	0.79	0.82
1/2	0.73	0.73	0.73	0.74	0.74	0.74	0.74	0.74	0.75	0.75	0.75	0.76	0.76	0.77	0.77	0.78	0.79	0.79	0.80	0.80	0.81	0.81	0.82	0.82	0.83	0.83	0.86
32	0.76	0.76	0.77	0.77	0.78	0.78	0.78	0.78	0.79	0.79	0.79	0.80	0.80	0.81	0.81	0.82	0.83	0.83	0.84	0.84	0.85	0.85	0.86	0.86	0.87	0.87	0.90
1/2	0.80	0.80	0.81	0.81	0.82	0.82	0.82	0.83	0.83	0.83	0.83	0.84	0.84	0.85	0.85	0.86	0.87	0.87	0.88	0.88	0.89	0.90	0.90	0.91	0.91	0.92	0.95
33	0.84	0.84	0.85	0.85	0.85	0.85	0.85	0.86	0.86	0.86	0.86	0.87	0.88	0.88	0.89	0.90	0.91	0.91	0.92	0.92	0.93	0.94	0.94	0.95	0.95	0.96	0.99
1/2	0.88	0.88	0.88	0.89	0.89	0.89	0.89	0.89	0.90	0.90	0.90	0.91	0.92	0.92	0.93	0.94	0.95	0.95	0.96	0.97	0.98	0.98	0.99	0.99	1.00	1.00	1.03
34	0.91	0.91	0.92	0.92	0.93	0.93	0.93	0.93	0.94	0.94	0.94	0.95	0.96	0.96	0.97	0.98	0.99	1.00	1.00	1.01	1.02	1.02	1.03	1.03	1.04	1.04	1.07
1/2	0.95	0.95	0.96	0.96	0.97	0.97	0.97	0.97	0.98	0.98	0.98	0.99	0.99	1.00	1.01	1.02	1.03	1.04	1.04	1.05	1.06	1.07	1.07	1.08	1.08	1.09	1.12
35	0.99	0.99	1.00	1.00	1.01	1.01	1.01	1.01	1.02	1.02	1.02	1.03	1.04	1.05	1.05	1.06	1.07	1.08	1.08	1.09	1.10	1.11	1.11	1.12	1.12	1.13	1.16
40	1.42	1.43	1.43	1.44	1.44	1.45	1.45	1.46	1.47	1.47	1.47	1.48	1.49	1.50	1.50	1.51	1.52	1.53	1.53	1.54	1.54	1.55	1.55	1.56	1.56	1.57	1.62

附表 6　乳稠计读数变为 15℃时的度数换算表

乳稠计读数 \ 鲜乳温度/℃	8	9	10	11	12	13	14	15	16	17	18	19	20	21	22
15	14.2	14.3	14.4	14.5	14.6	14.7	14.8	15.0	15.1	15.2	15.4	15.6	15.8	16.0	16.2
16	15.2	15.3	15.4	15.5	15.6	15.7	15.8	16.0	16.1	16.3	16.5	16.7	16.9	17.1	17.3
17	16.2	16.3	16.4	16.5	16.6	16.7	16.8	17.0	17.1	17.3	17.5	17.7	17.9	18.1	18.3
18	17.2	17.3	17.4	17.5	17.6	17.7	17.8	18.0	18.1	18.3	18.5	18.7	18.9	19.1	19.5
19	18.2	18.3	18.4	18.5	18.6	18.7	18.8	19.0	19.0	19.3	19.5	19.7	19.9	20.1	20.3
20	19.1	19.2	19.3	19.4	19.5	19.6	19.8	20.0	20.1	20.3	20.5	20.7	20.9	21.1	21.3
21	20.1	20.2	20.3	20.4	20.5	20.6	20.8	21.0	21.2	21.4	21.6	21.8	22.0	22.2	22.4
22	21.1	21.2	21.3	21.4	21.5	21.6	21.8	22.0	22.2	22.4	22.6	22.8	23.0	23.4	23.4
23	22.1	22.2	22.3	22.4	22.5	22.6	22.8	23.0	23.2	23.4	23.6	23.8	24.0	24.2	24.4
24	23.1	23.2	23.3	23.4	23.5	23.6	23.8	24.0	24.2	24.4	24.6	24.8	25.0	25.2	25.5
25	24.0	24.1	24.2	24.3	24.5	24.6	24.8	25.0	25.2	25.4	25.6	25.8	26.0	26.2	26.4
26	25.0	25.1	25.2	25.3	25.5	25.6	25.8	26.0	26.2	26.4	26.6	26.9	27.1	27.3	27.5
27	26.0	26.1	26.2	26.3	26.4	26.6	26.8	27.0	27.2	27.4	27.6	27.9	28.1	28.4	28.6
28	26.9	27.0	27.1	27.2	27.4	27.6	27.8	28.0	28.2	28.4	28.6	28.9	29.2	29.4	29.6
29	27.8	27.9	28.1	28.2	28.4	28.6	28.8	29.0	29.2	29.4	29.6	29.9	30.2	30.4	30.6
30	28.7	28.9	29.0	29.2	29.4	29.6	29.8	30.0	30.2	30.4	30.6	30.9	31.2	31.4	31.6
31	29.7	29.8	30.0	30.2	30.4	30.6	30.8	31.0	31.2	31.4	31.6	32.0	32.2	32.5	32.7
32	30.6	20.8	31.0	31.2	31.4	31.6	31.8	32.0	32.2	32.4	32.7	33.0	33.3	33.6	33.8
33	31.6	31.8	32.0	32.2	32.4	32.6	32.8	33.0	33.2	33.4	33.7	34.0	34.3	34.6	34.8
34	32.6	32.8	32.8	33.1	33.3	33.6	33.8	34.0	34.2	34.4	34.7	35.0	35.3	35.6	35.9
35	33.6	33.7	33.8	34.0	34.2	34.4	34.8	35.0	35.2	35.4	35.7	36.0	36.3	36.6	36.9

附表 7　糖液折光锤度温度改正表（20℃）

温度/℃ \ 锤度	0	5	10	15	20	25	30	35	40	45	50	55	60	65	70
10	0.50	0.54	0.58	0.61	0.64	0.66	0.68	0.70	0.72	0.73	0.74	0.75	0.76	0.78	0.79
11	0.46	0.49	0.53	0.55	0.58	0.60	0.62	0.64	0.65	0.66	0.67	0.68	0.69	0.70	0.71
12	0.42	0.45	0.48	0.50	0.52	0.54	0.56	0.57	0.58	0.59	0.60	0.61	0.61	0.63	0.63
13	0.37	0.40	0.42	0.44	0.46	0.48	0.49	0.50	0.51	0.52	0.53	0.54	0.54	0.55	0.55
14	0.33	0.35	0.37	0.39	0.40	0.41	0.42	0.43	0.44	0.45	0.45	0.46	0.46	0.47	0.48
15	0.27	0.29	0.31	0.33	0.34	0.34	0.35	0.36	0.37	0.37	0.38	0.39	0.39	0.40	0.40
16	0.22	0.24	0.25	0.26	0.27	0.28	0.28	0.29	0.30	0.30	0.30	0.31	0.31	0.32	0.32
17	0.17	0.18	0.19	0.20	0.21	0.21	0.21	0.22	0.22	0.23	0.23	0.23	0.23	0.24	0.24
18	0.12	0.13	0.13	0.14	0.14	0.14	0.14	0.15	0.15	0.15	0.15	0.16	0.16	0.16	0.16
19	0.06	0.06	0.06	0.07	0.07	0.07	0.07	0.08	0.08	0.08	0.08	0.08	0.08	0.08	0.08
21	0.06	0.07	0.07	0.07	0.07	0.08	0.08	0.08	0.08	0.08	0.08	0.08	0.08	0.08	0.08
22	0.13	0.13	0.14	0.14	0.15	0.15	0.15	0.15	0.15	0.16	0.16	0.16	0.16	0.16	0.16
23	0.19	0.20	0.21	0.22	0.22	0.23	0.23	0.23	0.23	0.24	0.24	0.24	0.24	0.24	0.24
24	0.26	0.27	0.28	0.29	0.30	0.30	0.31	0.31	0.31	0.31	0.31	0.32	0.32	0.32	0.32
25	0.33	0.35	0.36	0.37	0.38	0.38	0.39	0.40	0.40	0.40	0.40	0.40	0.40	0.40	0.40
26	0.40	0.42	0.43	0.44	0.45	0.46	0.47	0.48	0.48	0.48	0.48	0.48	0.48	0.48	0.48
27	0.48	0.50	0.52	0.53	0.54	0.55	0.55	0.56	0.56	0.56	0.56	0.56	0.56	0.56	0.56
28	0.56	0.57	0.60	0.61	0.62	0.63	0.63	0.64	0.64	0.64	0.64	0.64	0.64	0.64	0.64
29	0.64	0.66	0.68	0.69	0.71	0.72	0.72	0.73	0.73	0.73	0.73	0.73	0.73	0.73	0.73
30	0.72	0.74	0.77	0.78	0.79	0.80	0.80	0.81	0.81	0.81	0.81	0.81	0.81	0.81	0.81

注：20℃时，为标准数值不用校正。

附表 8　碳酸气吸收系数表

温度/℃ \ 倍数 \ 压力/9.8×10⁴Pa	0	0.1	0.2	0.3	0.4	0.5	0.6	0.7	0.8	0.9	1.0	1.1	1.2	1.3	1.4	1.5	1.6	1.7	1.8	1.9	2.0	2.1	2.2	2.3	2.4
0	1.713	1.88	2.04	2.21	2.38	2.54	2.71	2.87	3.04	3.21	3.37	3.54	3.70	3.87	4.03	4.20	4.37	4.53	4.70	4.86	5.03	5.19	5.36	5.53	5.69
1	1.645	1.81	1.96	2.12	2.28	2.44	2.60	2.76	2.92	3.08	3.24	3.46	3.56	3.72	3.88	4.04	4.19	4.35	4.51	4.67	4.83	4.99	5.15	5.31	5.47
2	1.584	1.74	1.89	2.04	2.20	2.35	2.50	2.66	2.81	2.96	3.12	3.27	3.42	3.58	3.73	3.88	4.04	4.19	4.34	4.50	4.65	4.80	4.96	5.11	5.26
3	1.527	1.67	1.82	1.97	2.12	2.27	2.41	2.56	2.71	2.86	3.00	3.15	3.30	3.45	3.60	3.74	3.89	4.04	4.19	4.33	4.48	4.63	4.78	4.93	5.07
4	1.473	1.62	1.76	1.90	2.04	2.19	2.33	2.47	2.61	2.76	2.90	3.04	3.18	3.33	3.47	3.61	3.75	3.95	4.04	4.18	4.32	4.47	4.61	4.75	4.89
5	1.424	1.56	1.70	1.84	1.98	2.11	2.25	2.39	2.53	2.66	2.80	2.94	3.08	3.22	3.35	3.49	3.63	3.77	3.90	4.04	4.18	4.32	4.46	4.59	4.73
6	1.377	1.51	1.64	1.78	1.91	2.04	2.18	2.31	2.44	2.58	2.71	2.84	2.98	3.11	3.24	3.38	3.51	3.64	3.78	3.91	4.04	4.18	4.31	4.44	4.58
7	1.331	1.46	1.59	1.72	1.85	1.98	2.10	2.23	2.36	2.49	2.62	2.75	2.88	3.01	3.13	3.26	3.39	3.52	3.65	3.78	3.91	4.04	4.17	4.29	4.42
8	1.282	1.41	1.53	1.65	1.78	1.90	2.03	2.15	2.27	2.40	2.52	2.65	2.77	2.90	3.02	3.14	3.27	3.39	3.52	3.64	3.76	3.89	4.01	4.14	4.26
9	1.237	1.36	1.48	1.60	1.72	1.84	1.96	2.08	2.19	2.31	2.43	2.55	2.67	2.79	2.91	3.03	3.15	3.27	3.39	3.51	3.63	3.75	3.87	3.99	4.11
10	1.194	1.31	1.43	1.54	1.66	1.77	1.89	2.00	2.12	2.23	2.35	2.47	2.58	2.70	2.81	2.93	3.04	3.16	3.27	3.39	3.51	3.62	3.74	3.85	3.97
11	1.154	1.27	1.38	1.49	1.60	1.71	1.82	1.94	2.05	2.16	2.27	2.38	2.49	2.61	2.72	2.83	2.94	3.05	3.16	3.28	3.39	3.50	3.61	3.72	3.83
12	1.117	1.23	1.33	1.44	1.55	1.66	1.77	1.87	1.98	2.09	2.20	2.31	2.41	2.52	2.63	2.74	2.85	2.95	3.06	3.17	3.28	3.39	3.50	3.60	3.71
13	1.083	1.19	1.29	1.40	1.50	1.61	1.71	1.82	1.92	2.03	2.13	2.24	2.34	2.45	2.55	2.66	2.76	2.86	2.97	3.07	3.18	3.28	3.39	3.49	3.60
14	1.050	1.51	1.25	1.35	1.46	1.56	1.66	1.76	1.86	1.96	2.07	2.17	2.27	2.37	2.47	2.57	2.68	2.78	2.88	2.98	3.08	3.18	3.29	3.39	3.49
15	1.019	1.12	1.22	1.31	1.41	1.51	1.61	1.71	1.81	1.91	2.01	2.10	2.20	2.30	2.40	2.50	2.60	2.70	2.79	2.89	2.99	3.09	3.19	3.29	3.39
16	0.985	1.08	1.18	1.27	1.37	1.46	1.56	1.65	1.75	1.84	1.94	2.03	2.13	2.22	2.32	2.41	2.51	2.61	2.70	2.80	2.89	2.99	3.08	3.18	3.27
17	0.956	1.05	1.14	1.23	1.33	1.42	1.51	1.60	1.70	1.79	1.88	1.97	2.07	2.16	2.25	2.34	2.44	2.53	2.62	2.71	2.81	2.90	2.99	3.08	3.18
18	0.928	1.02	1.11	1.20	1.29	1.38	1.47	1.56	1.65	1.74	1.83	1.92	2.01	2.10	2.19	2.28	2.37	2.45	2.54	2.63	2.72	2.81	2.90	2.99	3.08
19	0.902	0.99	1.08	1.16	1.25	1.34	1.43	1.51	1.60	1.69	1.77	1.86	1.95	2.04	2.12	2.21	2.30	2.39	2.47	2.56	2.65	2.74	2.82	2.91	3.00
20	0.878	0.96	1.05	1.13	1.22	1.30	1.39	1.47	1.56	1.64	1.73	1.81	1.90	1.98	2.07	2.15	2.24	2.32	2.41	2.49	2.58	2.66	2.75	2.83	2.92
21	0.854	—	—	1.10	1.18	1.27	1.35	1.43	1.52	1.60	1.68	1.76	1.85	1.93	2.01	2.09	2.18	2.26	2.34	2.42	2.51	2.59	2.67	2.76	2.84
22	0.829	—	—	—	1.15	1.23	1.31	1.39	1.47	1.55	1.63	1.71	1.79	1.87	1.95	2.03	2.11	2.19	2.27	2.35	2.43	2.51	2.59	2.67	2.75
23	0.804	—	—	—	—	1.19	1.27	1.35	1.43	1.50	1.58	1.66	1.74	1.82	1.89	1.97	2.05	2.13	2.20	2.28	2.36	2.44	2.52	2.59	2.67
24	0.781	—	—	—	—	—	1.23	1.31	1.39	1.46	1.54	1.61	1.69	1.76	1.84	1.91	1.99	2.07	2.14	2.22	2.29	2.37	2.44	2.52	2.60
25	0.759	—	—	—	—	—	—	1.27	1.35	1.42	1.49	1.57	1.64	1.71	1.79	1.86	1.93	2.01	2.08	2.15	2.23	2.30	2.38	2.45	2.52

续表

压力/9.8×10^4Pa 倍数 温度/℃	2.5	2.6	2.7	2.8	2.9	3.0	3.1	3.2	3.3	3.4	3.5	3.6	3.7	3.8	3.9	4.0	4.1	4.2	4.3	4.4	4.5	4.6	4.7	4.8	4.9	5.0
0	5.86	6.02	—	—	—	—	—	—	—	—	—	—	—	—	—	—	—	—	—	—	—	—	—	—	—	—
1	5.63	5.79	5.95	6.11	—	—	—	—	—	—	—	—	—	—	—	—	—	—	—	—	—	—	—	—	—	—
2	5.42	5.57	5.72	5.88	6.03	—	—	—	—	—	—	—	—	—	—	—	—	—	—	—	—	—	—	—	—	—
3	5.22	5.37	5.52	5.67	5.81	5.96	6.11	—	—	—	—	—	—	—	—	—	—	—	—	—	—	—	—	—	—	—
4	5.04	5.18	5.32	5.46	5.61	5.75	5.89	6.01	6.18	—	—	—	—	—	—	—	—	—	—	—	—	—	—	—	—	—
5	4.87	5.01	5.15	5.28	5.42	5.56	5.70	5.83	5.97	6.11	—	—	—	—	—	—	—	—	—	—	—	—	—	—	—	—
6	4.71	4.84	4.98	5.11	5.24	5.38	5.51	5.64	5.77	5.91	6.04	6.17	—	—	—	—	—	—	—	—	—	—	—	—	—	—
7	4.55	4.68	4.81	4.94	5.07	5.20	5.32	5.45	5.58	5.71	5.84	5.97	6.10	6.23	—	—	—	—	—	—	—	—	—	—	—	—
8	4.38	4.51	4.63	4.76	4.88	5.00	5.13	5.25	5.38	5.50	5.62	5.75	5.87	6.00	6.12	—	—	—	—	—	—	—	—	—	—	—
9	4.23	4.35	4.47	4.59	4.71	4.83	4.95	5.07	5.19	5.31	5.43	5.55	5.67	5.79	5.91	6.03	6.15	—	—	—	—	—	—	—	—	—
10	4.08	4.20	4.31	4.43	4.55	4.66	4.78	4.89	5.01	5.12	5.24	5.35	5.47	5.59	5.70	5.82	5.93	6.05	—	—	—	—	—	—	—	—
11	3.95	4.06	4.17	4.28	4.39	4.50	4.62	4.73	4.84	4.95	5.06	5.17	5.29	5.40	5.51	5.62	5.73	5.84	5.96	6.07	6.18	6.29	6.40	—	—	—
12	3.82	3.93	4.04	4.14	4.25	4.36	4.47	4.58	4.68	4.79	4.90	5.01	5.12	5.23	5.33	5.44	5.55	5.66	5.77	5.87	5.98	6.09	6.20	6.31	6.41	6.52
13	3.70	3.81	3.91	4.02	4.12	4.23	4.33	4.44	4.54	4.65	4.75	4.86	4.96	5.07	5.17	5.28	5.38	5.49	5.59	5.69	5.80	5.80	6.01	6.11	6.22	6.32
14	3.59	3.69	3.79	3.90	4.00	4.10	4.20	4.30	4.40	4.51	4.61	4.71	4.81	4.91	5.01	5.11	5.22	5.32	5.42	5.52	5.62	5.72	5.83	5.93	6.03	6.13
15	3.48	3.58	3.68	3.78	3.88	3.98	4.08	4.17	4.27	4.37	4.47	4.57	4.67	4.77	4.87	4.96	5.06	5.16	5.26	5.36	5.46	5.56	5.56	5.75	5.85	5.95
16	3.37	3.46	3.56	3.65	3.75	3.84	3.94	4.04	4.13	4.23	4.32	4.42	4.51	4.61	4.70	4.80	4.89	4.99	5.08	5.18	5.27	5.37	5.47	5.56	5.66	5.75
17	3.27	3.36	3.45	3.55	3.64	3.73	3.82	3.92	4.01	4.10	4.19	4.29	4.38	4.47	4.56	4.66	4.75	4.84	4.93	5.03	5.12	5.21	5.30	5.40	5.49	5.58
18	3.17	3.26	3.35	3.44	3.53	3.62	3.71	3.80	3.89	3.98	4.07	4.16	4.25	4.34	4.43	4.52	4.61	4.70	4.79	4.88	4.97	5.06	5.15	5.24	5.33	5.42
19	3.08	3.17	3.26	3.35	3.43	3.52	3.61	3.70	3.78	3.87	3.96	4.04	4.13	4.22	4.31	4.39	4.48	4.57	4.66	4.74	4.83	4.92	5.01	5.09	5.18	5.27
20	3.00	3.09	3.17	3.26	3.34	3.43	3.51	3.60	3.68	3.77	3.85	3.94	4.02	4.11	4.19	4.28	4.36	4.45	4.53	4.62	4.70	4.79	4.87	4.96	5.04	5.18
21	2.92	3.00	3.09	3.17	3.25	3.33	3.42	3.50	3.58	3.66	3.75	3.83	3.91	3.99	4.08	4.16	4.24	4.33	4.41	4.49	4.57	4.66	4.74	4.82	4.90	4.99
22	2.83	2.92	3.00	3.08	3.16	3.24	3.32	3.40	3.48	3.56	3.64	3.72	3.80	3.88	3.96	4.04	4.12	4.20	4.28	4.36	4.44	4.52	4.60	4.68	4.76	4.84
23	2.75	2.83	2.90	2.98	3.06	3.14	3.22	3.29	3.37	3.45	3.53	3.61	3.68	3.76	3.84	3.92	3.99	4.04	4.15	4.23	4.31	4.38	4.46	4.54	4.62	4.69
24	2.67	2.75	2.82	2.90	2.97	3.05	3.12	3.20	3.28	3.35	3.43	3.50	3.58	3.65	3.73	3.80	3.88	3.96	4.03	4.11	4.18	4.26	4.33	4.41	4.48	4.56
25	2.60	2.67	2.74	2.82	2.89	2.96	3.04	3.11	3.18	3.26	3.33	3.40	3.48	3.55	3.62	3.70	3.77	3.84	3.92	3.99	4.06	4.14	4.21	4.29	4.36	4.43

注：1. 碳酸气吸收系数称为气容量。

2. 本样品测试的标准温度为20℃。若差异应进行温度校正，本表已将各因素整理、换算、归纳，可直接查出正确数值。

附表 9 相当于氧化亚铜质量的葡萄糖、果糖、乳糖、转化糖

单位：mg

氧化亚铜	葡萄糖	果糖	乳糖	转化糖	氧化亚铜	葡萄糖	果糖	乳糖	转化糖
11.3	4.6	5.1	7.7	5.2	59.7	25.6	28.2	40.6	27.0
12.4	5.1	5.6	8.5	5.7	60.8	26.1	28.7	41.4	27.6
13.5	5.6	6.1	9.3	6.2	61.9	26.5	29.2	42.1	28.1
14.6	6.0	6.7	10.0	6.7	63.0	27.0	29.8	42.9	28.6
15.8	6.5	7.2	10.8	7.2	64.2	27.5	30.3	43.7	29.1
16.9	7.0	7.7	11.5	7.7	61.3	28.0	30.9	44.4	29.6
18.0	7.5	8.3	12.3	8.2	66.4	28.5	31.4	45.2	30.1
19.1	8.0	8.8	13.1	8.7	67.6	29.0	31.9	46.0	30.0
20.3	8.5	9.3	13.8	9.2	68.7	29.5	32.5	46.7	31.2
21.4	8.9	9.9	14.6	9.7	69.8	30.0	33.0	47.5	31.7
22.5	9.4	10.4	15.4	10.2	70.9	30.5	33.6	48.3	32.2
23.6	9.9	10.9	16.1	10.7	72.1	31.0	34.1	49.0	32.7
24.8	10.4	11.5	16.9	11.2	73.2	31.5	34.7	49.8	33.2
25.9	10.9	12.0	17.7	11.7	74.3	32.0	35.2	50.6	33.7
27.0	11.4	12.5	18.4	12.3	75.4	32.5	35.8	51.3	34.3
28.1	11.9	13.1	19.2	12.8	76.6	33.0	36.3	52.1	34.8
29.3	12.3	13.6	19.9	13.3	77.7	33.5	36.8	52.9	35.3
30.4	12.8	14.2	20.7	13.8	78.8	34.0	37.4	53.6	35.8
31.5	13.3	14.7	21.5	14.3	79.9	34.5	37.9	54.4	36.3
32.6	13.8	15.2	22.2	14.8	81.1	35.0	38.5	55.2	36.8
33.8	14.3	15.8	23.0	15.3	82.2	35.5	39.0	55.9	37.4
34.9	14.8	16.0	23.8	15.8	83.3	36.0	39.6	56.7	37.9
36.0	15.3	16.8	24.5	16.3	84.4	36.5	40.1	57.5	38.4
37.2	15.7	17.4	25.3	16.8	85.6	37.0	40.7	58.2	38.9
38.3	16.2	17.9	26.1	17.3	86.7	37.5	41.2	59.0	39.4
39.4	16.7	18.4	26.8	17.8	87.8	38.0	41.7	59.8	40.0
40.5	17.2	19.0	27.6	18.3	88.9	38.5	42.3	60.5	40.5
41.7	17.7	19.5	28.4	18.9	90.1	39.0	42.8	61.3	41.0
42.8	18.2	20.1	29.1	19.4	91.2	39.5	43.4	62.1	41.5
43.9	18.7	20.6	29.9	19.9	92.3	40.0	43.9	62.8	42.0
45.0	19.2	21.1	30.6	20.4	93.4	40.5	44.5	63.6	42.6
46.2	19.7	21.7	31.4	20.9	94.6	41.0	45.0	64.4	43.1
47.3	20.1	22.2	32.2	21.4	95.7	41.5	45.6	65.1	43.6
48.4	20.6	22.8	32.9	21.9	96.8	42.0	46.1	65.9	44.1
49.5	21.1	23.3	33.7	22.4	97.9	42.5	46.7	66.7	44.7
50.7	21.6	23.8	34.5	22.9	99.1	43.0	47.2	67.4	45.2
51.8	22.1	24.4	35.2	23.5	100.2	43.5	47.8	68.2	45.7
52.9	22.6	24.9	36.0	24.0	101.3	44.0	48.3	69.0	46.2
54.0	23.1	25.4	36.8	24.5	102.5	44.5	48.9	69.7	46.7
55.2	23.6	26.0	37.5	25.0	103.6	45.0	49.4	70.5	47.3
56.3	24.1	26.5	38.3	25.5	104.7	45.5	50.0	71.3	47.8
57.4	24.6	27.1	39.1	26.0	105.8	46.0	50.5	72.1	48.3
58.5	25.1	27.6	39.8	26.5	107.0	46.5	51.1	72.8	48.8

续表

氧化亚铜	葡萄糖	果糖	乳糖	转化糖	氧化亚铜	葡萄糖	果糖	乳糖	转化糖
108.1	47.0	51.6	73.6	49.4	155.4	68.5	74.9	106.0	71.6
109.2	47.5	52.2	74.4	49.9	156.5	69.0	75.5	106.7	71.2
110.3	48.0	52.7	75.1	50.4	157.6	69.5	76.0	107.5	72.7
111.5	48.5	53.3	75.9	50.9	158.7	70.0	76.6	108.3	73.2
112.6	49.0	53.8	76.7	51.5	159.9	70.5	77.1	109.0	73.8
113.7	49.5	54.4	77.4	52.0	161.0	71.1	77.7	109.8	74.3
114.8	50.0	54.9	78.2	52.5	162.1	71.6	78.3	110.6	74.9
116.0	50.6	55.5	79.0	53.0	163.2	72.1	78.8	111.4	75.4
117.1	51.1	56.0	79.7	53.6	164.4	72.6	79.4	112.1	75.9
118.2	51.6	56.6	80.5	54.1	165.5	73.1	80.0	112.9	76.5
119.3	52.1	57.1	81.3	54.6	166.6	73.7	80.5	113.7	77.0
120.5	52.6	57.7	82.1	55.2	167.8	74.2	81.1	114.4	77.6
121.6	53.1	58.2	82.8	55.7	168.9	74.7	81.6	115.2	78.1
122.7	53.6	58.8	83.6	56.2	170.0	75.2	82.2	116.0	78.6
123.8	54.1	59.3	84.4	56.7	171.0	75.7	82.8	116.8	79.2
125.0	54.6	59.9	85.1	57.3	172.3	76.3	83.3	117.5	79.7
126.1	55.1	60.4	85.9	57.8	172.4	76.8	83.9	118.3	80.3
127.2	55.6	61.0	86.7	58.3	174.5	77.3	84.4	119.1	80.8
128.3	56.1	61.6	87.4	58.9	175.6	77.8	85.0	119.9	81.3
129.5	56.7	62.1	88.2	59.4	176.8	78.3	85.6	120.6	81.9
130.6	57.2	62.7	89.0	59.9	177.9	78.9	86.1	121.4	82.4
131.7	57.7	63.2	89.8	60.4	179.0	79.4	86.7	122.2	83.0
132.8	58.2	63.8	90.5	61.0	180.1	79.9	87.3	122.9	83.5
134.0	58.7	64.3	91.3	61.5	181.3	80.4	87.8	123.7	84.0
135.1	59.2	64.9	92.1	62.0	182.4	81.0	88.4	124.5	84.6
136.2	59.7	65.4	92.8	62.6	182.5	81.5	89.0	125.3	85.1
137.4	60.2	66.0	93.6	63.1	184.5	82.0	89.5	126.0	85.7
138.5	60.7	66.5	94.4	63.6	185.8	82.5	90.1	126.8	86.2
139.6	61.3	67.1	95.2	64.2	186.9	83.1	90.6	127.6	86.8
140.7	61.8	67.7	95.9	64.7	188.0	83.6	91.2	128.4	87.3
141.9	62.3	68.2	96.7	65.2	189.1	84.1	91.8	129.1	87.8
143.0	62.8	68.9	97.5	65.8	190.3	84.6	92.3	129.9	88.4
144.1	63.3	69.3	98.2	66.3	191.4	85.2	92.9	130.7	88.9
145.2	63.8	69.9	99.0	66.8	192.5	85.7	93.5	121.5	89.5
146.4	64.3	70.4	99.8	67.4	193.6	86.2	94.0	132.2	90.0
147.5	64.9	71.0	100.6	69.7	194.8	86.7	94.6	133.0	90.6
148.6	65.4	71.6	101.3	68.4	195.9	87.3	95.2	133.8	91.1
149.7	65.9	72.1	102.1	69.0	197.0	87.8	95.7	134.6	91.7
150.9	66.4	72.7	102.9	69.5	198.1	88.3	96.3	135.3	92.2
152.0	66.9	73.2	103.6	70.0	199.3	88.9	96.9	136.1	92.8
153.1	67.4	73.8	104.4	70.6	200.4	89.4	97.4	136.9	93.3
154.2	68.0	74.3	105.2	71.1	201.5	89.9	98.0	137.7	93.8

续表

氧化亚铜	葡萄糖	果糖	乳糖	转化糖	氧化亚铜	葡萄糖	果糖	乳糖	转化糖
202.7	90.4	98.6	138.4	94.4	247.9	112.9	122.6	171.0	117.6
201.8	91.0	99.2	139.2	94.9	251.1	113.5	123.2	171.8	118.2
204.9	91.5	99.7	140.0	95.5	252.2	114.0	121.8	172.6	118.8
206.0	92.0	100.3	140.8	96.0	251.3	114.6	124.4	173.4	119.3
207.2	92.6	100.9	141.5	96.6	254.4	115.1	125.0	174.2	119.9
208.3	93.1	101.4	142.3	97.1	255.6	115.7	125.5	174.9	120.4
209.4	93.6	102.0	143.1	97.7	256.7	116.2	126.1	175.7	121.0
210.5	94.2	102.6	143.9	98.2	257.8	116.7	126.7	176.5	120.6
211.7	94.7	103.1	144.6	98.8	258.9	117.3	127.3	177.3	122.1
212.8	95.2	101.7	145.4	99.3	260.1	117.8	127.9	178.1	122.7
213.9	95.7	104.3	146.2	99.9	261.2	118.4	128.4	178.8	123.3
215.0	96.3	104.8	147.0	100.4	262.3	118.9	129.0	179.6	123.8
216.2	96.8	105.4	147.7	101.0	263.4	119.5	129.6	180.4	124.4
217.3	97.3	106.0	148.5	101.5	264.6	120.0	130.2	181.2	124.9
218.4	97.9	106.6	149.3	102.1	265.7	120.6	130.8	181.9	125.5
219.5	98.4	107.1	150.1	105.6	266.8	121.1	131.3	182.7	126.1
220.7	98.9	107.7	150.8	103.1	268.0	121.7	131.9	183.5	126.6
221.8	99.5	108.3	151.6	103.7	269.1	122.2	132.5	184.3	127.2
222.9	100.0	108.8	152.4	104.3	270.2	122.7	133.1	185.1	127.8
224.0	100.5	109.4	153.2	104.8	271.3	123.3	133.7	185.8	128.3
225.2	101.1	110.0	153.9	105.4	272.5	123.8	134.2	186.6	128.9
226.3	101.6	110.6	154.7	106.0	273.6	124.1	134.8	187.4	129.5
227.4	102.2	111.1	155.5	106.5	274.7	124.9	135.4	188.2	130.0
228.5	102.7	111.7	156.3	107.1	275.8	125.5	136.0	189.0	130.6
229.7	103.2	112.3	157.0	107.6	277.0	126.0	136.6	189.7	131.2
230.8	103.8	112.9	157.8	108.2	278.1	126.6	137.2	190.5	131.7
231.9	104.3	113.4	158.6	108.7	279.2	127.1	137.7	191.3	132.3
233.1	104.8	114.0	159.4	109.3	280.3	127.7	138.3	192.1	132.9
234.2	105.4	114.6	160.2	109.9	281.5	128.2	138.9	192.9	133.4
235.3	105.9	115.2	160.9	110.4	282.6	128.8	139.5	193.6	134.0
236.4	106.5	115.7	161.7	110.9	283.7	129.3	140.1	194.4	134.6
237.6	107.0	116.3	162.5	111.5	284.8	129.9	140.7	195.2	135.1
238.7	107.5	116.9	163.3	112.1	286.0	130.4	141.3	196.0	135.7
239.8	108.1	117.5	164.0	112.6	287.1	131.0	141.8	196.8	136.3
240.9	108.6	118.0	164.8	113.2	288.2	131.6	142.4	197.5	136.8
242.1	109.2	118.6	165.6	113.7	289.3	132.1	143.0	198.3	137.4
243.1	109.7	119.2	166.4	114.3	290.5	132.7	143.6	199.1	138.0
243.3	110.2	119.8	167.1	114.9	291.6	133.2	144.2	199.9	138.6
245.4	110.8	120.3	167.0	115.4	292.7	133.8	144.8	200.7	139.1
246.6	111.3	120.9	168.7	116.0	293.8	134.3	145.4	201.4	139.7
247.7	111.9	121.5	169.5	116.5	295.0	134.9	145.9	202.2	140.3
247.6	112.4	122.1	170.3	117.1	296.1	135.4	146.5	203.0	140.8

续表

氧化亚铜	葡萄糖	果糖	乳糖	转化糖	氧化亚铜	葡萄糖	果糖	乳糖	转化糖
297.2	136.0	147.1	201.8	141.4	344.5	159.6	172.0	236.7	165.7
297.3	136.5	147.7	204.6	142.0	345.6	160.2	172.6	237.4	166.3
299.5	137.1	148.3	205.3	142.6	346.8	160.7	173.2	238.2	166.9
300.6	137.7	148.9	206.1	143.1	347.9	161.3	173.8	239.0	167.5
301.7	138.2	149.5	206.9	143.7	349.0	161.9	174.4	239.8	168.0
302.9	138.8	150.1	207.7	144.3	350.1	162.5	175.0	240.6	168.5
304.0	139.3	150.6	208.5	144.8	351.3	163.0	175.6	241.4	169.2
305.1	139.9	151.2	209.2	145.4	352.4	163.6	176.2	242.2	169.8
306.2	140.4	151.8	210.0	146.0	353.5	164.2	176.8	243.0	170.4
307.4	141.0	152.4	210.8	146.6	354.6	164.7	177.4	243.7	171.0
308.5	141.6	153.0	211.6	147.1	355.8	165.3	178.0	244.5	171.6
309.6	142.1	153.6	212.4	147.7	356.9	165.9	178.6	245.3	172.2
310.7	142.7	154.2	213.2	148.3	358.0	166.5	179.2	246.1	172.8
311.9	143.2	154.8	214.0	148.9	359.1	167.0	179.8	246.9	171.3
313.0	143.8	155.4	214.7	149.4	360.3	167.6	180.4	247.7	173.9
314.1	144.4	156.0	215.5	150.0	361.4	168.2	181.0	248.5	174.5
315.2	144.9	156.5	216.3	150.6	362.5	168.8	181.6	249.2	175.1
316.4	145.5	157.1	217.1	151.2	363.6	169.3	182.2	250.0	175.7
317.5	146.0	159.7	217.9	151.8	364.8	169.9	182.9	250.8	176.3
318.6	146.6	158.3	218.7	152.3	365.9	170.5	183.4	251.6	176.9
319.7	147.2	158.9	219.4	152.9	367.0	171.1	184.0	252.4	177.5
320.9	147.7	159.5	220.2	153.5	368.2	171.6	184.6	253.2	178.1
322.0	148.3	160.1	221.0	154.1	369.3	172.2	185.2	253.9	178.7
323.1	148.8	160.7	221.8	154.6	370.4	172.8	185.8	254.7	179.3
324.2	149.4	161.3	222.6	155.2	371.5	173.4	186.4	255.5	179.8
325.4	150.0	161.9	223.3	155.8	372.7	173.9	187.0	256.3	180.4
326.5	150.5	162.5	224.1	156.4	373.8	174.5	187.6	257.1	181.0
327.6	154.1	163.1	224.9	157.0	374.9	175.1	188.2	257.9	181.6
328.7	151.7	163.7	225.7	157.5	376.0	175.7	188.8	258.7	182.2
329.9	152.2	164.3	226.5	158.1	377.2	176.3	189.4	259.4	182.8
331.0	152.8	164.9	227.3	158.7	378.3	176.8	190.1	260.2	193.4
332.1	153.4	165.4	228.0	159.3	379.4	177.4	190.7	261.0	184.0
333.3	153.9	166.0	228.8	159.9	380.5	178.0	191.3	261.8	184.6
334.4	154.5	166.6	229.6	160.5	381.7	178.6	191.9	262.6	185.2
335.5	155.1	167.2	230.4	161.0	382.8	179.2	192.5	263.4	185.8
336.6	155.5	167.8	231.2	161.6	383.9	179.7	193.1	264.2	186.4
337.8	156.2	168.4	232.0	162.2	385.0	180.3	193.7	265.0	187.0
338.9	156.8	169.0	232.7	162.8	386.2	180.9	194.3	265.8	187.6
340.0	157.3	169.6	233.5	163.4	387.3	181.5	194.9	266.6	188.2
341.1	157.9	170.2	234.3	164.0	388.4	182.1	195.5	267.4	188.9
342.3	158.5	170.9	235.1	164.5	389.5	182.7	196.1	268.1	189.4
343.4	159.0	171.4	235.9	165.1	390.7	183.2	196.7	268.9	190.0

续表

氧化亚铜	葡萄糖	果糖	乳糖	转化糖	氧化亚铜	葡萄糖	果糖	乳糖	转化糖
391.8	183.8	197.3	269.9	190.6	438.0	208.1	222.6	302.2	215.4
392.9	184.4	197.9	270.5	191.2	439.1	208.7	232.2	303.0	216.0
394.0	185.0	198.5	271.3	191.8	440.2	209.3	223.8	303.8	216.7
395.2	185.6	199.2	272.1	192.4	441.3	209.9	224.4	304.6	217.3
396.3	186.2	199.8	272.9	193.0	442.5	210.5	225.1	305.4	217.9
397.4	186.8	200.4	273.7	193.6	443.6	211.1	225.7	306.2	218.5
398.5	187.3	201.0	274.4	194.2	444.7	211.7	226.3	307.0	219.1
399.7	187.9	201.6	275.2	194.8	445.8	212.3	226.9	307.8	219.8
400.8	188.5	202.2	276.0	195.4	447.0	212.9	227.6	308.6	220.4
401.9	189.1	202.8	276.8	196.0	448.1	213.5	228.2	309.4	221.0
403.1	189.7	203.4	277.6	196.6	449.2	214.1	228.8	310.2	221.6
404.2	190.3	204.0	278.4	197.2	450.3	214.7	229.4	311.0	222.2
405.3	190.9	204.7	279.2	197.8	451.5	215.3	230.1	311.8	222.9
406.4	191.5	205.3	280.0	198.4	452.6	215.9	230.7	312.6	223.5
407.6	192.0	205.9	280.8	199.0	453.7	216.5	231.3	313.4	224.1
408.7	192.6	206.5	281.6	199.6	454.8	217.1	232.0	314.2	224.7
409.8	191.2	207.1	282.4	200.2	456.0	217.8	232.6	315.0	225.4
410.9	193.8	207.7	283.2	200.8	457.1	218.4	231.2	315.9	226.0
412.1	194.4	208.3	284.0	201.4	458.2	219.0	233.9	316.7	226.6
413.2	195.0	209.0	284.8	202.0	459.3	219.6	234.5	317.5	227.2
414.3	195.6	209.6	285.6	202.6	460.5	220.2	235.1	318.3	227.9
415.4	196.2	210.2	286.3	203.2	461.6	220.8	235.8	319.1	228.5
416.6	196.8	210.8	287.1	203.8	462.7	221.4	236.4	319.9	229.1
417.7	197.4	211.4	287.9	204.4	463.8	222.0	237.1	320.7	229.7
418.8	198.0	212.0	288.7	205.0	465.0	222.6	237.7	321.6	230.4
419.9	198.5	212.6	289.5	205.7	466.1	223.3	238.4	322.4	231.0
421.1	199.1	213.3	290.3	206.3	467.2	223.9	239.0	321.3	231.7
422.2	199.7	213.9	291.1	206.9	468.4	224.5	239.7	324.0	232.3
423.3	200.3	214.5	291.9	207.5	469.5	225.1	240.3	324.9	232.0
424.4	200.9	215.1	292.7	208.1	470.6	225.7	241.0	325.7	233.6
425.6	201.5	215.7	293.5	208.7	471.7	226.3	241.6	326.5	234.2
426.7	202.1	216.3	294.3	209.3	472.9	227.0	242.2	327.4	234.8
427.8	202.7	217.0	295.0	209.9	474.0	227.6	242.9	328.2	235.5
428.9	203.5	217.6	295.8	210.5	475.1	228.2	241.6	329.1	236.1
430.1	203.9	217.2	296.6	211.1	476.2	228.8	244.3	329.9	236.8
431.2	204.5	218.8	297.4	211.8	477.4	229.5	244.9	330.8	237.5
432.3	205.1	219.5	298.2	212.4	478.5	230.1	245.6	331.7	238.1
433.5	205.1	220.1	299.0	213.0	479.6	230.7	246.3	332.6	238.8
434.6	206.3	220.7	299.8	213.6	480.7	231.4	247.0	333.5	239.5
435.7	206.9	221.3	300.6	214.2	481.9	232.0	247.8	334.4	240.2
436.8	207.5	221.9	301.4	214.8	481.0	232.7	248.5	335.3	240.8

附表 10　20℃时折射率与可溶性固形物含量换算表

折射率	可溶性固形物/%	折射率	可溶性固形物/%	折射率	可溶性固形物/%	折射率	可溶性固形物/%	折射率	可溶性固形物/%	折射率	可溶性固形物/%
1.3330	0.0	1.3549	14.5	1.3793	29.0	1.4066	43.5	1.4373	58.0	1.4713	72.5
1.3337	0.5	1.3557	15.0	1.3802	29.5	1.4076	44.0	1.4385	58.5	1.4737	73.0
1.3344	1.0	1.3565	15.5	1.3811	30.0	1.4086	44.5	1.4396	59.0	1.4725	73.5
1.3351	1.5	1.3573	16.0	1.3820	30.5	1.4096	45.0	1.4407	59.5	1.4749	74.0
1.3359	2.0	1.3582	16.5	1.3829	31.0	1.4107	45.5	1.4418	60.0	1.4762	74.5
1.3367	2.5	1.3590	17.0	1.3838	31.5	1.4117	46.0	1.4429	60.5	1.4774	75.0
1.3373	3.0	1.3598	17.5	1.3847	32.0	1.4127	46.5	1.4441	61.0	1.4787	75.5
1.3381	3.5	1.3606	18.0	1.3856	32.5	1.4137	47.0	1.4453	61.5	1.4799	76.0
1.3388	4.0	1.3614	18.5	1.3865	33.0	1.4147	47.5	1.4464	62.0	1.4812	76.5
1.3395	4.5	1.3622	19.0	1.3874	33.5	1.4158	48.0	1.4475	62.5	1.4825	77.0
1.3403	5.0	1.3631	19.5	1.3883	34.0	1.4169	48.5	1.4486	63.0	1.4838	77.5
1.3411	5.5	1.3639	20.0	1.3893	34.5	1.4179	49.0	1.4497	63.5	1.4850	78.0
1.3418	6.0	1.3647	20.5	1.3902	35.0	1.4189	49.5	1.4509	64.0	1.4863	78.5
1.3425	6.5	1.3655	21.0	1.3911	35.5	1.4200	50.0	1.4521	64.5	1.4876	79.0
1.3433	7.0	1.3663	21.5	1.3920	36.0	1.4211	50.5	1.4532	65.0	1.4888	79.5
1.3441	7.5	1.3672	22.0	1.3929	36.5	1.4221	51.0	1.4544	65.5	1.4901	80.0
1.3448	8.0	1.3681	22.5	1.3939	37.0	1.4231	51.5	1.4555	66.0	1.4914	80.5
1.3456	8.5	1.3689	23.0	1.3949	37.5	1.4242	52.0	1.4570	66.5	1.4927	81.0
1.3464	9.0	1.3698	23.5	1.3958	38.0	1.4253	52.5	1.4581	67.0	1.4941	81.5
1.3471	9.5	1.3706	24.0	1.3968	38.5	1.4264	53.0	1.4593	67.5	1.4954	82.0
1.3479	10.0	1.3715	24.5	1.3978	39.0	1.4275	53.5	1.4605	68.0	1.4967	82.5
1.3487	10.5	1.3723	25.0	1.3987	39.5	1.4285	54.0	1.4616	68.5	1.4980	83.0
1.3494	11.0	1.3731	25.5	1.3997	40.0	1.4296	54.5	1.4628	69.0	1.4993	83.5
1.3502	11.5	1.3740	26.0	1.4007	40.5	1.4307	55.0	1.4639	69.5	1.5007	84.0
1.3510	12.0	1.3749	26.5	1.4016	41.0	1.4318	55.5	1.4651	70.0	1.5020	84.5
1.3518	12.5	1.3758	27.0	1.4026	41.5	1.4329	56.0	1.4663	70.5	1.5033	85.0
1.3526	13.0	1.3767	27.5	1.4036	42.0	1.4340	56.5	1.4676	71.0		
1.3533	13.5	1.3775	28.0	1.4046	42.5	1.4351	57.0	1.4688	71.5		
1.3541	14.0	1.3781	28.5	1.4056	43.0	1.4362	57.5	1.4700	72.0		

附表 11　20℃时可溶性固形物含量对温度的校正表

温度/℃	可溶性固形物含量/%														
	0	5	10	15	20	25	30	35	40	45	50	55	60	65	70
	应减去之校正值														
10	0.50	0.54	0.58	0.61	0.64	0.66	0.68	0.70	0.72	0.73	0.74	0.75	0.76	0.78	0.79
11	0.46	0.49	0.53	0.55	0.58	0.60	0.62	0.64	0.65	0.66	0.67	0.68	0.69	0.70	0.71
12	0.42	0.45	0.48	0.50	0.52	0.54	0.56	0.57	0.58	0.59	0.60	0.61	0.61	0.63	0.63
13	0.37	0.40	0.42	0.44	0.46	0.48	0.49	0.50	0.51	0.52	0.53	0.54	0.54	0.55	0.55
14	0.33	0.35	0.37	0.39	0.40	0.41	0.42	0.43	0.44	0.45	0.45	0.46	0.46	0.47	0.48
15	0.27	0.29	0.31	0.33	0.34	0.34	0.35	0.36	0.37	0.37	0.38	0.39	0.39	0.40	0.40
16	0.22	0.24	0.25	0.26	0.27	0.28	0.28	0.29	0.30	0.30	0.30	0.31	0.31	0.32	0.32
17	0.17	0.18	0.19	0.20	0.21	0.21	0.21	0.22	0.22	0.23	0.23	0.23	0.23	0.24	0.24
18	0.12	0.13	0.13	0.14	0.14	0.14	0.14	0.15	0.15	0.15	0.15	0.16	0.16	0.16	0.16
19	0.06	0.06	0.06	0.07	0.07	0.07	0.07	0.08	0.08	0.08	0.08	0.08	0.08	0.08	0.08
	应加入之校正值														
21	0.06	0.07	0.07	0.07	0.07	0.08	0.08	0.08	0.08	0.08	0.08	0.08	0.08	0.08	0.08
22	0.13	0.13	0.14	0.14	0.15	0.15	0.15	0.15	0.15	0.16	0.16	0.16	0.16	0.16	0.16
23	0.19	0.20	0.21	0.22	0.22	0.23	0.23	0.23	0.23	0.24	0.24	0.24	0.24	0.24	0.24
24	0.26	0.27	0.28	0.29	0.30	0.30	0.31	0.31	0.31	0.31	0.31	0.32	0.32	0.32	0.32
25	0.33	0.35	0.36	0.37	0.38	0.38	0.39	0.40	0.40	0.40	0.40	0.40	0.40	0.40	0.40
26	0.40	0.42	0.43	0.44	0.45	0.46	0.47	0.48	0.48	0.48	0.48	0.48	0.48	0.48	0.48
27	0.48	0.50	0.52	0.53	0.54	0.55	0.55	0.56	0.56	0.56	0.56	0.56	0.56	0.56	0.56
28	0.56	0.57	0.60	0.61	0.62	0.63	0.63	0.63	0.64	0.64	0.64	0.64	0.64	0.64	0.64
29	0.64	0.66	0.68	0.69	0.71	0.72	0.72	0.73	0.73	0.73	0.73	0.73	0.73	0.73	0.73
30	0.72	0.74	0.77	0.78	0.79	0.80	0.80	0.81	0.81	0.81	0.81	0.81	0.81	0.81	0.81

参考文献

[1] 中华人民共和国国家标准. 食品卫生检验方法. 理化部分. 北京：中国标准出版社，2012.

[2] 大连轻工业学院等八校合编. 食品分析. 北京：中国轻工业出版社，2002.

[3] 武汉大学化学系编. 仪器分析. 北京：高等教育出版社，2001.

[4] 刘长春等编. 食品检验工（高级）. 第 2 版. 北京：机械工业出版社，2012.

[5] 中国食品添加剂和配料协会著. 食品添加剂手册. 第 3 版. 北京：中国轻工业出版社，2012.

[6] 陈家华等主编. 现代食品分析新技术. 北京：化学工业出版社，2004.

[7] 张意静主编. 食品分析技术. 北京：中国轻工业出版社，2001.

[8] 穆华荣编. 食品检验技术. 北京：化学工业出版社，2005.

[9] 王晶，王林，黄晓蓉主编. 食品安全快速检测技术. 北京：化学工业出版社，2003.

[10] 黄晓钰等编. 食品化学综合实验. 北京：中国农业大学出版社，2002.

[11] 穆华荣，于淑萍主编. 食品分析. 第 2 版 . 北京：化学工业出版社，2009.

[12] 张英主编. 食品理化与微生物检测实验. 北京：中国轻工业出版社，2004.

[13] 朱克永主编. 食品检测技术. 北京：科学出版社，2004.

[14] 武汉大学主编. 分析化学. 第 4 版. 北京：高等教育出版社，2000.

[15] 金明琴主编. 食品分析. 北京：化学工业出版社，2008.

[16] 王一凡主编. 食品检验综合技能实训. 北京：化学工业出版社，2009.

[17] 刘杰主编. 食品分析实验. 北京：化学工业出版社，2009.

[18] 李京东. 食品分析与检验技术. 第 2 版. 北京：化学工业出版社，2016.